U0275489

全国科学技术名词审定委员会

科学技术名词·自然科学卷（全藏版）

12

海峡两岸天文学名词

海峡两岸天文学名词工作委员会

国家自然科学基金资助项目

科学出版社

北京

内 容 简 介

　　本书是由海峡两岸天文学专家会审的海峡两岸天文学名词对照本，是在已审定公布的《天文学名词》的基础上加以增补、修订而成。内容包括天文学、天体测量学、天体力学、天体物理学、天文学史、天文仪器、星系和宇宙、恒星和银河系、太阳、太阳系等内容，以及天体和天象名等，共收词约 6000 余条。本书可供海峡两岸天文学界和相关领域的人士使用。

图书在版编目（CIP）数据

　　科学技术名词. 自然科学卷：全藏版 / 全国科学技术名词审定委员会审定.
—北京：科学出版社，2017.1
　　ISBN 978-7-03-051399-1

　　I. ①科⋯　II. ①全⋯　III. ①科学技术–名词术语　②自然科学–名词术语
IV. ①N61

　　中国版本图书馆 CIP 数据核字（2016）第 314947 号

　　　　责任编辑：赵　伟 / 责任校对：陈玉凤
　　　　责任印制：张　伟 / 封面设计：铭轩堂

斜 学 出 版 社 出版
北京东黄城根北街 16 号
邮政编码：100717
http://www.sciencep.com
北京厚诚则铭印刷科技有限公司印刷
科学出版社发行　各地新华书店经销
＊
2017 年 1 月第　一　版　　开本：787×1092 1/16
2017 年 1 月第一次印刷　　印张：23 1/2
字数：500 000
定价：5980.00 元（全 30 册）

（如有印装质量问题，我社负责调换）

海峡两岸天文学名词工作委员会委员名单

大陆召集人：卞毓麟

大 陆 委 员 (按姓氏笔画为序)：

王传晋　　方　成　　卢炬甫　　李　竞　　何妙福

何香涛　　沈良照　　周又元　　赵　刚　　赵君亮

黄天衣　　萧耐园

臺灣召集人：沈君山

臺 灣 委 員 (按姓氏筆畫為序)：

陳文屏　　陳林文　　孫維新　　陶蕃麟　　張桂蘭

張祥光　　葉永烜

序

　　科学技术名词作为科技交流和知识传播的载体,在科技发展和社会进步中起着重要作用。规范和统一科技名词,对于一个国家的科技发展和文化传承是一项重要的基础性工作和长期性任务,是实现科技现代化的一项支撑性系统工程。没有这样一个系统的规范化的基础条件,不仅现代科技的协调发展将遇到困难,而且,在科技广泛渗入人们生活各个方面、各个环节的今天,还将会给教育、传播、交流等方面带来困难。

　　科技名词浩如烟海,门类繁多,规范和统一科技名词是一项十分繁复和困难的工作,而海峡两岸的科技名词要想取得一致更需两岸同仁作出坚韧不拔的努力。由于历史的原因,海峡两岸分隔逾50年。这期间正是现代科技大发展时期,两岸对于科技新名词各自按照自己的理解和方式定名,因此,科技名词,尤其是新兴学科的名词,海峡两岸存在着比较严重的不一致。同文同种,却一国两词,一物多名。这里称"软件",那里叫"软体";这里称"导弹",那里叫"飞弹";这里写"空间",那里写"太空";如果这些还可以沟通的话,这里称"等离子体",那里称"电浆";这里称"信息",那里称"资讯",相互间就不知所云而难以交流了。"一国两词"较之"一国两字"造成的后果更为严峻。"一国两字"无非是两岸有用简体字的,有用繁体字的,但读音是一样的,看不懂,还可以听懂。而"一国两词"、"一物多名"就使对方既看不明白,也听不懂了。台湾清华大学的一位教授前几年曾给时任中国科学院院长周光召院士写过一封信,信中说:"1993年底两岸电子显微学专家在台北举办两岸电子显微学研讨会,会上两岸专家是以台湾国语、大陆普通话和英语三种语言进行的。"这说明两岸在汉语科技名词上存在着差异和障碍,不得不借助英语来判断对方所说的概念。这种状况已经影响两岸科技、经贸、文教方面的交流和发展。

　　海峡两岸各界对两岸名词不一致所造成的语言障碍有着深刻的认识和感受。具有历史意义的"汪辜会谈"把探讨海峡两岸科技名词的统一列入了共同协议之中,此举顺应两岸民意,尤其反映了科技界的愿望。两岸科技名词要取得统一,首先是需要了解对方。而了解对方的一种好的方式就是编订名词对照本,在编订过程中以及编订后,经过多次的研讨,逐步取得一致。

　　全国科学技术名词审定委员会(简称全国科技名词委)根据自己的宗旨和任务,始终把海峡两岸科技名词的对照统一工作作为责无旁贷的历史性任务。近些年一直本着积极推进,增进了解;择优选用,统一为上;求同存异,逐步一致的精神来开展这项工作。先后接待和安排了许多台湾同仁来访,也组织了多批专家赴台参加有关学科的名词对照研讨会。工作中,按照先急后缓、先易后难的精神来安排。对于那些与"三通"

有关的学科,以及名词混乱现象严重的学科和条件成熟、容易开展的学科先行开展名词对照。

在两岸科技名词对照统一工作中,全国科技名词委采取了"老词老办法,新词新办法",即对于两岸已各自公布、约定俗成的科技名词以对照为主,逐步取得统一,编订两岸名词对照本即属此例。而对于新产生的名词,则争取及早在协商的基础上共同定名,避免以后再行对照。例如101~109号元素,从9个元素的定名到9个汉字的创造,都是在两岸专家的及时沟通、协商的基础上达成共识和一致,两岸同时分别公布的。这是两岸科技名词统一工作的一个很好的范例。

海峡两岸科技名词对照统一是一项长期的工作,只要我们坚持不懈地开展下去,两岸的科技名词必将能够逐步取得一致。这项工作对两岸的科技、经贸、文教的交流与发展,对中华民族的团结和兴旺,对祖国的和平统一与繁荣富强有着不可替代的价值和意义。这里,我代表全国科技名词委,向所有参与这项工作的专家们致以崇高的敬意和衷心的感谢!

值此两岸科技名词对照本问世之际,写了以上这些,权当作序。

2002 年 3 月 6 日

前　　言

　　2007 年 12 月 20 日,联合国大会正式决议 2009 年为"国际天文年"。由国际天文学联合会和联合国教科文组织共同提出的这一动议,是为了世界和平和人类进步的崇高目标而进行的一次全球性活动。经过海峡两岸天文学家多年来的共同努力,《海峡两岸天文学名词》(以下简称《两岸名词》)之"正篇"恰在国际天文年正式定稿,委实是美事一桩,令人欣喜。

　　华人世界天文界人士,素识天文学名词一致化之重要性。1996 年 6 月,由全国科学技术名词审定委员会和中国天文学会主办的"汉语天文学名词研讨会"在安徽黄山召开,来自海峡两岸、香港地区以及西欧、北美的 30 余位代表与会。其中,大陆方面(按姓氏笔画为序,下同)有王传晋、卞毓麟、方成、卢炬甫、叶式辉、朱慈墭、全和钧、刘炎、刘麟仲、李启斌、李竞、杨世杰、何妙福、何香涛、沈良照、林元章、杭恒荣、周又元、赵君亮、彭云楼、黄天衣、萧耐园和潘君骅;台湾方面有成映鸿、许瑞荣、孙维新、苏宗汉、邹志刚和沈君山;江涛(爱尔兰)、杨健明(香港地区)和黄田森(美国)也出席了会议。

　　这次黄山会议,是海峡两岸天文学家长期分隔之后,首次在正式会议上共同讨论汉语天文学名词问题。会上,沈君山关于两岸天文学名词"一致化"的提法,得到了全体与会者的赞同。此次会议在和谐而亲切的气氛中进行,与会代表仔细琢磨、耐心商议,针对特定名词,即便多数人看法趋同,亦仍能倾听少数人的意见;暂时不能达于一致者,则留诸日后继续交流、研讨。学术的事用学术的办法做,这是汉语天文学名词一致化最重要的途径。会议顺利结束后,出版了《汉语天文学名词论文集》。出席这次会议的两岸天文学家,更为日后正式编订、会审、出版《两岸名词》打下了良好的基础。

　　组织编订《两岸名词》始于 2004 年初。为便于开展工作,2005 年 4 月成立了"海峡两岸天文学名词工作委员会",由两岸各推若干名委员组成(含各自推选的召集人 1 名),他们是大陆召集人卞毓麟和大陆委员王传晋、方成、卢炬甫、李竞、何妙福、何香涛、沈良照、周又元、赵刚、赵君亮、黄天衣和萧耐园,台湾召集人沈君山和台湾委员叶永烜、孙维新、陈文屏、陈林文、张桂兰、张祥光和陶蕃麟。沈君山因身体不适,乃委请孙维新作为联络人。

　　随后,由大陆委员开始准备《海峡两岸天文学名词(建议本)》(以下简称《建议本》)。选词原则是以基本名词(考虑其基础性、重要性、常见性等)为主,酌收新词,名词总数控制在 6500 条以内。其间,大陆方面天文学名词审定委员会第七届委员会的全体委员,均积极参加了选词工作,最后交由卞毓麟汇总。选词所依据的主要参考文献是:

(1)大陆的《天文学名词》(第二版,科学出版社,2001 年)。此书系天文学名词审定委员会全体委员历时 10 余年精心研讨、出版的成果,故其所列 2290 个名词悉数纳入《建议本》;

(2)李竞、许邦信主编的《英汉天文学名词》(上海科技教育出版社,2000 年 6 月);

(3)台湾的《天文学名词》(明文书局印行,1992 年)

(4)迄当时为止,天文学名词审定委员会在《天文学进展》上先后发表的全部"天文学名词的推荐译名";

(5)国际天文界若干种主要学术刊物。

2005 年 8 月下旬,《建议本》的电子文本分发至全体相关人员,供进一步审阅、讨论。同年 9 月 10 日至 9 月 12 日,天文学名词审定委员会第七届委员会第一次会议在河北省秦皇岛市燕山大学召开。王传晋、卞毓麟、方成、卢炬甫、叶式辉、全和钧、刘炎、刘麟仲、李竞、杨世杰、何妙福、何香涛、陆埮、林元章、赵永恒、赵君亮、萧耐园、崔石竹和潘君骅共 19 名委员以及全国科学技术名词审定委员会事务中心赵伟出席,崔辰州作为特邀代表与会。会议的主要议程之一,即为审议《建议本》初稿。同月 12 日至 14 日,在同一地点紧接着召开了《两岸名词》工作委员会第一次会议。全国科学技术名词审定委员会副主任刘青、前副主任潘书祥,上述天文学名词审定委员会第七届第一次会议的全体与会者,孙维新、张桂兰、张祥光和陶蕃麟 4 位台湾委员以及邹志刚出席会议。当时,沈君山因病在台北住院,但仍挂心两岸天文学名词修订进展。因此特由孙维新前往医院,拍摄沈先生谈话录像,将他对编订《两岸名词》的意见和对会议取得圆满成功的祝愿带到会上,这使全体与会者深受感动。

在此次会议上两岸专家认真讨论了《建议本》,并达成共识:会后由孙维新将台湾地区天文学家对《建议本》的更广泛的意见传送给卞毓麟,由卞毓麟综合各方意见,对《建议本》做一修订,并将修订文本反馈给孙维新,然后争取在 2006 年 6 月再召开一次审校会,并于同年正式出版《海峡两岸天文学名词》,这也是对黄山会议 10 周年的一种很好的纪念。特别应该提到,沈良照因身体不适,未能出席这次秦皇岛会议,但他十分细致地完成了大量的文本审阅工作,其敬业精神令人感佩。

然而,编订出版《海峡两岸天文学名词》的工作量和复杂性超出了始料所及,实际进度并不如起初想象的那么快。在《建议本》的基础上,迭经增删订正,至 2007 年 2 月下旬终于形成《海峡两岸天文学名词(正篇)》(以下简称《正篇》)初稿,并于 3 月上旬分送全体相关人员。2007 年 6 月 15 日至 6 月 17 日,"天文学名词审定委员会第八届委员会第一次会议暨《海峡两岸天文学名词》工作委员会第二次会议"在江苏省扬州市红杉树宾馆召开。全国科学技术名词审定委员会副主任刘青和事务中心赵伟,两岸天文学家王传晋、卞毓麟、叶式辉、孙维新、刘麟仲、刘炎、李竞、何妙福、何香涛、陆埮、陈力、陈林文、张桂兰、林元章、周又元、赵刚、陶蕃麟、黄天衣、萧耐园、崔辰州和潘君骅出席,王俊贤和谢懿作为特邀代表与会。两岸专家在会上各抒己见,认真审议了《正篇》初稿,并确定会后两岸人士分头进一步征集意见并予以汇总,然后集中到卞毓麟处统一处置,形成《正篇》交稿本,以便进入正式出版程序。

遵循扬州会议决议,两岸专家以各种形式进一步开展工作。2009 年 3 月,《正篇》交稿本完成,并随即呈送全国科学技术名词审定委员会。同年 9 月,由卞毓麟对《正篇》交稿本做最后一次订正。2009 年 10 月 19 日至 22 日,"天文学名词审定委员会第八届委员会第二次会议暨《海峡两岸天文学名词》工作委员会第三次会议"在河南省郑州市龙门大酒店召开。全国科学技术名词审定委员会审定与研究室主任邬江、事务中心张晖,两岸天文学家王传晋、卞毓麟、叶式辉、孙维新、刘炎、刘麟仲、孙小淳、李竞、何妙福、何香涛、陆埮、陈力、陈林文、林元章、周又元、赵永恒、赵君亮、陶蕃麟、黄天衣、萧耐园和崔辰州出席,杨大卫和余恒作为特邀代表与会。

会议全面回顾了自 1996 年 6 月黄山会议以来,特别是 2005 年 9 月《两岸名词》工作委员会第一次会议(秦皇岛会议)以来,两岸天文学名词工作的进展。会上全体代表谨向多年来为汉语天文学名词工作不辞辛劳的爱尔兰邓辛克天文台前副台长江涛先生病逝致哀,并衷心盼望海峡两岸天文学名词工作委员会台湾召集人沈君山先生早日康复。会上,全体代表先分组审读《两岸名词》(正篇暨附表)的初校样,再在全体会议上交流汇总。最后,绝大多数意见均在会上达成共识,少数遗留事项则待会后进一步补充、完善。

会后,陈林文将台湾天文学家的后续意见反馈到卞毓麟处,孙维新对"前言"做了仔细的校订,卞毓麟对各方意见做最后一次汇总,改在初校样上,送呈全国科学技术名词审定委员会事务中心。

《副篇》是由全国科学技术名词审定委员会根据《正篇》进行格式转换后编排而成。在编辑《副篇》的过程中发现:有些名词与全国科学技术名词审定委员会已审定公布的其他学科名词定名不一致,有些名词中的外国科学家译名与全国科学技术名词审定委员会现有规范不一致等等,经反复沟通、协调,这些问题都得以解决。

　　《两岸名词》的出版,是海峡两岸天文学家加强交流的结果,也是"海峡两岸天文学名词工作委员会"取得的初步成果,它为两岸天文学在学术交流、科研合作,以及科学教育、普及和传播上提供了方便,也为今后两岸天文学名词进一步一致化奠定了扎实的基础。自不待言,科技名词工作任重而道远,本委员会在未来仍将为之勉尽绵薄,努力不懈,并祈海峡两岸和全体华人学者不吝赐教、指正。

海峡两岸天文学名词工作委员会

2010 年 2 月 14 日(庚寅年正月初一日) 初稿

2012 年 9 月 30 日(壬辰年八月十五日) 定稿

编 排 说 明

一、本书是海峡两岸天文学名词对照本。

二、本书分正篇和副篇两部分。正篇按汉语拼音顺序编排;副篇按英文的字母顺序编排。

三、本书[ ]中的字使用时可以省略。

正篇

四、本书中祖国大陆和台湾地区使用的科技名词以"大陆名"和"台湾名"分栏列出。

五、本书正名和异名分别排序,并在异名处用(=)注明正名。

六、本书收录的汉文名词对应英文名为多个时(包括缩写词)用","分隔。

副篇

七、英文名对应多个相同概念的汉文名时用","分隔,不同概念的用①②③分别注明。

八、英文名的同义词用(=)注明。

九、英文缩写词排在全称后的( )内。

十、本书有 10 个附表,是天文学名词的重要组成部分。附表的编排体例,除表2、表3 和表8 外,均与"正篇"相同,即按照汉语拼音顺序编排。表2 黄道十二宫,遵循天文学惯例,从白羊宫开始,按黄经依次增大顺序编排;表3 二十四节气,遵循天文学惯例,从立春开始,按日期先后顺序编排;表8 太阳系行星的天然卫星,所属行星按距离太阳自近而远顺序编排,同一行星的卫星按中文数字顺序编排。

目　　录

正 篇

A

大　陆　名	台　湾　名	英　文　名
阿贝比长仪	阿貝比對器	Abbe comparator
阿波罗(小行星1862号)	阿波羅(1862號小行星)	Apollo
阿波罗群	阿波羅群	Apollo group
阿波罗型小行星	阿波羅型小行星	Apollos, Apollo asteroid
阿多尼斯(小行星 2101号)	阿多尼斯(2101 號小行星)	Adonis
阿尔卑斯山脉	阿爾卑斯山脈	Montes Alpes
阿尔帕卡望远镜	阿爾帕卡望遠鏡	Advanced Liquid-mirror Probe for Astrophysics, Cosmology and Asteroids, ALPACA
阿尔泰峭壁	阿勒泰峭壁	Rupes Altai
阿尔文波	阿耳芬波	Alfvén wave
阿方索环形山	阿方索環形山	Alphonsus
阿格兰德法,光阶法	阿格蘭德法,光階法	Argelander method, step method
阿基里斯(小行星 588号)	阿基里斯(588 號小行星)	Achilles
阿雷西博射电望远镜	阿雷西波電波望遠鏡	Arecibo radio telescope
阿丽阿黛月溪	阿麗阿黛月溪	Rima Ariadaeus
阿利斯塔克环形山	阿利斯塔克環形山	Aristarchus
阿连德陨星	阿顏德隕石	Allende meteorite
阿罗星系	哈羅星系	Haro galaxy
阿莫尔(小行星1221号)	阿莫爾(1221號小行星)	Amor
阿莫尔群	阿莫爾群	Amor group
阿莫尔型小行星	阿莫爾型小行星	Amors
阿塔卡马大型毫米[/亚毫米]波阵	阿塔卡瑪大型毫米[/次毫米]波陣	Atacama Large Millimeter Array, ALMA
埃费尔斯贝格射电望远镜	埃費爾斯貝格電波望遠鏡	Effelsberg Radio Telescope

大　陆　名	台　湾　名	英　文　名
埃弗谢德效应	埃弗謝德效應	Evershed effect
埃及历	埃及曆	Egyptian calendar
埃勒曼炸弹，胡须	埃勒曼炸彈，鬍鬚	Ellerman bomb, moustache
埃农–海利斯模型	埃農–海利斯模型	Hénon-Helies model
矮不规则星系	矮不規則星系	dwarf irregular galaxy, dI galaxy
矮球状星系	矮球狀星系	dwarf spherical galaxy
矮椭球星系	矮橢球星系	dwarf spheroidal galaxy
矮椭圆星系	矮橢圓星系	dwarf elliptical galaxy, dE galaxy
矮新星	矮新星	dwarf nova
矮星	矮星	dwarf〔star〕
Be 矮星	Be 矮星	Be dwarf
矮星系	矮星系	dwarf galaxy
矮星序	矮星序	dwarf sequence
矮行星	矮行星	dwarf planet
矮旋涡星系	矮螺旋星系	dwarf spiral galaxy
矮造父变星	矮造父變星	dwarf cepheid
艾贝尔富度	艾伯耳豐級	Abell richness class
艾贝尔星系团	艾伯耳星系團	Abell cluster
艾贝尔星系团表	艾伯耳星系團表	Abell Catalogue
艾达(小行星243号)	艾達(243號小行星)	Ida
艾里斑	艾瑞盤	Airy disk
艾特肯环形山	艾肯環形山	Aitken
艾卫	艾衛	Dactyl
爱丁堡皇家天文台	愛丁堡皇家天文台	Royal Observatory, Edinburgh
爱丁顿光度	艾丁吞光度	Eddington luminosity
爱丁顿极限	艾丁吞極限	Eddington limit
爱神星(小行星433号)	愛神星(433號小行星)	Eros
爱因斯坦–德西特宇宙	愛因斯坦–迪西特宇宙	Einstein-de Sitter universe
爱因斯坦–德西特宇宙模型	愛因斯坦–迪西特宇宙模型	Einstein-de Sitter cosmological model
爱因斯坦弧	愛因斯坦弧	Einstein arc
爱因斯坦环	愛因斯坦環	Einstein ring
爱因斯坦十字	愛因斯坦十字	Einstein cross
爱因斯坦天文台	愛因斯坦天文台	Einstein Observatory, HEAO-2
安多耶变量	安多耶變量	Andoyer variables
安天论	安天論	theory of stable heavens
氨脉泽(=氨微波激射器)		
氨微波激射器，氨脉泽	氨邁射	ammonia maser

大 陆 名	台 湾 名	英 文 名
氨钟	氨鐘	ammonia clock
暗伴星	暗伴星	faint companion, dark companion
暗带	暗帶	①dark lane ②dusky belt
暗环	暗環	dusky ring
暗蓝天体	暗藍天體	faint blue object
暗能量	暗能[量]	dark energy
暗条,[色球]纤维	[色球]暗條,[色球]絲狀體	filament [of chromosphere]
暗条沟	暗條溝	filament channel
暗条突逝	暗條突逝	filament sudden disappearance
暗条振动	暗條振動	filament oscillation
暗条足	暗條足	filament foot
暗物质	[黑]暗物質,暗質	dark matter
暗星系	昏暗星系	faint galaxy
暗星[星]表	暗星表	Catalogue of Faint Stars
暗星云	暗星雲	dark nebula
暗虚	暗虚	Dark Shadow
暗晕	暗暈	dark halo
凹面光栅	凹光柵	concave grating
凹[面]镜	凹面鏡	concave mirror
凹透镜,负透镜	凹透鏡	concave lens
奥本海默–沃尔科夫极限	歐本海默–沃科夫極限	Oppenheimer-Volkoff limit
奥伯斯佯谬	奧伯斯佯謬	Olbers paradox
奥尔特常数	歐特常數	Oort constant
奥尔特公式	歐特公式	Oort formula
奥尔特云	歐特[彗星]雲	Oort cloud
澳大利亚望远镜致密阵	澳大利亞望遠鏡緻密陣	Australia Telescope Compact Array, ATCA
澳洲玻璃陨体	澳洲似曜石	australite

B

大 陆 名	台 湾 名	英 文 名
八面体陨星	八面體[式]隕鐵	octahedrite
巴比伦历	巴比倫曆	Babylonian calendar
巴德窗	巴德窗	Baade's window
巴德–韦塞林克方法	巴德–韋塞林克方法	Baade-Wesselink method

大　陆　名	台　湾　名	英　文　名
巴耳末减幅	巴耳麥減幅	Balmer decrement
巴耳末连续区	巴耳麥連續譜區	Balmer continuum
巴耳末谱线	巴耳麥譜線	Balmer line
巴耳末跳跃	巴耳麥陡變	Balmer jump, Balmer discontinuity
巴耳末系限	巴耳麥系限	Balmer limit
巴克球状体	包克雲球	Bok globule
巴黎天文台	巴黎天文台	Observatoire de Paris
巴林杰陨星坑	巴林杰隕石坑	Barringer meteorite crater
白矮前身星	白矮前身星	pre-white dwarf
白矮星	白矮星	white dwarf
白道	白道	moon's path
白道升交点	白道升交點	anabibazon
白洞	白洞	white hole
白光耀斑	白光閃焰	white-light flare
白虎	白虎	White Tiger
白巨星	白巨星	white giant
白星	白星	white star
白夜	白夜	white night
白噪声	白雜訊	white noise
白昼火流星	白晝火流星	daylight fireball
白昼流星	白晝流星	daytime meteor
百武彗星	百武彗星	comet Hyakutake
摆动	擺動	wobble
摆动反光镜	擺動面鏡	rocking mirror
拜尔星名	拜耳星名	Bayer name
拜尔星座	拜耳星座	Bayer constellation
斑点测光	斑點測光	speckle photometry
斑点分光	斑點分光	speckle spectroscopy
斑点干涉测量	散斑干涉法	speckle interferometry
斑点干涉仪	散斑干涉儀	speckle interferometer
半长径	半長軸	semi-major axis
半峰全宽	半峰全幅值	full width at half-maximum, FWHM
半功率束宽	半功率束寬	half-power beamwidth, HPBW
半规则变星	半規則變星	semi-regular variable, SR variable
半接双星	半分離雙星	semi-detached binary
半径-质量关系	[半]徑質[量]關係	radius-mass relation
半宽	半寬	half width
半球	半球	hemisphere

大　陆　名	台　湾　名	英　文　名
[半人马]比邻星	[半人馬座]比鄰星	Proxima Centauri, V645 Cen
半人马臂	半人馬臂	Centaurus arm
半人马 ω [球状星团]	半人馬 ω [球狀星團]	ω Centauri, NGC 5139
半人马星系团	半人馬星系團	Centaurus cluster
半人马型小行星	半人馬型小行星	Centaur
半日弧	半日周弧	semi-diurnal arc
半影	半影	penumbra
半影食	半影食	penumbral eclipse
半影食分	半影食分	penumbral magnitude of eclipse
半影月食	半影月食	penumbral lunar eclipse
半影月食始	半影月食始	moon enters penumbra
半影月食终	半影月食終	moon leaves penumbra
伴线	伴線	satellite line
伴星	伴星	companion star
伴星系	伴星系	companion galaxy, satellite galaxy
棒旋星系	棒旋星系	barred spiral galaxy, SB galaxy
包层	包層, 外殼	envelope
薄靶模型	薄靶模型	thin-target model
薄饼模型	薄餅模型	pancake model
薄环	薄環	ethereal ring
薄盘	薄盤	thin disk
薄盘族	薄盤族	thin disk population
宝瓶 δ 流星群	寶瓶 δ 流星群	δ Aquarids
宝瓶 η 流星群	寶瓶 η 流星群	η Aquarids
报时信号	報時信號	time tick
暴	爆發	burst
暴后	爆後	postburst
暴缩	暴縮	implosion
暴源	爆發源	burster
暴胀	暴脹	inflation
暴胀期	暴脹期	inflationary era
暴胀宇宙	暴脹宇宙	inflationary universe
暴胀宇宙模型	暴脹宇宙模型	inflationary cosmological model
曝光过度	曝光過度, 露光過度	over-exposure
曝光时长	曝光時長	length of exposure
曝光时间	曝光時間, 露光時間	exposure time
曝光时限	曝光範圍	latitude of exposure
爆发变星	爆發變星	eruptive variable, explosive variable

大　陆　名	台　湾　名	英　文　名
爆发拱	爆發拱	eruptive arch
爆发核合成	爆發核合成	explosive nucleosynthesis
爆发日珥	爆發日珥	eruptive prominence
爆发双星	爆發雙星	eruptive binary
爆发相	爆發相, 爆發階段	explosive phase
爆发星	爆發星	eruptive star, exploding star
爆发星系	爆發星系	eruptive galaxy, exploding galaxy, explo-sive galaxy
爆发耀斑	爆發閃焰	eruptive flare
爆后超新星	爆後超新星	post-supernova, ex-supernova
爆后新星, 老新星	爆後新星, 老新星	ex-nova, postnova, old nova
爆前超新星	爆前超新星	pre-supernova
爆前新星	爆前新星	prenova
爆震波	爆震波	blast wave
北半球	北半球	northern hemisphere
北点	北點	north point
北斗[七星]	北斗[七星]	Big Dipper, Northern Dipper, Triones
北黄极	北黃極	north ecliptic pole
北回归线	北回歸線	Tropic of Cancer
北极管	極軸鏡	polar telescope, polar tube
北极光	北極光	aurora borealis
北极距	北極距	north polar distance, NPD
北极星序	北極星序	north polar sequence, NPS
北冕 R 型星	北冕 R 型星	R CrB star
北欧光学望远镜	北歐光學望遠鏡	Nordic Optical Telescope, NOT
北天极	北天極	north celestial pole
北银极	北銀極	North Galactic Pole
北银[极]冠	北銀[極]冠	North Galactic Cap
北银极支	北銀極電波支	north polar spur
贝克林–诺伊格鲍尔天体, BN 天体	BN 天體	Becklin-Neugebauer object, BN object
贝利珠	倍里珠	Baily's beads
贝塞尔根数	白塞耳要素, 白塞耳根數	Besselian element
贝塞尔恒星常数	白塞耳恆星常數	Besselian star constant
贝塞尔年	白塞耳年	Besselian year
贝塞尔日期	白塞耳日期	Besselian date
贝塞尔日数	白塞耳日數	Besselian day number

大　陆　名	台　湾　名	英　文　名
贝特–魏茨泽克循环	貝特–魏茨澤克循環	Bethe-Weizsäcker cycle
背点	背點	antapex
背景辐射	背景輻射	background radiation
背景亮度	背景亮度	background brightness
背景星	背景星	background star
背景星系	背景星系	background galaxy
背景星系团	背景星系團	background galaxy cluster
背景噪声	背景雜訊	background noise
钡星	鋇星	barium star, Ba star
被食星	被食星	eclipsed star
奔赴点	奔赴點	vertex
奔离点	奔離點	antivertex
本超星系团	本超星系團	Local Supercluster
本初子午线	本初子午線	prime meridian
本底	本底	bias
本地静止标准	本地靜止標準	local standard of rest, LSR
本动	本動	peculiar motion
本轮	本輪,周轉圓	epicycle
本星系群	本星系群	Local Group [of galaxies]
本星系团	本星系團	Local Cluster of galaxies
本影	本影,暗影	umbra
本影闪耀	本影閃爍	umbral flash
本影食	本影食	umbral eclipse
本影月食始	初虧	moon enters umbra
本影月食终	復圓	moon leaves umbra
本征方向	本徵方向	proper direction
本征函数	本徵函數	eigenfunction
本征基	本徵基	proper tetrad
本征值	本徵值	eigenvalue
比较光谱	比較光譜	comparison spectrum
比较星	比較星	comparison star
比较行星学	比較行星學	comparative planetology
比拉彗星	比拉彗[星]	Biela's comet
毕星团	畢宿星團	Hyades
毕宿	畢宿	Net
毕宿超星团	畢宿超星團	Hyades supercluster
闭合轨道	閉合軌道	closed orbit
闭宇宙	封閉宇宙	closed universe

大　陆　名	台　湾　名	英　文　名
壁宿	壁宿	Wall
臂际天体	臂際天體	interarm object
臂际星	臂際星	interarm star
臂族, 极端星族Ⅰ	旋臂星族, 極端星族Ⅰ	arm population, extreme populationⅠ
边界层	邊界層	boundary layer
边缘效应	邊緣效應	edge effect
边缘耀斑	邊緣閃焰	limb flare
编号超新星	編號超新星	numbered supernova
编号小行星	編號小行星	numbered asteroid
扁轨	扁軌	eccentric orbit
扁率	扁率	oblateness, flattening
扁平次系	扁平次系	plane subsystem
扁平子系	扁平子系	plane component
扁球体	扁球	oblate spheroid
变光星云	變光星雲	variable nebula
变距干涉仪	變距干涉儀	variable-spacing interferometer
变像管	變像管	image converter
变星	變星	variable star
变星光变史和文献	變星光變史和文獻	Geschichte und Literatur des Lichtwechsels der Veränderlichen Sterne(德), GuL
变星快报	變星快報	Information Bulletin on Variable Stars, IBVS
变星总表	變星總表	General Catalogue of Variable Stars, GCVS
变源	變源	variable source
标长	標長	scale length
标称误差	標稱誤差	nominal error
标高	尺度高	scale height
标量场	純量場	scalar field
标量–张量理论	純量–張量理論	scalar-tensor theory
标准历元	標準曆元	standard epoch
标准频率	標準頻率	standard frequency, etalon frequency
标准时	標準時	standard time
标准时频	標準時號	standard frequency and time signal, SFTS
标准太阳模型	標準太陽模型	standard solar model, SSM
标准误差	標準誤差	standard error, s. e.
标准星	標準星	standard star

大 陆 名	台 湾 名	英 文 名
标准宇宙模型	標準宇宙模型	standard cosmological model
标准烛光	標準燭光	standard candle
标准子午线	標準子午線	standard meridian
标准坐标	標準坐標	standard coordinate
表	表	gnomon
表面温度	表面溫度	surface temperature
冰态团块模型	冰凍團塊模型	icy conglomerate model
并合	併合	merging
并合恒星	併合恆星	merging star
并合星系	併合星系	merging galaxy
波茨坦恒星光谱表	波茨坦恆星光譜表	Potsdamer Spektral-Durchmusterung (德)，PSD
波导	波導	wave guide, waveguide
波得定则	波德定律	Bode's law
B 波段	B 波段	B band
C 波段	C 波段	C band
G 波段	G 波段	G band
K 波段	K 波段	K band
Ku 波段	Ku 波段	Ku band
L 波段	L 波段	L band
波恩星表，BD 星表	波昂星表	Bonner Durchmusterung(德)，BD
波格森星等标	波格森星等標	Pogson magnitude scale
波束孔径	波束孔徑	beam aperture
波束展宽	波束變寬	beam broadening
玻尔磁子	波耳磁元	Bohr magneton
玻璃陨体	似曜石	tektite
玻色-爱因斯坦统计	玻色-愛因斯坦統計法	Bose-Einstein statistics
玻色子	玻色子	boson
伯纳姆双星总表	伯納姆雙星總表	Burnham's General Catalogue of Double Stars, BDS
博斯[总]星表，GC 星表	博斯星表	Boss General Catalogue, GC
博斯[总]星表初编	博斯星表初編	Preliminary General Catalogue, PGC
补偿摆	補償擺	compensated pendulum
不变平面	不變平面	invariable plane
不规则变星	不規則變星	irregular variable
不规则卫星	不規則衛星	irregular satellite
不规则星系	不規則星系	irregular galaxy

大　陆　名	台　湾　名	英　文　名
不规则星系团	不規則星系團	irregular cluster of galaxies
不接双星	分離雙星	detached binary, detached system
不可见物质	不可見物質	invisible matter
不可通约性	不可通約[性]	incommensurability
不明飞行物	未鑑定飛行體, 不明飛行物, 幽浮	unidentified flying object, UFO
不透明度	不透明度	opacity
不稳定星	不穩定星	non-stable star
布拉开线系	布拉克系	Brackett series
布兰斯–迪克宇宙论	卜然斯–狄基宇宙論	Brans-Dicke cosmology
布朗月离理论	布朗月離理論	Brown lunar theory
布鲁克斯彗星	布魯克斯彗星	Brooks comet

C

大　陆　名	台　湾　名	英　文　名
参考大圆	參考大圓	reference great circle
参考轨道	參考軌道	reference orbit
参考时标	時間參考尺度	reference time scale
参考椭球	參考橢圓體	reference ellipsoid
参考系	參考系	reference system
参考星	參考星	reference star
参考子午线	參考子午線	guide meridian
残差	殘差	residual error
残月	殘月	waning crescent
苍龙	蒼龍	Azure Dragon, Grey Dragon
舱外活动	艙外活動	extravehicular activity, EVA
侧向天体	側向天體	edge-on object
侧向星系	側向星系	edge-on galaxy
侧向旋涡星系	側向螺旋星系	edge-on spiral galaxy
测地岁差	測地歲差	geodetic precession, geodesic precession
测地卫星	測地衛星	geodetic satellite
测地线	短程線, 大地線	geodesic
测地章动	測地章動	geodetic nutation, geodesic nutation
测地坐标	測地坐標	geodesic coordinates
测辐射热计	輻射熱[測定]計	bolometer
测高仪	測高儀	altimeter
测光	測光術	photometry

大　陆　名	台　湾　名	英　文　名
CCD 测光	CCD 测光	CCD photometry
Hα 测光	Hα 测光	Hα photometry
UBV 测光	UBV 测光	UBV photometry
uvby 测光	uvby 测光	uvby photometry
测光标准星	测光標準星	photometric standard star
测光定标	光度校準	photometric calibration
测光轨道	测光軌道	photometric orbit
测光红移	测光紅移	photometric redshift
测光解	测光解	photometric solution
测光精度	测光精度	photometric precision
测光距离	光度距離	photometric distance
测光视差	光度視差	photometric parallax
测光数据系统	测光資料系統	photometric data system, PDS
测光双星	光度雙星	photometric binary
测光系统	测光系，光度系	photometric system
测光星表	恆星光度表	photometric catalogue
测光序	测光序	photometric sequence
测光直径	光度直徑	photometric diameter
测距	测距	ranging
测量精度	测量精度	measuring accuracy
测量误差	测量誤差	measuring error
测时	测時	time determination
测微计	测微計，测微器	micrometer
测微显微镜	测微鏡	measuring microscope
测站坐标	测站坐標	station coordinates
层化	層化	stratification
叉式装置	叉式裝置	fork mounting
叉丝	十字絲，叉絲	cross hair, cross wire
缠卷疑难	纏卷疑難	winding dilemma
长缝分光	長縫分光	long-slit spectroscopy
长庚星	長庚星	Hesperus
长基线干涉测量	長基線干涉測量	long baseline interferometry, LBI
长基线[望远镜]阵	長基線[望遠鏡]陣	Long Baseline Array, LBA
长焦距照相天体测量	長焦距相天體測量	long-focus photographic astrometry
长期变星	長期變星	secular variable
长期不稳定性	長期不穩定性	secular instability
长期共振	長期共振	secular resonance
长期光行差	長期光行差	secular aberration

大　陆　名	台　湾　名	英　文　名
长期极移	長年極移	secular polar motion
长期加速度	長期加速	secular acceleration
长期摄动	長期攝動	secular perturbation
长期视差	長期視差	secular parallax
长期稳定性	長期穩定［度］	long-term stability
长期项	長期項	secular term
长期演化	長期演化	secular evolution
长期预报	長期預報	long-term forecast
长蛇–半人马超星系团	長蛇–半人馬超星系團	Hydra-Centaurus supercluster
长寿黑子	長壽黑子	long-lived spot
长夜	長夜	perpetual night
长周期变星	長週期變星	long period variable
长周期彗星	長週期彗星	long period comet
长周期摄动	長週期攝動	long period perturbation
长周期造父变星(=经 　典造父变星)		
长轴	長軸	major axis
常规观测	常規觀測	routine observation，regular observation
嫦娥一号	嫦娥一號	Chang'e 1
场畸变	場畸變	field distortion
场强突异	場強突異	sudden field anomaly，SFA
场曲	視野彎曲像差，［像］場 　［彎］曲	field curvature，curvature of field
场透镜	像場［透］鏡	field lens
场星	視野星	field star
场星系	視野星系，視場星系	field galaxy
超大光度恒星	光度［特］大恆星	overluminous star
超大光度天体	光度［特］大天體	overluminous object
超大行星	超大行星	superplanet
超大质量黑洞	超大質量黑洞	supermassive black hole
超大质量恒星	超大質量恆星	supermassive star
超大质量天体	超大質量天體	supermassive object
超短周期变星	超短週期變星	ultra-short-period variable
超短周期双星	超短週期雙星	ultra-short-period binary
超高光度星	高光度恆星	superluminous star
超光速源	超光速源	superluminal source
超光速运动	超光速運動	superluminal motion
超极大	超極大	supermaximum

大　陆　名	台　湾　名	英　文　名
超巨分子云	超巨分子雲	supergiant molecular cloud, SGMC
超巨椭圆星系	超巨橢圓星系	supergiant elliptical galaxy
超巨星	超巨星	supergiant
超巨星系	超巨星系	supergiant galaxy
超米粒	超米粒組織	supergranule, hypergranule
超米粒组织	超米粒組織	supergranulation, hypergranulation
超密星	超密[恆]星	superdense star
超冕	超日冕	supercorona
超人差测微计	超人差測微計	impersonal micrometer
超人差等高仪	超人差等高儀	impersonal astrolabe
超软 X 射线源	超軟 X 光源	supersoft X-ray source
超射(=对流过冲)		
超声速吸积	超聲速吸積	supersonic accretion
超施密特望远镜	超施密特望遠鏡	super-Schmidt telescope
超弦理论	超弦理論	superstring theory
超新星	超新星	supernova, SN
1054 超新星	1054 超新星	supernova of 1054, CM Tau
超新星爆前天体	超新星爆前天體	pre-supernova object
超新星遗迹	超新星殘骸	supernova remnant, SNR
超星团	超星團	super-star cluster
超星系	超星系	supergalaxy, hypergalaxy
超星系团	超星系團	supercluster
超星系坐标	超星系坐標	supergalactic coordinate
超子星	超子星	hyperon star
潮汐	潮汐	tide
潮汐不稳定性	潮汐不穩定性	tidal instability
潮汐俘获	潮汐俘獲	tidal capture
潮汐假说	潮汐假說	tidal hypothesis
潮汐隆起	潮汐隆起	tidal bulge
潮汐摩擦	潮汐摩擦	tidal friction
潮汐扰动	潮汐擾動	tidal disturbance
潮汐形变	潮汐變形	tidal deformation
潮汐演化	潮汐演化	tidal evolution
尘埃带	塵埃帶	dust lane
尘埃彗尾	塵埃彗尾	dust tail
尘埃星云	塵埃星雲	dust nebula
尘暴	塵暴	dust storm
尘云	塵雲	dust cloud

大　陆　名	台　湾　名	英　文　名
辰	辰	double-hour
辰星	辰星	Mercury
晨出，偕日升	偕日升	heliacal rising, acronical rising
晨光始	曙光始	beginning of morning twilight
晨昏蒙影，曙暮光	曙暮光	twilight
晨昏视觉	暗黑視覺，桿體視覺	scotopic vision
晨星	晨星	morning star
E 成分	E 分量	E component
F 成分	F 分量	F component
K 成分	K 分量	K component
成双性	成雙性	binarity
成团	成團	clustering
成像测光(=二维测光)		
成员星	成員星	member star
成员星系	成員星系	member galaxy
程控望远镜	自動望遠鏡	robotic telescope
秤动	天平動	libration
秤动点	天平動點	libration point
秤漏	秤漏	steelyard clepsydra
弛豫时间	鬆弛時間	relaxation time
弛豫效应	鬆弛效應	relaxation effect
池谷–关彗星	池谷–關[氏]彗星	Ikeya-Seki comet
赤道	赤道	equator
赤道半径	赤道半徑	equatorial radius
赤道地平视差	赤道地平視差	equatorial horizontal parallax
赤道经纬仪	赤道經緯儀	equatorial armillary sphere
赤道隆起	赤道隆起[部份]	equatorial bulge
赤道日晷	赤道[式]日晷	equatorial sundial
赤道视差	赤道視差	equatorial parallax
赤道卫星	赤道衛星	equatorial satellite
赤道仪	赤道儀	equatorial
赤道装置	赤道[式]裝置	equatorial mounting
赤道自转速度	赤道自轉速度	equatorial rotational velocity
赤道坐标系	赤道坐標系	equatorial coordinate system
赤基黄道仪	赤基黄道儀	torquetum
赤极	赤極	pole of the equator
赤经	赤經	right ascension, RA
赤经度盘	時圈	hour circle

大 陆 名	台 湾 名	英 文 名
赤经圈	赤經圈	circle of right ascension, right-ascension circle
赤经岁差	赤經歲差	precession in right ascension
赤经章动	赤經章動	nutation in right ascension
赤经轴, 时角轴	赤經軸	hour-angle axis
赤纬	赤緯	declination
赤纬度盘	赤緯度盤	declination circle
赤纬圈	赤緯圈	declination circle, parallel of declination
赤纬岁差	赤緯歲差	precession in declination
赤纬轴	赤緯軸	declination axis
冲	衝	opposition
冲浪日珥	湧浪日珥	surge prominence
虫洞	蟲洞	wormhole
稠密星际尘云	稠密星際塵雲	dense interstellar dust cloud, DIDC
臭氧层	臭氧層	ozonosphere
出差	出差	evection
出凌	出凌, 終切	egress
出射光瞳	出射[光]瞳	exit pupil
出限	出限	rising limit
初轨	初[始]軌[道]	preliminary orbit
初级陨击坑	初級隕擊坑	primary crater
初亏, 食始	初虧	first contact
初期恒星体	初期恆星體	young stellar object, YSO
初升巨星支	初升巨星支	first-ascent giant branch, first giant branch
初始地球	初始地球	initial earth
初始光度函数	初始光度函數	initial luminosity function
初始质量函数	初始質量[分佈]函數	initial mass function, IMF
初始主序	初始主序	initial main sequence
初始主序星	初始主序星	initial main-sequence star
蒭藁变星	鯨魚[座]o[型]變星, 米拉[型]變星	Mira [Ceti] variable
蒭藁型星	蒭藁[增二]型星, 米拉型星	Mira star, Mira-type star
触须星系	觸鬚星系	Antennae, NGC 4038/4039
穿越时标	穿越時間	crossing time
船底臂	船底臂	Carina arm
船底–天鹅臂	船底–天鵝臂	Car-Cyg arm

大　陆　名	台　湾　名	英　文　名
船帆 AI 型星	船帆 AI 型星	AI Vel star
垂直圈(=地平经圈)		
春分点	春分點	vernal equinox, spring equinox
春湖	春湖	Lacus Veris
纯特洛伊群	純特洛伊群	pure Trojan group
磁胞	磁胞	magnetic cell
磁暴	磁暴	magnetic storm
磁臂	磁臂	magnetic arm
磁变星	磁變星	magnetic variable
磁层	磁層	magnetosphere
磁层顶	磁層頂	magnetopause
磁场	磁場	magnetic field
磁[场]剪切	磁[場]剪切	magnetic shear
磁[场]扭绞	磁[場]扭絞	magnetic twist
磁赤道	磁赤道	magnetic equator
磁重联	磁重聯	magnetic reconnection
磁单极	磁單極	magnetic monopole
磁对消	磁對消	magnetic cancellation
磁钩	磁鉤	crochet(法)
磁弧	磁弧	magnetic arc
磁环	磁環	magnetic loop
磁回转辐射	磁迴轉輻射	gyromagnetic radiation
磁活动性	磁活動	magnetic activity
磁激变变星	磁激變變星	magnetic cataclysmic variable
磁激变双星	磁激變雙星	magnetic cataclysmic binary
磁极	磁極	magnetic pole
磁结	磁結	magnetic knot
磁阱	磁阱	magnetic trap
磁流管	磁流管	magnetic flux tube
磁流力学	磁流體[動]力學	magnetohydrodynamics, MHD
磁流[量]	磁流[量]	magnetic flux
磁螺度	磁螺度	magnetic helicity
磁偶极辐射	磁偶極輻射	magnetic dipole radiation
磁耦合	磁耦合	magnetic coupling
磁蓬	磁蓬	magnetic canopy
磁壳	磁殼	magnetic shell
磁鞘	磁鞘	magnetic sheath
磁倾角	磁傾角	[magnetic] dip

大　陆　名	台　湾　名	英　文　名
磁扰	磁擾	magnetic disturbance
磁轫致辐射	磁制動輻射	magnetic bremsstrahlung
磁舌	磁舌	magnetic tongue
磁绳	磁繩	magnetic rope
磁双星	磁雙星	magnetic binary
磁图	磁[場]強[度]圖	magnetogram
[磁拓扑]界面	[磁拓撲]界面	[magnetic] separatrix
[磁拓扑]界线	[磁拓撲]界線	[magnetic] separator
磁尾	磁尾	magnetotail, magnetospheric tail
磁像仪	磁[場]強[度]計	magnetograph
磁星	磁星	magnetic star
磁湮灭	磁湮滅	magnetic annihilation
磁元	磁元	magnetic element
磁云	磁雲	magnetic cloud
[磁]中性线，极性变换线	[磁]中性線，極性變換線	[magnetic] neutral line, polarity reversal line
磁子午线	磁子午線	magnetic meridian
磁阻尼	磁阻尼	magnetic braking
次[光谱]型	次[光譜]型	subtype
次级共振	次級共振	secondary resonance
次级陨击坑	次級隕擊坑	secondary crater
次极大	次極大	secondary maximum
次极小	次極小	secondary minimum
次食	次食	secondary eclipse
次团	次團	subcluster
次系	次[星]系	subsystem
次星	伴星	secondary star, secondary component
次型	次型	subclass
簇聚	簇聚	clumping
窜入星	竄入星	interloper

D

大　陆　名	台　湾　名	英　文　名
打印记时仪	列印記時儀	printing chronograph
大暗斑	大暗斑	Great Dark Spot
大白斑	大白斑	Great White Spot
大爆炸宇宙论	大爆炸宇宙論，霹靂說	big bang cosmology

大　陆　名	台　湾　名	英　文　名
大潮	大潮	high water, spring tide
大尺度结构	大尺度結構	large scale structure
大冲	大衝	favorable opposition
大地测量学	大地測量學	geodesy
大地经度	測地經度	geodetic longitude
大地水准面	大地水準面	geoid
大地天顶	大地天頂	geodetic zenith
大地天文学	測地天文學	geodetic astronomy
大地纬度	測地緯度	geodetic latitude
大地坐标	測地坐標	geodetic coordinate
大红斑	大紅斑	Great Red Spot, GRS
大火	大火	Antares
大距	大距	greatest elongation, GE, elongation
大口径全天巡视望远镜	大口徑全天巡視望遠鏡	Large Synoptic Survey Telescope, LSST
大口径液[态]镜[面]阵	大口徑液[態]鏡[面]陣	Large Liquid-Aperture Mirror Array, LAMA
大力神星(小行星532号)	大力神星(532號小行星)	Herculina
大陵五(英仙β)	大陵五, 英仙[座]β[星]	Algol, βPer
大陵型[食]变星	大陵型[食]變星	Algol-type [eclipsing] variable, Algol variable
大陵型双星	大陵型雙星	Algol-type binary
大陵型星	大陵型星	Algols
大陆漂移说	大陸漂移說	theory of continental drift
大年	大年	great year
大碰撞假说	大碰撞假說	giant impact hypothesis
大偏心轨道卫星	大偏心軌道衛星	highly eccentric orbit satellite, IIEOS
大气潮	大氣潮[汐]	atmospheric tide
大气窗	大氣窗口	atmospheric window
大气抖动	大氣攪動	atmospheric agitation
大气光学	大氣光學	atmospheric optics
大气谱带	[地球]大氣譜帶	telluric band
大气谱线	[地球]大氣譜線	telluric line
大气散射	大氣散射	atmospheric scattering
大气色散	大氣色散	atmospheric dispersion
大气闪烁	大氣閃爍	atmospheric scintillation
大气食	大氣食	atmospheric eclipse

大　陆　名	台　湾　名	英　文　名
大气视宁度	视相, 大氣寧靜度	atmospheric seeing
大气透明度	大氣透明度	atmospheric transparency
大气吸收	大氣吸收	atmospheric absorption
大气消光	大氣消光	atmospheric extinction
大气噪声	大氣雜訊	atmospheric noise
大气折射	大氣折射	astronomical refraction, atmospheric refraction
大气质量	大氣質量	air mass
大犬 R 型星	大犬 R 型星	R CMa star
大犬 β 型星(=仙王 β 型星)		
大视场成像	大視場成像	wide-field imaging
大视场底片	廣角底片	wide-angle plate
大视场望远镜	大視場望遠鏡	wide-field telescope
大数假说	大數假說	large number hypothesis
大双筒望远镜	大雙筒望遠鏡	Large Binocular Telescope, LBT
大天区面积多目标光纤光谱望远镜	大天區面積多目標光纖光譜望遠鏡	Large Sky Area Multi-Object Fiber Spectroscopic Telescope, LAMOST
大统一理论	大統一理論	grand unified theory, GUT
大行星(=行星)		
大熊星群	大熊星群	Ursa Major group, UMa group
大熊星团	大熊星團	UMa cluster
大熊星系群	大熊星系群	UMa group
大熊 W 型双星	大熊 W 型雙星	W UMa binary
大熊 SU 型星	大熊 SU 型星	SU UMa star
大熊 UX 型星	大熊 UX 型星	UX UMa star
大熊 W 型星	大熊 W 型星	W UMa star
大序	大星序	Great sequence
大耀斑	大閃焰	major flare, big flare
大圆	大圓	great circle
大质量黑洞	大質量黑洞	massive black hole
大质量 X 射线双星	大質量 X 光雙星	massive X-ray binary, MXRB
大质量星	大質量恆星, 重恆星	massive star, high-mass star
大质量星系	大質量星系	massive galaxy
大质量致密晕天体	大質量緻密暈天體	massive compact halo object, MACHO
大众天文学	大眾天文學	popular astronomy
大自行星	大自行恆星	proper motion star
达尔文空间干涉仪	達爾文太空干涉儀	Darwin Space Interferometer

大　陆　名	台　湾　名	英　文　名
带宽	[频]带宽[度]	bandwidth, band width
带内行星	内行星	inner planet
带通	帶通	bandpass
带通宽	通帶寬	passband width
带外行星	外行星	outer planet
带尾射电天体	電波尾天體	radio-tail object
带尾射电星系	電波尾星系	radio-tail galaxy, tail radio galaxy
丹容等高仪	丹容等高儀	Danjon astrolabe
单弧法	單弧法	single-arc method
单极磁区	單極磁區	unipolar magnetic region
单极黑子	單極黑子	unipolar sunspot
单极群	單極[黑子]群	unipolar group
单孔径远红外天文台	單孔徑遠紅外天文台	Single Aperture Far-Infrared Observatory, SAFIR
单谱分光双星	單線[分光]雙星	single-line spectroscopic binary, single-spectrum binary
单色滤光片	單色濾[光]鏡	monochromatic filter
单色滤光器	單色濾光器	monochromatic filter
单色像	單色像	monochromatic image
单站法	單站法	single-station method
氮星	氮星	nitrogen star
氮序	氮分支	nitrogen sequence
刀口检验	刀口測試	knife-edge test
氘丰度	氘豐度	D abundance
导臂	前導旋臂	leading arm
导航星	導航星	navigation star
导星	導星	guiding
导星测微镜	導星測微鏡	guiding microscope
导星镜	導星鏡	guiding telescope, guide telescope, guider
导星误差	導星誤差	guiding error
GSC 导星星表	GSC 導星星表	Guide Star Catalogue, GSC
导星装置	導星裝置	guiding device, guider
岛宇宙	島宇宙	island universe
道斯极限	道斯極限	Dawes limit
德国式装置	德式裝置	German mounting
德雷伯星表, HD 星表	HD 星表	Henry Draper Catalogue, HD Catalogue
德雷伯星表补编, HD 星表补编	HD 星表補編	Henry Draper Extension, HDE

大　陆　名	台　湾　名	英　文　名
德洛奈变量	德洛内變數	Delaunay variable
德沃古勒分类	德沃古勒分類	de Vaucouleurs classification
德西特宇宙	德西特宇宙	de Sitter universe
登月舱	登月艙	lunar excursion module, LEM
登月飞行器	登月飛行器	lunar lander
等边三角形点	等邊三角形點	equilateral triangle point
等高法	等高法	equal altitude method
等高圈(=地面纬圈)		
等高仪	等高儀	astrolabe
等光度测量	等光度測量	isophotometry
等级式成团	階式成團	hierarchical clustering
等级式结构	階式結構	hierarchical structure
等级式模型	階式模型	hierarchical model
等级式宇宙	階式宇宙	hierarchical universe
等级式宇宙论	階式宇宙論	hierarchic cosmology
等力线	等力線	isodynamic line
等离子层	電漿層	plasmasphere
等离子体	離子體, 電漿	plasma
等离子体环	電漿環	plasma loop
等离子体喷流	電漿噴流	plasma jet
等离子体天体物理学	電漿天文物理學	plasma astrophysics
等离子体云	電漿雲	plasma cloud
等龄线	等時線	isochrone, isochron
等熵线	等熵線	isentropic
等势面(=等位面)		
等位面, 等势面	等勢面, 等位面	equipotential surface
等温平衡	等溫平衡	isothermal equilibrium
等效天线	等效天線	equivalent antenna
等效温度	等效溫度	equivalent temperature
等照度线	等光強線	isophote
等值焦距	等效焦距	equivalent focal distance, equivalent focal length
等值宽度	等值寬度	equivalent width
低电离星系核	低電離星系核	low ionization nuclear emission region, LINER
低高度卫星	低高度衛星	low altitude satellite
低光度星	低光度星	low luminosity star, underluminous star
低红移类星体	低紅移類星體	low redshift quasar

大　陆　名	台　湾　名	英　文　名
低红移星系	低紅移星系	low redshift galaxy
低金属丰度星团	低金屬豐度星團	low metallicity cluster [of stars]
低金属丰度星系团	低金屬豐度星系團	low metallicity cluster [of galaxies]
低面亮度星系, LSB 星系	低面亮度星系, LSB 星系	low surface-brightness galaxy, LSB galaxy
氐宿	氐宿	Root
底片比例尺	底片尺度	plate scale
底片常数	底片常數	plate constant
底片库	底片庫	plate library
底片量度仪	底片量度儀	plate measuring machine
底片雾	底片霧	photographic fog
底片自动测量系统	底片自動測量系統	Automated Plate-Measuring System, APMS
GALAXY[底片自动测量仪]	GALAXY[底片自動測量儀]	General Automatic Luminosity and X Y Measuring Engine, GALAXY
地波传播	地波傳播	ground wave propagation
地磁	地磁	terrestrial magnetism, geomagnetism
地磁暴	地磁暴	geomagnetic storm
地磁极	地磁極	geomagnetic pole
地磁偏角	地磁偏角	geomagnetic declination
地磁倾角	地磁傾角	geomagnetic inclination
地磁尾	地磁尾	geomagnetic tail
地方恒星时	地方恆星時	local sidereal time, LST
地方民用时	地方民用時	local civil time
地方平时	地方平時	local mean time, LMT
地方时	地方時	local time, LT
地方时角	地方時角	local hour-angle, LHA
地方视时	地方視時	local apparent time
地方真时	地方真時	local true time
地方子午圈	地方子午圈	local meridian
地方子午线	地方子午線	local meridian
地固坐标系	地固坐標系	body-fixed coordinate system, earth-fixed coordinate system
地核	地核	earth core
地基观测	地基觀測	ground-based observation
地基天文台	地基天文台	ground-based observatory
地基天文学(=地面天文学)	地基天文學	ground-based astronomy

大　陆　名	台　湾　名	英　文　名
地基望远镜	地基望遠鏡	ground-based telescope
地极	地極	earth pole, terrestrial pole
地极摆动	地極擺動	polar wobble
地理星(小行星1620号)	地理星(1620號小行星)	Geographos
地理坐标	地理坐標	geographic coordinate
地幔	地函	earth mantle
地冕	地冕	geocorona
地面经度	地面經度	terrestrial longitude
地面天文学, 地基天文学	地面天文學	ground-based astronomy
地面纬度	地面緯度	terrestrial latitude
地面纬圈, 等高圈	地面緯度圈	terrestrial parallel
地面站	地面站	ground station
地面子午线	地面子午線	terrestrial meridian
地内行星(=内行星)		
地平俯角	地平俯角	horizon dip
地平经度	地平經度	azimuth
地平经圈, 垂直圈	地平經圈	vertical circle, azimuth circle
地平经纬仪	經緯儀	altazimuth
地平经仪	地平經儀	horizon circle
地平面	地平面	horizontal plane
地平圈	①地平 ②地平圈	①horizon ②horizontal circle
地平式日晷	水平[式]日晷	horizontal sundial
地平式天顶仪	水平[式]天頂儀	horizontal zenith telescope
地平式望远镜	地平式望遠鏡	altazimuth telescope
地平式中星仪	地平[式]中星儀	horizontal transit instrument
地平式装置	地平[式]裝置	horizontal mounting
地平视差	地平視差	horizontal parallax
地平纬度, 高度	地平緯度, 高度	altitude
地平纬圈, 平行圈	地平緯圈, 等高圈	altitude circle, parallel of altitude, almucantar
地平下弧	夜間弧	nocturnal arc
地平象限仪	地平象限儀	azimuth quadrant, quadrant altazimuth
地平装置	地平[式]裝置	altazimuth mounting, azimuth mounting
地平坐标	地平坐標	horizontal coordinate
地平坐标系	地平坐標系	horizontal coordinate system, horizon coordinate system
地壳	地殼	earth crust, earth shell

大　陆　名	台　湾　名	英　文　名
地球	地球	Earth, terrestrial globe
地球半影	地球半影	earth penumbra
地球本影	地球本影	earth umbra
地球扁球体	地球球形體	earth spheroid
地球参考系	地球參考系	terrestrial reference system
地球磁层	地球磁層	earth magnetosphere
地球大气折射	地面［大氣］折射	terrestrial refraction
地球定向参数	地球定向參數	earth orientation parameters, EOP
地球动力学	地球動力學	geodynamics
地球辐射带	地球輻射帶	radiation belt of the Earth
地球化	地球化	terraforming
地球化学	地球化學	geochemistry
地球时	地球時	terrestrial time, TT
地球天体物理学	地球天文物理學	geoastrophysics
地球同步轨道	地球同步軌道	geostationary orbit, geosynchronous orbit
地球同步轨道卫星	地球同步軌道衛星	Geostationary Orbit Satellite, GEOS
地球同步卫星	地球同步衛星	geostationary satellite, geosynchronous satellite
地球椭球体	地球橢球體	terrestrial ellipsoid, Earth ellipsoid
地球物理学	地球物理學	geophysics
地球形状	地球形狀	figure of the earth
地球资源技术卫星	地球資源衛星	Earth Resources Technology Satellite, ERTS
地球自转参数	地球自轉參數	earth rotation parameter, ERP
地球坐标系	地球坐標系	terrestrial coordinate system
地外生命	地［球］外生命	extraterrestrial life
地外生命搜寻	地［球］外生命搜尋	search for extraterrestrial life
地外生物学	地［球］外生物學	exobiology
地外文明	地［球］外文明	extraterrestrial civilization
地外行星(＝外行星)		
地外智慧生物	地［球］外智慧生物	extraterrestrial intelligence
地外智慧生物搜寻	地［球］外智慧生物搜尋	search for extraterrestrial intelligence, SETI
地外智慧生物通信	地［球］外智慧生物通訊	communication with extraterrestrial intelligence, CETI
地尾	地尾	tail of the earth
地心地平	地心地平	geocentric horizon, rational horizon
地心辐射点	地球輻射點	geocentric radiant

大　陆　名	台　湾　名	英　文　名
地心轨道	地球軌道	geocentric orbit
地心合	地心合	geocentric conjunction
地心经度	地球經度	geocentric longitude
地心距离	地球距離	geocentric distance
地心历表	地心曆表	geocentric ephemeris
地心视差	地球視差	geocentric parallax
地心视动	地球視動	geocentric apparent motion
地心体系	地球[宇宙]體系	geocentric system
地心天顶	地心天頂	geocentric zenith
地心纬度	地球緯度	geocentric latitude
地心位置	地心位置	geocentric position
地心余纬	地心餘緯	geocentric colatitude
地心坐标	地球坐標	geocentric coordinate
地心坐标时	地心坐標時	geocentric coordinate time, TCG
地影	地影	earth shadow
地月空间	地月空間	earth-moon space
地月系统	地月系統	earth-moon system
地月质量比	地月質量比	earth-moon mass ratio
地照	地[球反]照，地暉	earthshine
地支	地支	terrestrial branch, earthly branch
地质计年	地質計年	geological dating
地质年龄	地質年齡	geological age
地质时标	地質時標	geological time scale
地中	地中	center of land
第二宇宙速度	第二宇宙速度	second cosmic velocity
第谷超新星	第谷超新星	Tycho supernova, SN Cas 1572
第谷体系	第谷[宇宙]體系	Tychonic system
第谷星表	第谷星表	Tycho Catalogue
第三积分	第三積分	third integral
第三基本星表，FK3 星表	第三基本星表，FK3 星表	Dritter Fundamental Katalog(德)，FK3
第三宇宙速度	第三宇宙速度	third cosmic velocity
第四基本星表，FK4 星表	第四基本星表，FK4 星表	Vierter Fundamental Katalog(德)，FK4
第四宇宙速度	第四宇宙速度	fourth cosmic velocity
第一宇宙速度	第一宇宙速度	first cosmic velocity
蒂塞朗判据	蒂塞朗判據	Tisserand criterion
典型新星	典型新星	typical nova

大　陆　名	台　湾　名	英　文　名
点源	點源	point source
电荷耦合器件	電荷耦合元件	charge-coupled device, CCD
电离层	游離層	ionosphere
电离层突扰	游離層突發性擾動	sudden ionospheric disturbance, SID
电离氢区	H Ⅱ 區，氢離子區	H Ⅱ region
电离氢星系	氢離子星系	H Ⅱ galaxy
电离氢云	氢離子雲	H Ⅱ cloud
电离温度	游離溫度	ionization temperature
电流螺度	電流螺度	electric current helicity
电流片，中性片	電流片，中性片	current sheet, neutral sheet
电视导星镜	電視導星鏡	TV guider
电子事件	電子事件	electron event
电子压	電子壓力	electron pressure
电子耀斑	電子閃焰	electron flare
电子照相机	電子照相機	electronographic camera, electron camera
电子–正电子湮灭	電子–正電子湮滅	electron-positron annihilation
迭代法	疊代漸近法	iterative method
碟形环形山	碟形環形山	saucer crater
碟形天线	碟[型天線]	dish
定标	定標	calibration
定标曲线	定標曲線	calibration curve
定标星	定標星	calibration star
定标源	定標源	calibration source
定轨	軌道測定	orbit determination
定日镜	定日鏡	heliostat
定天镜	定天鏡	coelostat
定位误差	定位誤差	positional error
定相天线	定相天線	phasing antenna
定向光栅	炫耀光栅	blazed grating
定向天线	定向天線	directional antenna, beam antenna
定向星	定向星	orientation star
定向增益	指向增益	directive gain
定星镜	定星鏡	siderostat
定义常数	定義常數	defining constant
东大距	東大距	greatest eastern elongation, eastern elongation
东点	東方	east point
东方号[飞船]	東方號[太空船]	Vostok

大　陆　名	台　湾　名	英　文　名
东方照	東方照	eastern quadrature
东海	東海	Mare Orientale
东距角	東距角	eastern elongation
冬至点	冬至點	winter solstice
动力弛豫	動力鬆弛	dynamical relaxation
动力天文学	動力天文學	dynamical astronomy
动力稳定性	動態穩[定]度	dynamical stability
动力学参考系	動力學參考系	dynamical reference system
动力学年龄	動力學年齡	dynamical age
动力学平衡	動力學平衡	dynamical equilibrium
动力学演化	動力學演化	dynamical evolution
动力学宇宙学	動力學宇宙學	dynamical cosmology
动力学质量	動力學質量	dynamical mass
动能均分	動能均分	equipartition of kinetic energy
动丝测微计	動絲測微器	filar micrometer
斗分	斗分	year remainder
斗宿	斗宿	Dipper
陡谱	陡譜	steep spectrum
陡谱源	陡譜源	steep-spectrum source
独立日数	獨立日數	independent day number
独特变星	獨特變星	unique variable
独眼神计划	獨眼神計畫	Cyclops project
度盘	[刻]度盤	dial
2 度视场星系红移巡天	2 度視場星系紅移巡天	2dF Galaxy Redshift Survey, 2dFGRS
镀铝	鍍鋁	aluminizing
镀膜	鍍鏡膜	coating
镀银	鍍銀	silvering
短波突衰, 莫格尔–戴林格效应	短波突衰	sudden short wave fade-out, SSWF
短弧法	短弧法	short-arc method
短缺质量	無蹤質量	missing mass
短周期变星	短週期變星	short period variable
短周期彗星	短週期彗星	short period comet
短周期摄动	短週期攝動	short period perturbation
短周期造父变星	短週期造父[型]變星	short period cepheid
短轴	短軸	minor axis
断尾事件	斷尾事件	tail-disconnection event
对流	對流	convection

大　陆　名	台　湾　名	英　文　名
对流层	對流層	troposphere
对流过冲，超射，贯穿对流	對流過沖，超射，貫穿對流	convective overshooting, overshooting, penetrative convection
对流区	對流帶	convection zone, convective zone
对流元	對流元	convective cell
对木点	對木點	antijovian point
对日点	對日點	antisolar point
对日照	對日照	Gegenschein(德), counterglow
对准	對準	setting
盾牌 δ 型星	盾牌 δ 型星	δ Sct star
钝化常数	鈍化係數	deactivation constant
多波段测光	多波段測光	multiband photometry
多波段天文学	多波段天文學	multi-wavelength astronomy
多波段巡天	多波段巡天	multi-wavelength survey
多重共轭自适应光学	多重共軛自適應光學	multi-conguate adaptive optics, MCAO
多重红移	多重紅移	multiple redshift
多重彗尾	多重彗尾	multiple tail
多重星系	多重星系	multiple galaxy
多重周期变星	多重週期變星	multi-periodic variable
多方气体球	多方氣體球	polytropic gas sphere
多方球	多方[次]模型	polytrope
多方指数	多方指數	polytropic index
多缝摄谱仪	多縫攝譜儀	multi-slit spectrograph
多镜面 X 射线卫星	多鏡面 X 光衛星	X-ray Multi-Mirror satellite, XMM
多镜面望远镜	多面鏡望遠鏡	multi-mirror telescope, MMT
多目标自适应光学	多目標自適應光學	multi-object adaptive optics, MOAO
多纳提彗星	多納提彗[星]	Donati's comet
多普勒测距	都卜勒測距	Doppler ranging
多普勒频移	都卜勒位移	Doppler shift
多普勒图	都卜勒圖	Doppler gram
多普勒效应	都卜勒效應	Doppler effect
多普勒运动	都卜勒運動	Doppler motion
多普勒致宽	都卜勒致寬	Doppler broadening
多色测光	多色測光	multicolor photometry
多体问题	多體問題	many body problem
多天体摄谱仪	多天體攝譜儀	multi-object spectrograph
多通道分光仪	多通道分光儀	multichannel spectrometer
多通道光度计	多通道光度計	multichannel photometer

大　陆　名	台　湾　名	英　文　名
多通道太阳望远镜	多通道太陽望遠鏡	multichannel solar telescope

E

大　陆　名	台　湾　名	英　文　名
俄罗斯6米望远镜	俄羅斯6米望遠鏡	Zelentchouk Telescope
俄歇效应	奧杰效應	Auger effect
蛾眉月	蛾眉月	waxing crescent, crescent moon
轭式装置	軛式裝置	yoke mounting
恩克环缝	恩克環縫	Encke division
恩克彗星	恩克彗[星]	Encke's comet
耳目法	耳目法	eye and ear method
二重性	二重性	duplicity
二分差	二分差	equation of the equinoxes
二分点	二分點	equinoxes, equinoctial points
二分圈	二分圈	equinoctial colure
二均差	二均差	variation, variation of the moon
二十八宿	二十八宿	twenty-eight lunar mansions, twenty-eight lunar lodges
二十四节气	二十四節氣	twenty-four solar terms
二体碰撞	二體碰撞	binary collision
二体问题	二體問題	two-body problem
二维测光，成像测光	二維測光，成像測光	two-dimensional photometry, image photometry
二维分光法	二維分光法	bidimensional spectroscopy
二维光谱	二維光譜	two-dimensional spectrum
二维[光谱]分类	二維[光譜]分類法	two-dimensional spectral classification
二星流假说	二星流假說	two stream hypothesis
二至点	二至點	solstices
二至圈	二至圈	solstitial colure

F

大　陆　名	台　湾　名	英　文　名
发电机理论	發電機理論	dynamo theory
发光质量	亮物質	luminous mass
发射窗	發射窗口	launch window
发射光谱	發射光譜	emission spectrum

大　陆　名	台　湾　名	英　文　名
发射量度	發射[計]量	emission measure
发射线	發射[譜]線	emission line
发射线星	發射線星	emission-line star
发射线星系	發射線星系	emission-line galaxy
发射线星云	發射線星雲	emission-line nebula
发射星云	發射星雲	emission nebula
发射星云状物质	發射雲氣	emission nebulosity
发声火流星	發聲火流星	detonating fireball
发现者号[科学卫星]	發現者號[科學衛星]	Discoverer
伐楼那	伐樓那	Varuna
法布里-珀罗干涉议	法布立-拍若干涉計	Fabry-Perot interferometer
法布里透镜	法布立透鏡	Fabry lens
法定时	法定時	legal time
法国天文年历	法國天文年曆	Connaissance des Temps(法)
法国天文学会	法國天文學會	Societe Astronomique de France, SAF
法拉第旋转	法拉第旋轉	Faraday rotation
反变层	反變層	reversing layer
反常红移	反常紅移	abnormal redshift
反常彗尾	反常彗尾	anomalous tail
反日照	反日照	antiglow
反射光谱	反射光譜	reflection spectrum
反射光栅	反射光柵	reflection grating
反射镜	反射鏡	mirror
反射率	反射本領, 反射率	reflectivity
反射望远镜	反射望遠鏡	reflector, reflecting telescope
反射星云	反射星雲	reflection nebula
反物质星系	反物質星系	antigalaxy
反物质宇宙论	反物質宇宙論	antimatter cosmology
反向波	回波, 反向波	back wave
反向散射	後向散射	backscatter
反银心方向	反銀心	Galactic anticenter
反银心区	反銀心區	anticenter region
反照率	反照率	albedo
反折运动	反折運動	reflex motion
泛星计划	泛星計畫	Panoramic Survey Telescape and Rapid Response System, Pan-STARRS
泛宇宙	泛宇宙	pancosmos
范艾伦[辐射]带, 地球	范艾倫[輻射]帶	Van Allen belt

大 陆 名	台 湾 名	英 文 名
辐射带		
范登伯分类法	范登伯分類法	van den Bergh classification
范佛莱克关系	范扶累克關係	van Vleck relation
方位角	方位角	azimuth
方位圈	方位圈	azimuth circle
方位天文学	方位天文學	positional astronomy
方位仪	方位儀	azimuth telescope
方向角	方向角	direction angle
方照	方照	quadrature
房宿	房宿	Room
仿视星等	仿視星等	photovisual magnitude
纺锤状星系	紡錘狀星系	spindle galaxy
纺锤状星云	紡錘狀星雲	spindle nebula
放射性碳计年	放射性碳定年	radiocarbon dating
飞掠	飛掠	flyby
飞掠轨道	飛掠軌道	flyby orbit
飞马[大]四边形	飛馬四邊形	Great square of Pegasus
非标准太阳模型	非標準太陽模型	non-standard solar model
非标准宇宙模型	非標準宇宙模型	non-standard cosmological model
非对称流	非對稱流	asymmetric drift
非复现暴	非複現暴	non-recurrent burst
非互扰双重星系	非互擾雙重星系	non-interacting binary galaxy
非互扰双星	非互擾雙星	non-interacting binary star
非灰大气	非灰色大氣	non-grey atmosphere
非径向脉动	非徑向脈動	non-radial pulsation
非径向脉动体	非徑向脈動體	non-radial pulsator
非径向振荡	非徑向振盪	non-radial oscillation
非静态模型	非靜止模型	non-static model
非静态宇宙	非靜態宇宙	non-static universe
非局部热动平衡	非局部熱動平衡	non-local thermodynamic equilibrium, NLTE
非均匀宇宙	非均匀宇宙	non-homogeneous universe
非球面镜	非球面鏡	aspherical mirror
非球面透镜	消球差透鏡	aspherical lens
非热电子	非熱電子	nonthermal electron
非热动平衡	非熱動平衡	non-thermodynamic equilibrium, NTE
非热辐射	非熱輻射	nonthermal radiation
非势[场]性	非勢[場]性	non-potentiality

大　陆　名	台　湾　名	英　文　名
非速度红移	非速度紅移	non-velocity redshift
非团星	非星團星	non-cluster star
非团星系	非[星系]團星系	non-cluster galaxy
非稳态模型	非穩態[宇宙]模型	non-stationary model
非稳态宇宙	非穩態宇宙	non-stationary universe
非线性天文学	非線性天文學	non-linear astronomy
非相对论[性]宇宙	非相對論[性]宇宙	non-relativistic universe
非相对论[性]宇宙论	非相對性宇宙論	non-relativistic cosmology
非星天体	非星天體	non-stellar object
非星天体新总表修订版	非星天體新總表修訂版	Revised New General Catalogue of Non-stellar Astronomical Objects, RNGC
非质子耀斑	非質子閃焰	non-proton flare
非中心碰撞	非中心碰撞	non-central collision
非周期变星	非週期[性]變星	non-periodic variable
非周期彗星	非週期[性]彗星	aperiodic comet, non-periodic comet
非主序星	非主序星	non-main-sequence star
菲洛劳峭壁	菲洛勞峭壁	Rupes Philolaus
费米加速机制	費米[加速]機制	Fermi [acceleration] mechanism
费米 γ 射线空间望远镜	費米 γ 射線太空望遠鏡	Fermi Gamma-ray Space Telescope, GLAST
费米子	費米子	fermion
分辨本领	鑑別本領	resolving power
分辨极限	分辨極限	resolution limit
分辨率	鑑別率, 解像力	resolution
分点	分點	equinox
分点岁差	分點歲差	precession of the equinox
Hα 分光	Hα 分光	Hα spectroscopy
分光测量	分光測量	spectrometry
分光根数	測譜要素, 分光要素	spectroscopic element
分光光度标准星	分光光度標準星	spectrophotometric standard
分光光度测量	分光光度測量	spectrophotometry
分光轨道	測譜軌道, 分光軌道	spectroscopic orbit
分光解	分光解	spectroscopic orbit
分光距离	分光距離	spectroscopic distance
分光偏振测量	分光偏振測量	spectropolarimetry
分光视差	分光視差	spectroscopic parallax
分光双星	分光雙星	spectroscopic binary, SB
分光仪	分光計, 光譜儀	spectrometer

大　陆　名	台　湾　名	英　文　名
分光周期	分光週期	spectroscopic period
分类判据	分類判據	classification criterion
分立孔径	分立孔徑	unfilled aperture
分立能态	分立能態	discrete energy state
分立谱带	分立譜帶	discrete band
分立射电源	分立電波源	discrete radio source
H 分量	H 分量	H-component
τ 分量	τ 分量	τ-component
υ 分量	υ 分量	υ-component
分野	分野	field division
分至年	分至年	equinoctial year
分至圈	二分圈, 二至圈	colure
分至月, 回归月	分至月, 回歸月	tropical month
5 分钟振荡	5 分[鐘]振盪	5-minute oscillation
160 分钟振荡	160 分[鐘]振盪	160-minute oscillation
分子天文学	分子天文學	molecular astronomy
分子云	分子雲	molecular cloud
分子钟	分子鐘	molecular clock
丰度	豐[盛]度	abundance
丰度异常	豐度異常	abundance anomaly
蜂窝式反射镜	蜂巢式反射鏡	honeycomb mirror
凤凰流星群	鳳凰座流星雨	Phoenicids
凤凰 SX 型星	鳳凰[座]SX 型星	SX Phe star
夫琅禾费[谱]线	夫朗和斐[譜]線	Fraunhofer line
弗里德曼宇宙	弗里德曼宇宙	Friedmann universe
弗里德曼宇宙模型	弗里德曼宇宙模型	Friedmann cosmological model
俘获	捕獲	capture
俘获假说	捕獲假說	capture hypothesis
浮动天顶仪	浮動天頂儀	floating zenith telescope, FZT
浮现磁流	浮現磁流	emerging magnetic flux
辐射	輻射	radiation
辐射包层	輻射殼	radiative envelope
辐射测量	輻射測量	radiometry
辐射带	輻射帶	radiation belt
辐射点	輻射點	radiant
辐射复合	輻射復合	radiative recombination
辐射机制	輻射機制	radiation mechanism
辐射计	輻射計	radiometer

大　陆　名	台　湾　名	英　文　名
辐射流量	輻射通[量]	radiation flux
辐射平衡	輻射平衡	radiative equilibrium
辐射期	輻射時代	radiation era
辐射强度	輻射強度	radiant intensity
辐射区	輻射層	radiation zone
辐射星等	輻射星等	radiometric magnitude
辐射压	輻射壓[力]	radiation pressure
辐射占优期	輻射主導期	radiation dominated era
辐射占优宇宙	輻射主導宇宙	radiation dominated universe
辐射转移	輻射轉移	radiative transfer
辐射转移方程, 转移方程	輻射轉移方程	equation of radiative transfer
辐射阻尼	輻射阻尼	radiation damping
负氢离子	負氫離子	negative hydrogen ion, H^- ion
负闰秒	負閏秒	negative leap second, rubber second
负透镜(=凹透镜)		
负吸收	負吸收	negative absorption
附加摄动	附加攝動	additional perturbation
复合光谱	複合光譜	composite spectrum
复合目镜	複合目鏡	compound eyepiece
复合期	復合紀元	recombination epoch
复合群	複雜[黑子]群	complex group
复合体	複合體	complex
复合透镜	複合透鏡	compound lens
复谱双星	複譜雙星	composite-spectrum binary
复现	復明	emersion
复现暴	再發爆發	recurrent burst
复消色差	複消色差	apochromatism
复圆, 食终	復圓	last contact
副镜	副鏡	secondary mirror
副周期	次週期	secondary period
傅科摆	富可擺	Foucault pendulum
傅科刀口检验	富可刀口檢驗	Foucault knife-edge test
傅里叶变换分光仪	傅立葉變換分光儀	Fourier transform spectrometer, FTS
傅里叶变换频谱仪	傅立葉變換頻譜儀	Fourier transform spectrometer, FTS
富度	富度	richness
富度参数	富度參數	richness parameter
富度级	富度級	richness class

大　陆　名	台　湾　名	英　文　名
富度指数	富度指數	richness index
富氦核	富氦核	helium-rich core
富氦星	富氦星	helium-rich star
富金属天体	富金屬天體	metal-rich object
富金属星	富金屬星	metal-rich star
富金属星团	富金屬星團	metal-rich cluster
富气卫星	富氣衛星	gas-rich satellite
富气小行星	富氣小行星	gas-rich asteroid
富气陨星	富氣隕石	gas-rich meteorite
富碳星	富碳星	carbon-rich star
富星团	富星團	rich star cluster, rich cluster
富星系团	富星系團	rich galaxy cluster, rich cluster
富氧星	富氧星	oxygen-rich star
覆盖效应	覆蓋效應	blanketing effect

G

大　陆　名	台　湾　名	英　文　名
K 改正	K 修正	K-correction
改正板	修正鏡片	correcting plate
改正镜	改正鏡	corrector
改正面积	改正面積	corrected area
改正透镜	修正透鏡	correcting lens
钙谱斑	鈣譜斑	calcium flocculus, calcium plage
钙日珥	鈣日珥	calcium prominence
钙星	鈣星	calcium star
钙云	鈣雲	calcium cloud
盖天说	蓋天說	theory of canopy-heavens
干涉滤光片	干涉濾[光]鏡	interference filter
干涉滤波器	干涉濾波器	interference filter
干涉偏振滤光器	偏振干涉濾光器	polarization interference filter
干涉双星	干涉雙星	interferometric binary
感光计	露光計	actinometer
橄榄陨铁	橄欖隕鐵	pallasite
冈特因子	岡特因子	Gaunt factor
刚性地球	剛性地球	rigid earth
纲要星	綱要星	program star
高层大气物理学	高層大氣物理學	aeronomy

大　陆　名	台　湾　名	英　文　名
高潮	高潮	maximum tide
高磁拱	高磁拱	high magnetic arcade, HMA
高等理论天体物理研究中心	高等理論天文物理研究中心	Theoretical Institute for Advanced Research in Astrophysics, TIARA
高度(=地平纬度)		
高度轴	高度軸	elevation axis
高光度[恒]星	高光度[恆]星	high-luminosity star, luminous star
高光度蓝变星	亮藍變星	luminous blue variable, LBV
高轨道	高軌道	high altitude orbit
高红移	高紅移	high redshift
高红移天体	高紅移天體	high-z object
高金属丰度星团	高金屬豐度星團	high-metallicity cluster
高金属丰度星系团	高金屬豐度星系團	high-metallicity cluster
高能天体物理学	高能天文物理學	high energy astrophysics
高能天文台	高能天文衛星	High Energy Astronomical Observatory, HEAO
高能天文学	高能天文學	high energy astronomy
高能暂现源探测器	高能瞬變源探測器	High Energy Transient Explorer, HETE
高偏振类星体	高偏振類星體	highly polarized quasar, HPQ
高偏振星，武仙 AM 型[双]星	高偏振星，武仙 AM 型[雙]星	polar, AM Her binary, AM Her star
高色散分光	高色散分光	high dispersion spectroscopy
高色散光谱	高色散光譜	high dispersion spectrum
高山观测站	高山觀測站	high altitude station
高斯引力常数	高斯[重力]常數	Gaussian gravitational constant
高速测光	高速測光	high-speed photometry
高速分光	高速分光	high-speed spectroscopy
高速光度计	高速光度計	high-speed photometer
高速星	高速星	high-velocity star
高速云	高速雲	high-velocity cloud, HVC
高纬[度]黑子	高緯黑子	high-latitude spot
高纬[度]耀斑	高緯[度]閃焰	high-latitude flare
高新 X 射线天体物理观测台	先進 X 光天文物理觀測台	Advanced X-ray Astrophysical Facility, AXAF
高新技术太阳望远镜	先進技術太陽望遠鏡	Advanced Technology Solar Telescope, ATST
高新技术望远镜	先進技術望遠鏡	Advanced Technology Telescope, ATT
锆星	鋯星	zirconium star

大　陆　名	台　湾　名	英　文　名
戈达德航天中心	哥達德太空飛行中心	Goddard Space Flight Center, GSFC
哥白尼体系	哥白尼體系	Copernican system
哥白尼卫星	哥白尼天文衛星	Copernicus, OAO-3
格里高利望远镜	格里望遠鏡	Gregorian telescope
格里格–斯基勒鲁普彗星	格里格–斯基勒魯普彗星	Grigg-Skjellerup comet
格里历	格里曆	Gregorian calendar
格里年	格里年	Gregorian year
格林班克射电望远镜	格林班克電波望遠鏡	Green Bank [Radio] Telescope, GBT
格林尼治恒星日期	格林[威治]恆星日期	Greenwich sidereal date, GSD
格林尼治恒星时	格林[威治]恆星時	Greenwich sidereal time, GST
格林尼治皇家天文台	格林[威治]皇家天文台	Royal Greenwich Observatory, RGO
格林尼治民用时	格林[威治]民用時	Greenwich civil time, GCT
格林尼治平恒星时	格林[威治]平恆星時	Greenwich mean sidereal time, GMST
格林尼治平时	格林[威治]平時	Greenwich mean time, GMT
格林尼治平午	格林[威治]平午	Greenwich mean noon, GMN
格林尼治视恒星时	格林[威治]視恆星時	Greenwich apparent sidereal time
格林尼治视时	格林[威治]視時	Greenwich apparent time
格林尼治视午	格林[威治]視午	Greenwich apparent noon
格林尼治子午线	格林[威治]子午線	Greenwich meridian
格鲁姆布里奇拱极星表	格魯姆布里奇拱極星表	Groombridge's Catalogue of Circumpolar Stars
格栅	格柵, 視柵	grid
各向同性分布	各向同性分佈	isotropic distribution
各向同性宇宙	各向同性宇宙	isotropic universe
各向异性宇宙	各向異性宇宙	anisotropic universe
各向异性宇宙论	各向異性宇宙論	anisotropic cosmology
铬星	鉻星	chromium star
跟踪	追蹤	tracking
跟踪误差	追蹤誤差	tracking error
弓形激波	弓形震波	bow shock
弓形激波星云	弓形震波星雲	bow-shock nebula
公转	公轉	revolution
公转方向	公轉方向	sense of revolution
功率谱	功率譜	power spectrum
宫	宮	sign, house
汞锰星	汞錳星	mercury-manganese star
拱点	遠近[焦]點, 拱點	apsis, apse

大　陆　名	台　湾　名	英　文　名
拱极区	拱極區	circumpolar region, circumpolar zone
拱极星	拱極星	circumpolar star
拱极星大距	拱極星大距	elongation of circumpolar star
拱极星座	拱極星座	circumpolar constellation
拱线	拱線	apsidal line
拱线进动	拱線運動	advance of apsidal line, apsidal motion
拱状暗条系统	拱狀暗條系統	arch filament system, AFS
共包层演化	共包層演化	common-envelope evolution
共轭焦点	共軛焦點	conjugate focus
共轨卫星	共軌衛星	coorbital satellite
共面轨道	共面軌道	coplanar orbits
共生变星	共生變星	symbiotic variable
共生双星	共生雙星	symbiotic binary
共生新星	共生新星	symbiotic nova
共生星	共生星	symbiotic star
共线点	共線點	collinear point
共有包层	共有包層	common envelope
共振俘获	共振捕獲	resonance capture
共振轨道	共振軌道	resonance orbit
共振谱线	共振[譜]線	resonance line
共振卫星	共振衛星	resonance satellite
共转	共轉	corotation
共转共振	共轉共振	corotation resonance
沟纹	細溝	rill
沟纹环形山	細溝環形山	rille crater
估距关系	估距關係	distance estimator
孤立积分	孤立積分	isolating integral
孤立星	孤立星	isolated star
孤立星系	孤立星系	isolated galaxy
孤子星	孤子星	soliton star
古德带	古德帶	Gould Belt
古地质学	古地質學	paleogeology
古气候	古氣候	paleoclimate
古在共振	古在共振	Kozai resonance
谷	谷	valley, vallis
谷神星(小行星1号)	穀神星(1號小行星)	Ceres
钴星	鈷星	cobalt star
固体潮	[物]體潮	body tide

大　陆　名	台　湾　名	英　文　名
固体地球	固體地球	solid earth
固有参考架	固有參考坐標	proper reference frame
固有参考系	固有參考系	proper reference system
固有时(=原时)		
拐点年龄	轉離年齡	turn-off age
拐点质量	轉離質量	turn-off mass
观测历元	觀測曆元	epoch of observation
观测天文学	觀測天文學	observational astronomy
观测误差	觀測誤差	observational error
观测宇宙学	觀測宇宙學	observational cosmology
观测站	觀測站	observing station
观象台	觀象台	[astronomical] observatory
冠状日珥	冠狀日珥	cap prominence
贯穿对流(=对流过冲)		
惯性参考系	慣性參考系	inertial reference system
惯性时	慣性時	inertial time
惯性坐标系	慣性坐標系	inertial coordinate system
光斑	光斑	facula
光斑米粒	光斑米粒	facular granule
光薄介质	光薄介質	optically thin medium
光变曲线	光變曲線	light curve
光变要素	光變要素	element of light variation
光变周期	光變週期	period of light variation, light period
光程	光程	optical path
光电测光	光電測光術	photoelectric photometry
光电成像	光電成像	photoelectronic imaging
光电导星	光電導星	photoelectric guiding
光电等高仪	光電等高儀	photoelectric astrolabe
光电分光光度测量	光電分光光度測量	photoelectric spectrophotometry
光电分光光度计	光電分光光度計	photoelectric spectrophotometer
光电光度计	光電光度計	electrophotometer, photoelectric photo-meter
光电绝对星等	光電絕對星等	photoelectric absolute magnitude
光电天体测量	光電天體測量	photoelectric astrometry
光电星等	光電星等	photoelectric magnitude
光电中星仪	光電中星儀	photoelectric transit instrument
光度	光度	luminosity
光度标准星	光度標準,測光標準	photometric standard

大　陆　名	台　湾　名	英　文　名
光度函数	光度函數	luminosity function
光度级	光度級	luminosity class
MK 光度级	MK 光度級	Morgan-Keenan luminosity class, MK luminosity class
光度距离	光度距離	luminosity distance
光度曲线	光度曲線	luminosity curve
光度视差	光度視差	luminosity parallax
光度演化	光度演化	luminosity evolution
光度佯谬	光度佯謬	luminosity paradox, photometric paradox
光度质量	光度質量	luminosity mass
光缝(=狭缝)		
光干涉测量	光干涉測量	optical interferometery
光干涉仪	光干涉儀	optical interferometer
光厚介质	光厚介質	optically thick medium
光环系统	光環系統	ring system
光阶法(=阿格兰德法)		
光剧变类星体, OVV 类星体	光巨變類星體, OVV 類星體	optically violent variable quasar, OVV quasar
光阑孔径	光闌孔徑	diaphragm aperture
光秒	光秒	light second
光年	光年	light year, l. y.
光谱	光譜	spectrum
光谱变星	光譜變星	spectrum variable
光谱分类	光譜分類	spectral classification
MK 光谱分类	MK 光譜分類	Morgan-Keenan classification, MK classification
MKK 光谱分类	MKK 光譜分類	Morgan-Keenan-Kellman classification, MKK classification
光谱光度图(=赫罗图)		
光谱红移	光譜紅移	spectroscopic redshift
光谱能量分布	光譜能量分佈	spectral energy distribution, SED
光谱区	光譜區	spectral region
光谱双星	光譜雙星	spectrum binary
光谱图	光譜圖	spectrogram
光谱型	光譜型	spectral type, spectral class
光谱序	光譜序	spectral sequence
光谱学	光譜學, 分光學	spectroscopy
光球	光球[層]	photosphere

大　陆　名	台　湾　名	英　文　名
光球光谱	光球光譜	photospheric spectrum
光球活动	光球活動	photospheric activity
光栅	光柵	grating
光栅摄谱仪	光柵攝譜儀	grating spectrograph
光深	光[學]深[度]	optical depth
光束分离器	光束分離器	beamsplitter
光速柱面	光速柱面	velocity-of-light cylinder
光瞳光度计	光瞳光度計	iris photometer, iris diaphragm photome-ter
光污染	光害, 光污染	light pollution
光纤	光纖	optical fiber
光纤分光	光纖分光	fiber-optic spectroscopy
光纤摄谱仪	光纖攝譜儀	fiber-optic spectrograph
光线偏折	光線偏轉	deflection of light
光心	光心	optical center
光行差	光行差	aberration [of light]
光行差常数	光行差常數	aberration constant
光行差较差	光行差較差	differential aberration
光行差椭圆	光行差橢圓	aberration ellipse
光行时	光行時	light time
光行时差	光[行時]差	equation of light, light equation
光学臂	光學臂	optical arm
光学变星	光學變星	optical variable
光学窗口	光窗	optical window
光学对应体	光學對應體	optical counterpart
光学跟踪	光學追蹤	optical tracking
光学观测	光學觀測	optical observation
光学厚度	光學厚度	optical thickness
光学脉冲星	光學脈衝星	optical pulsar
光学双星	光學雙星	optical double
光学太阳	光學太陽	optical sun
光学天平动	光學天平動	optical libration
光学天体	光學天體	optical object
光学天体物理学	光學天文物理學	optical astrophysics
光学天文台	光學天文台	optical observatory
光学天文学	光學天文[學]	optical astronomy
光学望远镜	光學望遠鏡	optical telescope
光学证认	光學識別	optical identification

大　陆　名	台　湾　名	英　文　名
光学综合孔径成像技术	光學孔徑合成成像技術	optical aperture-synthesis imaging technique
光致电离	光致電離	photoelectric ionization
光轴	光軸	optical axis
光子计数	光子計數	photon-counting
广角望远镜	廣角望遠鏡	wide-angle telescope
广角照相机	廣角相機	wide-angle camera
广义主序	廣義主星序	generalized main sequence
圭	圭	gnomon shadow template
圭表	日圭, 圭表	gnomon
规则变星	規則變星	regular variable
规则卫星	規則衛星	regular satellite
规则星系	規則星系	regular galaxy
规则星系团	規則星系團	regular cluster of galaxies
规则星云	規則星雲	regular nebula
硅燃烧	矽燃燒	silicon burning
硅星	矽星	silicon star
轨道	軌道	orbit
轨道不稳定性	軌道不穩定性	orbital instability
轨道飞行器	軌道衛星, 軌道太空船	orbiter
轨道改进	軌道改進	orbit improvement
轨道改正	軌道修正	orbit correction
轨道根数	軌道要素, 軌道根數	orbital element
轨道共振	軌道共振	orbit resonance
轨道过渡	軌道轉換	orbit transfer
轨道交点	軌道交點	orbital node
轨道角速度	軌道角速度	orbital angular velocity
轨道力学	軌道力學	orbit dynamics
轨道面	軌道面	orbit planc
轨道偏心率	軌道偏心率	orbital eccentricity
轨道倾角	軌道傾角	orbital inclination
轨道太阳观测台	軌道太陽觀測台	Orbiting Solar Observatory, OSO
轨道天文台	軌道天文台	Orbiting Astronomical Observatory, OAO
轨道稳定性	軌道穩定性	orbital stability
轨道演化	軌道演化	orbital evolution
轨道圆化	軌道圓化	orbital circularization
轨道运动	軌道運動	orbital motion

大　陆　名	台　湾　名	英　文　名
轨道周期	軌道週期	orbital period
轨轨共振	[與]軌共振	orbit-orbit resonance
轨旋共振	軌旋共振	orbit-rotation resonance
鬼线	鬼線	ghost line
鬼像	鬼影	ghost image
鬼星团	蜂巢星團, 鬼宿星團	Praesepe
鬼宿	鬼宿	Ghost
国际变日线	國際換日線	international date line
国际测地和地球物理联合会	國際測地和地球物理聯合會	International Union of Geodesy and Geophysics, IUGG
国际测地协会	國際測地協會	International Association of Geodesy, IAG
国际单位制	國際單位制	international system of units, SI
国际地球参考架	國際地球參考坐標	International Terrestrial Reference Frame ITRF
国际地球参考系	國際地球參考系	International Terrestrial Reference System, ITRS
国际地球化学和宇宙化学协会	國際地球化學和宇宙化學協會	International Association of Geochemistry and Cosmochemistry, IAGC
国际地球物理年	國際地球物理年	International Geophysical Year, IGY
国际地球自转服务	國際地球自轉服務	International Earth Rotation Service, IERS
国际彗星探测器	國際彗星探測器	International Cometary Explorer, ICE
国际活动太阳年	國際活動太陽年	International Active Sun Year, IASY
国际极移服务	國際極移服務處	International Polar Motion Service, IPMS
国际空间站	國際太空站	International Space Station, ISS
国际宁静太阳年	國際寧靜太陽年	International Quiet Sun Year, IQSY
国际日地服务	國際日地服務	International Solar and Terrestrial Service, ISTS
国际 γ 射线天体物理实验室	國際 γ 射線天文物理實驗室	International Gamma Ray Astrophysics Laboratory, INTEGRAL
国际时间局	國際時間局	Bureau International de l'Heure(法), BIH
国际太阳联合观测	國際太陽聯合觀測	international coordinated solar observations, ICSO
国际天球参考架	國際天球參考坐標	International Celestial Reference Frame, ICRF
国际天球参考系	國際天球參考系	International Celestial Reference System, ICRS

大　陆　名	台　湾　名	英　文　名
国际天文爱好者联合会	國際天文愛好者聯合會	International Union of Amateur Astrono-mers, IUAA
国际天文学联合会	國際天文聯合會	International Astronomical Union, IAU, UAI
国际纬度服务	國際緯度服務處	International Latitude Service, ILS
国际纬度站	國際緯度站	International Latitude Station
国际无线电科学联合会	國際無線電科學聯合會	International Union of Radio Science, URSI
国际协议原点	國際慣用[極]原點	conventional international origin, CIO
国际宇宙号[天文卫星]	國際宇宙號[天文衛星]	Intercosmos
国际原子时	國際原子時	International Atomic Time, IAT, TAI
国际紫外探测器	國際紫外探測器	International Ultraviolet Explorer, IUE
国家天文台	國家天文台	National Astronomical Observatories of China, NAOC
r 过程(=快过程)		
s 过程(=慢过程)		
过渡轨道(=转移轨道)		
过渡区	過渡區	transition region
过近日点	過近日點	perihelion passage
过近日点时刻	過近日點時刻	time of perihelion passage
过近星点时刻	過近星點時刻	time of periastron passage

H

大　陆　名	台　湾　名	英　文　名
哈勃半径	哈柏半徑	Hubble radius
哈勃参数	哈柏參數	Hubble parameter
哈勃常数	哈柏常數	Hubble constant
哈勃定律	哈柏定律	Hubble law
哈勃分类参数	哈柏分類參數	Hubble stage
哈勃关系	哈柏關係	Hubble relation
哈勃极深场	哈柏極深空區	Hubble Ultra Deep Field, HUDF
哈勃距离	哈柏距離	Hubble distance
哈勃空间望远镜	哈柏太空望遠鏡	Hubble Space Telescope, HST
哈勃流	哈柏流	Hubble flow
哈勃年龄	哈柏年齡	Hubble age
哈勃–桑德奇型变星，HS 型变星	哈柏–桑德奇型變星，HS 型變星	Hubble-Sandage variable star, HS varia-ble star

大　陆　名	台　湾　名	英　文　名
哈勃深场	哈柏深空區	Hubble Deep Field, HDF
哈勃时间	哈柏時間	Hubble time
哈勃图	哈柏圖	Hubble diagram
哈勃[星系]分类	哈柏星系分類	Hubble classification [of galaxies]
哈勃序列	哈柏序列	Hubble sequence
哈尔卡实验室	哈爾卡實驗室	Highly Advanced Laboratory for Communication and Astronomy, HALCA
哈佛分类	哈佛分類法	Harvard classification
哈佛恒星测光表	哈佛恆星測光表	Harvard Photometry, HP
哈佛恒星测光表修订版	哈佛恆星測光表修訂版	Revised Harvard Photometry, RHP
哈佛–史密松参考大气	哈佛–史密松參考大氣	Harvard-Smithsonian Reference Atmosphere
哈佛天文台	哈佛天文台	Harvard College Observatory, HCO
哈佛天文台脉冲星	哈佛天文台脈衝星	Harvard pulsar
哈佛选区	哈佛天區	Harvard Region
哈雷彗星	哈雷彗星	Halley's comet
哈维兰陨星坑	哈威蘭隕石坑	Haviland meteorite crater
海盗号[火星探测器]	維京號[火星探測器]	Viking
海尔–波普彗星	海爾–波普彗星	comet Hale-Bopp
海尔天文台	海爾天文台	Hale Observatories
海尔望远镜	海爾望遠鏡	Hale telescope
海金努斯月溪	海金努斯月溪	Rima Hyginus
海玛斯山脉	海瑪斯山脈	Montes Haemus
海外天体	海外天體	trans-Neptunian object, TNO
海外行星	海外行星	trans-Neptunian planet
海王星	海王星	Neptune
海王星环	海王星環	Neptune's ring, Neptunian ring, ring of Neptune
海卫	海[王]衛	Neptunian satellite, Neptune's satellite
亥姆霍兹收缩	亥姆霍茲收縮	Helmholtz contraction
氦白矮星	氦白矮星	helium white dwarf
氦丰度	氦豐度	helium abundance, He abundance
氦核	氦核	helium core
氦燃烧	氦燃燒	helium burning
氦闪	氦閃	helium flash
氦星	氦星	helium star
氦主序	氦主序	helium main-sequence
汉堡天文台变星	漢堡天文台變星	Hamburg variable, HBV

大　陆　名	台　湾　名	英　文　名
航海天文历	航海[曆]書	nautical almanac
航海天文学	航海天文學	nautical astronomy
航空天文学	航空天文學	aviation astronomy
航天	太空飛行	space flight
航天飞机	[太空]梭	[space] shuttle
航天器	太空船	spacecraft
航天员，宇航员	太空人	astronaut, cosmonaut
毫米波[射电望远镜]阵	毫米波[電波望遠鏡]陣	Milli-Meter Array, MMA
毫米波天文学	毫米波天文學	millimeter-wave astronomy
毫米波望远镜	毫米波望遠鏡	millimeter-wave telescope
毫秒	毫秒	millisecond
毫秒脉冲星	毫秒脈衝星	millisecond pulsar
合	合	conjunction
合成星等	合成星等	combined magnitude
河外背景辐射	河外背景輻射	extragalactic background radiation
河外超新星	河外超新星	extragalactic supernova
河外射电源	河外電波源	extragalactic radio source
河外 X 射线源	河外 X 光源	extragalactic X-ray source
河外 γ 射线源	河外 γ 射線源	extragalactic γ-ray source
河外天文学	河外天文學	extragalactic astronomy
河外新星	河外新星	extragalactic nova
河外星系	河外星系	external galaxy, extragalactic system
河外星云	河外星雲	extragalactic nebula
核合成	[原子]核合成	nucleosynthesis
核合成理论	核合成理論	theory of nucleosynthesis
核纪年法	核紀年法	nucleocosmochronology
核聚变	核融合，核聚合	nuclear fusion
核裂变	核分裂，核裂變	nuclear fission
核起源	[原子]核起源	nuclcogcnesis
核球	核球	nuclear bulge, bulge
核球 X 射线源	核球 X 光源	bulge X-ray source
核天体物理	核天文物理學	nuclear astrophysics
核晕星系	核-暈星系	core-halo galaxy
核震	核震	corequake
赫比格–阿罗天体， 　　HH 天体	赫比格–哈羅天體， 　　HH 天體	Herbig-Haro object, HH object
赫比格 Ae/Be 型星	赫比格 Ae/Be 型星	Herbig Ae/Be star
赫尔斯–泰勒脉冲星	赫爾斯–泰勒脈衝星	Hulse-Taylor pulsar

大　陆　名	台　湾　名	英　文　名
赫罗图, HR 图, 光谱光度图	赫羅圖, HR 圖, 光譜光度圖	Hertzsprung-Russell diagram, HR diagram, spectrum-luminosity diagram
赫马森–兹威基星, HZ 星	哈馬遜–兹威基星, HZ 星	Humason-Zwicky star, HZ star
赫氏空隙	赫氏空隙	Hertzsprung gap
赫维留结构	赫維留結構	Hevelius formation
赫歇尔红外空间望远镜	赫歇耳紅外[線]太空望遠鏡	Herschel infrared space telescope
赫歇尔–里格雷彗星	赫歇耳–里格雷彗星	Herschel-Rigollet comet
赫歇尔望远镜	赫歇耳望遠鏡	William Herschel Telescope, WHT
赫歇尔型望远镜	赫歇耳[式]望遠鏡	Herschelian telescope
黑矮星	黑矮星	black dwarf
黑滴	黑滴	black drop
黑洞	黑洞	black hole
黑子半影	黑子半影	sunspot penumbra
黑子本影	黑子本影	sunspot umbra
黑子光谱	黑子光譜	sunspot spectrum
黑子极大期	黑子極大期	sunspot maximum
黑子极小期	黑子極小期	sunspot minimum
黑子极性	黑子極性	sunspot polarity
黑子日珥	黑子日珥	sunspot prominence
黑子数	黑子數	sunspot number, spot number
黑子相对数, 沃尔夫数	黑子相對數, 沃夫數	relative sunspot number, Wolf number
黑子耀斑	黑子閃焰	sunspot flare
黑子周	黑子週期	sunspot cycle
亨布里陨星坑	亨布里隕石坑	Henbury meteorite crater
恒显圈	恆顯圈	upper circle, circle of perpetual apparition
恒显天体	恆顯天體	unsetting body
恒星	恆星	star
恒星包层, 厚大气	恆星包層, 厚大氣	stellar envelope, extended atmosphere
恒星参考系	恆星參考系	stellar reference system
恒星磁场	恆星磁場	stellar magnetic field
恒星大气	恆星大氣	stellar atmosphere
恒星导航	恆星導航	star navigation
恒星动力学	恆星動力學	stellar dynamics
恒星分类	恆星分類	stellar classification
恒星复合体	恆星複合體	stellar complex
恒星干涉仪	恆星干涉儀	stellar interferometer

大 陆 名	台 湾 名	英 文 名
恒星光度	恆星光度	stellar luminosity
恒星光谱	恆星光譜	stellar spectrum
恒星光谱学	恆星光譜學	stellar spectroscopy
恒星光球	恆星光球	stellar photosphere
恒星光行差	恆星光行差	stellar aberration
恒星活动	恆星活動	stellar activity
恒星激变	恆星激變	stellar cataclysm
恒星计数	恆星計數	star counting
恒星交会	恆星相遇	stellar encounter
恒星结构	恆星結構	stellar structure
恒星命名	恆星命名	star nomenclature
恒星模型	恆星模型	stellar model
恒星内部	恆星内部	stellar interior
恒星年	恆星年	sidereal year
恒星喷流	恆星噴流	stellar jet
恒星群	恆星群	stellar group
恒星日	恆星日	sidereal day, equinoctial day
恒星色球	恆星色球	stellar chromosphere
恒星摄谱仪	恆星攝譜儀	stellar spectrograph
恒星时	恆星時	sidereal time, ST
恒星视差	恆星視差	stellar parallax
恒星视向速度仪	恆星視向速度儀	stellar speedometer
恒星胎	恆星胎	stellar embryo
恒星坍缩	恆星塌縮	stellar collapse
恒星天体物理学	恆星天文物理學	stellar astrophysics
恒星天文学	恆星天文學	stellar astronomy
恒星吞食	恆星吞食	stellar cannibalism
恒星温度	恆星溫度	stellar temperature
恒星物理学	恆星物理學	stellar physics
恒星系统	恆星系統	stellar system
恒星形成	恆星形成	star formation
恒星形成率	恆星形成率	star formation rate, SFR
恒星形成区	恆星形成區	star-forming region
恒星演化	恆星演化	stellar evolution
恒星演化理论	恆星演化理論	theory of stellar evolution
恒星演化学	恆星演化學	stellar cosmogony
恒星耀斑	恆星閃焰	stellar flare
恒星宇宙	恆星宇宙	stellar universe

大　陆　名	台　湾　名	英　文　名
恒星圆面	恆星圓面	stellar disk
恒星月	恆星月	sidereal month
恒星云	恆星雲	star cloud
恒星运动学	恆星運動學	stellar kinematics
恒星灾变	恆星災變	stellar catastrophe
恒星振荡	恆星振盪	stellar oscillation
恒星证认	恆星識別	star identification
恒星钟	恆星鐘	sidereal clock
恒星周	恆星周	sidereal revolution
恒星周期	恆星週期	sidereal period
恒星资料中心	恆星資料中心	Stellar Data Center, SDC
恒星自转	恆星自轉	stellar rotation
恒隐圈	恆隱圈	lower circle, circle of perpetual occultation
恒隐天体	恆隱天體	unrising body
横丝	橫絲	horizontal thread
横[向磁]场	橫[向磁]場	transverse [magnetic] field
横向色差	側向色差	lateral chromatic aberration
横向色散器	橫向色散器	cross-disperser
横向速度	橫向速度	transverse velocity
横向弯曲	側彎曲	lateral flexure
红矮星	紅矮星	red dwarf
红白矮星	紅白矮星	red white dwarf
红斑	紅斑	Red Spot
红变星	紅變星	red variable
红超巨星	紅超巨星	red supergiant
红化	紅化	reddening
红化改正	紅化改正	dereddening
红化天体	紅化天體	reddened object
红矩[形]星云	紅矩星雲	Red Rectangle Nebula
红巨星	紅巨星	red giant
红巨星支	紅巨星支	red giant branch
红巨星支上端	紅巨星支尖	red giant tip
红离散星	紅掉隊星	red straggler
红色云状体	紅色雲狀體	red nebulous object, RNO
红水平支	紅水平支	red horizontal branch, RHB
红团簇	紅團簇	red clump
红外测光	紅外測光	infrared photometry
红外超	紅外超量	infrared excess

大　陆　名	台　湾　名	英　文　名
红外超天体	紅外超量天體	infrared-excess object
红外窗口	紅外窗口	infrared window
红外对应体	紅外對應體	infrared counterpart
红外分光	紅外分光	infrared spectroscopy
红外辐射	紅外[線]輻射	infrared radiation
红外空间天文台	紅外[線]太空天文台	Infrared Space Observatory, ISO
红外空间望远镜	紅外[線]太空望遠鏡	Infrared Telescope in Space, IRTS
红外冕	紅外[線]冕	infrared corona
红外日震学	紅外[線]日震學	infrared helioseismology
红外太阳	紅外[線]太阳	infrared sun
红外天体	紅外[線]天體	infrared object
红外天文卫星	紅外[線]天文衛星	Infrared Astronomical Satellite, IRAS
红外天文学	紅外[線]天文學	infrared astronomy
红外望远镜	紅外[線]望遠鏡	infrared telescope
红外星	紅外[線]星	infrared star
红外星等	紅外[線]星等	infrared magnitude
红外星系	紅外[線]星系	infrared galaxy
红外源	紅外[線]源	infrared source
红外展源	紅外[線]展源	extended infrared source
红星等	紅星等	red magnitude
红移	紅移	redshift
红移改正	紅移修正	redshift correction
红移–角径关系	紅移–角徑關係	redshift-angular diameter relation
红移–距离关系	紅移–距離關係	redshift-distance relation
红移–视星等图	紅移–視星等圖	redshift-apparent magnitude diagram
红移–星等关系	紅移–星等關係	redshift-magnitude relation
红移巡天	紅移巡天	redshift survey
宏观图像	宏觀圖像	grand design
洪堡海	洪堡海	Mare Humboldtianum
虹神号[科学卫星]	虹神號[科學衛星]	Iris
虹神星(小行星7号)	虹神星(7號小行星)	Iris
候极仪	候極儀	Pole-observing Instrument
后焦点	後焦點	back focus
后牛顿天体力学	後牛頓天體力學	post-Newtonian celestial mechanics
后随黑子	尾隨黑子	following sunspot, trailer sunspot
AGB 后星	AGB 後星	post-AGB star
厚靶模型	厚靶模型	thick-target model
厚大气(=恒星包层)		

大　陆　名	台　湾　名	英　文　名
厚盘	厚盤	thick disk
厚盘族	厚盤族	thick disk population
胡须(=埃勒曼炸弹)		
蝴蝶图	蝴蝶圖	butterfly diagram
互相关函数	互相關函數	cross-correlation function
互作用双星	互作用雙星	interacting binary
互作用星系	互作用星系	interacting galaxy
花边星云	花邊星雲	Lacework nebula
花神星(小行星8号)	花神星(8號小行星)	Flora
化学丰度	化學豐度	chemical abundance
化学演化	化學演化	chemical evolution
环壁	環壁	rampart
环带	環帶	annulus
环地轨道	環地軌道	circumterrestrial orbit
环地平弧	日承，環地平弧	circumhorizontal arc
环境温度	環境溫度	ambient temperature
环流	環流	toroidal current, circulation
环绕速度，圆周速度	圓周速度，環繞速度	circular velocity
环日飞行	環日飛行	circumsolar flight
环日轨道	環日軌道	circumsolar orbit, circumsolar trajectory
环食	[日]環食	annular eclipse
环食带	環食帶	zone of annularity, path of annular eclipse
环食时间	環食時間	duration of annular phase
环天顶弧，日载	日戴，環天頂弧	circumzenithal arc
环行星轨道	環行星軌道	circumplanetary orbit
环形磁场	環形磁場	toroidal magnetic field
环形山	環形山，[隕石]坑洞， 　　火山口	crater
环形山边	環[形山]緣	rim
环形山串	環形山串	catena
环形山底	坑洞底	crater floor
环形山脊	環形山脊	dorsum
环月飞行	環月飛行	circumlunar flight
环月飞行器	環月衛星，環月太空船	lunar orbiter
环月轨道	環月軌道	circumlunar orbit
环月卫星	環月衛星	circumlunar satellite
环状日珥	圈狀日珥	loop prominence
环状星系	環狀星系	ring galaxy

大 陆 名	台 湾 名	英 文 名
环状星云	環狀星雲	annular nebula
缓变分量	緩變分量	slowly varying component, SVC
缓变阶段	緩變相	soft phase
缓变相	緩變相	gradual phase
缓慢暴	緩慢爆發	gradual burst
幻日	幻日	mock sun
幻月	幻月	mock moon
皇家天文学会月刊	皇家天文學會月刊	Monthly Notices of the Royal Astronomical Society, MNRAS
皇家天文学家	皇家天文學家	Astronomer Royal
黄矮星	黃矮星	yellow dwarf
黄赤交角	黃赤交角	obliquity
黄道	黃道	ecliptic
黄道尘	黃道塵	zodiacal dust
黄道带	黃道帶	zodiac
黄道光	黃道光	zodiacal light
黄道经纬仪	黃道經緯儀	ecliptic armillary sphere
黄道面	黃道面	ecliptic plane
黄道十度分度	黃道十度分度	decan
黄道十二宫	黃道十二宮	zodiacal signs, signs of zodiac
黄道星座	黃道星座	zodiac constellation
黄道坐标系	黃道坐標系	ecliptic coordinate system
黄极	黃極	ecliptic pole[s]
黄经	黃經	ecliptic longitude, celestial longitude
黄经圈	黃經圈	longitude circle
黄经岁差	黃經歲差	precession in longitude
黄经章动	黃經章動	nutation in longitude
黄经总岁差	黃經總歲差	general precession in longitude
黄巨星	黃巨星	yellow giant
黄纬	黃緯	ecliptic latitude, celestial latitude
黄纬圈	黃緯圈	latitude circle, parallel of latitude
黄纬岁差	黃緯歲差	precession in latitude
灰大气	灰[色]大氣	grey atmosphere
灰洞	灰洞	grey hole
灰光	灰光	ashen light
辉度	輝度	brilliance
回归年	回歸年	tropical year
回归月(=分至月)		

大　陆　名	台　湾　名	英　文　名
回归周期	回歸週期	regression period
回历	回曆	Muhammedan calendar, islamic calendar
回旋加速辐射	迴旋加速輻射	cyclotron radiation
回旋同步加速辐射	迴旋同步加速輻射	gyro-synchrotron radiation
回转子午环	回轉子午環	reversible transit circle
会合	會合	rendezvous
会合年	會合年	synodic year
会合周	會合周	synodic revolution
会合周期	會合週期	synodic period
会聚点	匯聚點	convergent point
彗差	彗差, 彗形像差	comatic aberration, coma
彗顶	彗頂	cometary pause
彗发	彗髮	coma
彗核	彗核	cometary nucleus
彗头	彗頭	cometary head, comet head
彗尾	彗尾	cometary tail, comet tail
彗尾流束	彗尾流束	tail streamer
彗尾射线	彗尾射線	tail ray
彗尾轴	彗尾軸	tail axis
彗星	彗星	comet
彗星爆发	彗星爆發	cometary outburst
彗[星]尘[埃]	彗[星]塵[埃]	cometary dust
彗星等离子体	彗星等離子體	cometory plasma
彗星辐射点	彗星輻射點	radiant of comet
彗星离子	彗星離子	cometary ion
彗星气体	彗星氣體	cometary gas
彗星群	彗星群	comet group
彗星天文学	彗星天文[學]	cometary astronomy
彗星志	彗星誌	cometography
彗星族	彗星族	comet family
彗形球状体	彗形球狀體	cometary globule
彗耀	彗耀	cometary flare
彗晕	彗暈	cometary halo, comet halo
彗状星云	彗狀星雲	cometary nebula
惠更斯号[探测器]	惠更斯號[探測器]	Huygens probe
惠更斯目镜	惠更斯目鏡	Huygens eyepiece
惠普彗星	惠普彗星	Whipple's comet
昏星	昏星	evening star

大　陆　名	台　湾　名	英　文　名
婚神星(小行星3号)	婚神星(3號小行星)	Juno
浑天说	渾天說	theory of spherical heavens
浑象	天球儀	celestial globe
浑仪	渾儀	armillary sphere
混沌轨道	混沌軌道	chaotic orbit, irregular orbit
混沌宇宙论	混沌宇宙論	chaotic cosmology
混合长理论	混合長度理論	mixing length theory
混合大气星	混合大氣星	hybrid star
混合色球星	混合色球星	hybrid-chromosphere star
混合摄动	混合攝動	mixed perturbation
混合式望远镜	混合式望遠鏡	hybrid telescope
混色测光	多色測光術	heterochromatic photometry
混色星等	混色星等	heterochromatic magnitude
混杂频率	假頻, 假訊	aliasing frequency, aliasing
活动暗条系统	活躍暗條系統	active filament system, AFS
活动复合体(=活动穴)		
活动经度	活躍經度	active longitude
活动区	活躍區, 活動區	active region
活动日珥	活躍日珥, 活動日珥	active prominence
活动日冕	活躍日冕	active corona
活动色球	活躍色球	active chromosphere
活动色球星	活躍色球星	active chromosphere star
活动双星	活躍雙星	active binary
活动太阳	活躍太陽	active sun
活动太阳黑子	活躍太陽黑子	active sunspot
活动星	活躍星	active star
活动星冕	活躍星冕	active corona
活动星系	活躍星系	active galaxy
活动星系核	活躍星系核	active galactic nucleus, AGN
活动穴, 活动复合体	活躍穴, 活躍複合體	active nest, active complex
活动中心	活動中心	center of activity, active center
活力方程	活力方程	vis viva equation
活力积分	活力積分	vis viva integral
活跃彗星	活躍彗星	active comet
火流星	火流星	bolide, fireball
火面图	火[星表]面圖	areographic chart
火面学	火[星表]面學	areography
火面坐标	火[星表]面坐標	areographic coordinate

大　陆　名	台　湾　名	英　文　名
火鸟[太阳探测器]	火鳥[太陽探測器]	Hinotori
火石玻璃	火石玻璃	flint glass
火卫	火衛	Martian satellite
火心坐标	火[星中]心坐標	areocentric coordinate
火星	火星	Mars
火星尘暴	火星塵暴	Martian dust storm
火星大气	火星大氣	Martian atmosphere
火星探路者号	火星拓荒者號	Mars Pathfinder
火星学	火星學	areology
[火星]运河	[火星]運河	canal [of Mars]
钬星	鈥星	holmium star
获月	穫月	harvest moon
霍巴陨星	霍巴隕鐵	Hoba meteorite
霍比-埃伯利望远镜	哈比-艾柏利望遠鏡	Hobby-Eberly Telescope, HET
霍金辐射	霍金輻射	Hawking radiation
霍曼转移轨道	霍曼轉移軌道	Hohmann transfer orbit
霍姆伯格半径	洪伯半徑	Holmberg radius
霍伊尔-纳利卡宇宙学	霍伊耳-納里卡宇宙學	Hoyle-Narlikar cosmology

J

大　陆　名	台　湾　名	英　文　名
机载望远镜	機載望遠鏡	airborne telescope
玑衡抚辰仪	璣衡撫辰儀	elaborate equatorial armillary sphere
积分时间	積分時間	integration time
积日	積日	①accumulate days ②day of year
基本参考系	基本參考系	fundamental reference system
基本模(=f 模)		
基本天体测量	基本天體測量[術]	fundamental astrometry
基本天文学	基本天文學	fundamental astronomy
基本星	基本星	fundamental star
基本星表, FK 星表	基本星表, FK 星表	Fundamental Katalog(德), FK, Fundamental Catalogue
基底星系	基底星系	underlying galaxy
基礅	基礎	pillar
基频	基頻	fundamental frequency
基圈	基本大圓	fundamental circle
基特峰国家天文台	基特峰國家天文台	Kitt Peak National Observatory, KPNO

大　陆　名	台　湾　名	英　文　名
基线	基線	baseline
基准面	基準面	datum level，datum
箕宿	箕宿	Winnowing-basket
激变	激變	cataclysm
激变变星（＝激变双星）		
激变前变星（＝激变前双星）		
激变前双星，激变前变星	激變前雙星，激變前變星	precataclysmic binary，precataclysmic variable
激变双星，激变变星	激變［雙］星	cataclysmic binary，cataclysmic variable
激变星系	激變星系	violent galaxy
激发天体	激發天體	exciting object
激发温度	激發溫度	excitation temperature
激发星	激發星	exciting star
激光测距	雷射測距	laser ranging
激光测距仪	雷射測距儀	laser geodimeter
激光测月	月球雷射測距	lunar laser ranging，LLR
激光引导星	雷射引導星	laser guide star
激光引导自适应光学	雷射引導自適應光學	laser guided adaptive optics
激活	活化，激活	activation
吉林陨星	吉林隕石	Jiling meteorite
级联跃迁	級聯躍遷	cascade transition
Ⅰ级文明	Ⅰ級文明	level-Ⅰ civilization
Ⅱ级文明	Ⅱ級文明	level-Ⅱ civilization
Ⅲ级文明	Ⅲ級文明	level-Ⅲ civilization
极半径	極半徑	polar radius
极大前息	極大前息	pre-maximum halt
极端氦星	極端氦星	extreme helium star
极端相对论性电子	極端相對論性電了	ultra-relativistic electron
极端星族Ⅰ（＝臂族）		
极端星族Ⅱ（＝晕族）		
极辐射线	極射線	polar ray
极富金属星	極富金屬星	extreme metal-rich star
极高光度红外星系	超亮紅外星系	ultraluminous infrared galaxy
极高光度X射线源	超亮X光源	ultraluminous X-ray source
极高光度星系	特亮星系	ultraluminous galaxy
极冠	極冠	polar cap
极光	極光	aurora

大　陆　名	台　湾　名	英　文　名
极光谱线	極光譜線	auroral line
极轨道	極軌道	polar orbit
极红天体	極紅天體	extremely red object, ERO
极环星系	極環星系	polar-ring galaxy
极距	極距	polar distance
极贫金属星	極貧金屬星	extreme metal-poor star
极区太阳风	極區太陽風	polar solar wind
极圈	極圈	polar circle
极式装置	極式裝置	polar mounting
极限曝光时间	極限曝光時間	limiting exposure
极限分辨率	極限分辨率	limiting resolution
极限视星等	極限視星等	limiting apparent magnitude
极限星等	極限星等	limiting magnitude
极限照相星等	極限照相星等	limiting photographic magnitude
极向恒星	極向[恆]星	pole-on star
极向天体	極向天體	pole-on object
极性变换线(=磁中性线)		
极性反转	極性反轉	polarity reversal
极夜	極夜	polar night
极移	極移	polar motion
极羽	極羽	polar plume
极早期宇宙	極早期宇宙	very early universe
极轴	極軸	polar axis
极紫外	極紫外	extreme ultraviolet, EUV, XUV
极紫外探测器	極紫外探測衛星	Extreme Ultraviolet Explorer, EUVE
极紫外天文学	極紫外天文學	EUV astronomy, XUV astronomy
几何变星	幾何變星	geometric variable
几何天平动	幾何天平動	geometric libration
计都	計都	Ketu
计年	定年	dating
计时	定時	timing
计时系统	定時系統	timing system
计时学	計時學	chronometry
计算天体力学	計算天體力學	computational celestial mechanics
计算天体物理学	計算天體物理學	computational astrophysics
记时仪	記時儀	chronograph, time keeper
纪法	紀法	era divisor

大　陆　名	台　湾　名	英　文　名
纪限仪	紀限儀	sextant
纪元	紀元，代，時代	era
既定轨道	既定軌道	definitive orbit
寄生星	寄生星	parasitic star
寄主星系	宿主星系	host galaxy
加拿大皇家天文学会	加拿大皇家天文學會	Royal Astronomical Society of Canada, RASC
加那利大型望远镜	加那利大型望遠鏡	Gran Telescopio CANARIAS, GTC
加权平均	加權平均	weighted averaging
加权平均值	加權平均值，加權平均數	weighted mean, weighted average
加权振子强度	加權振子強度	gf-value
加斯普拉(小行星951号)	加斯普拉(951號小行星)	Gaspra
伽利略[号]木星探测器	伽利略號[木星探測]太空船	Galileo [spacecraft]
伽利略望远镜	伽利略式望遠鏡	Galilean telescope
伽利略卫星	伽利略衛星	Galilean satellite
贾科比尼彗星	賈科比尼彗星	Giacobini comet
贾科比尼–津纳彗星	賈科比尼–金納彗星	Giacobini-Zinner comet
贾科比尼流星群	賈科比尼流星群	Giacobinids
钾钙计年	鉀鈣定年	potassium-calcium dating
钾氩计年	鉀氬定年	potassium-argon dating
假彩色像	假色像	false-colour image
假地平	假地平	artificial horizon
假年	假年	fictitious year
假平太阳	假平太陽	fictitious mean sun
假太阳	假太陽	fictitious sun
假星	假星	fictitious star, artificial star
尖峰爆发	尖峰爆發	spike burst
尖角	尖角，尖點	cusp
减速因子	減速參數	deceleration parameter
简并矮星	簡併矮星	degenerate dwarf
简并气体	簡併氣體	degenerate gas
简并坍缩	簡併塌縮	degeneracy collapse
简并物质	簡併物質	degenerate matter
简并星	簡併星	degenerate star
简化儒略日期	約簡儒略日	modified Julian date, MJD

大　陆　名	台　湾　名	英　文　名
简平仪	簡平儀	Elementary Astronomical Instrument
简仪	簡儀	abridged armilla
见落陨星	見落陨星	infall
剑桥低频综合孔径望远镜	劍橋低頻孔徑綜合望遠鏡	Cambridge Low-Frequency Synthesis Telescope, CLFST
剑桥光学综合孔径望远镜	劍橋光學孔徑合成望遠鏡	Cambridge Optical Aperture Synthesis Telescope, COAST
剑桥射电源表	劍橋電波源表	Cambridge Catalogue of Radio Sources, C
剑鱼 S 型星	劍魚 S 型星	S Dor star
渐近轨道	漸近軌道	asymptotic orbit
渐近解	漸近解	asymptotic solution
渐近巨星支	漸近巨星支	asymptotic giant branch, AGB
渐近支	漸近支	asymptotic branch
渐近支巨星, AGB 星	漸近支巨星	AGB star, asymptotic branch giant
渐晕	漸暈	vignetting
降交点	降交點	descending node
交点	交點	node
交点进动	交點進動	nodal precession
交点年	交點年	nodical year, draconic year
交点退行	交點退行	regression of the node, nodal regression
交点线	交點線	nodal line
交点月	交點月	nodical month, draconic month
交会	交會	encounter
交会型轨道	交會型軌道	encounter-type orbit
交角章动	傾角章動	nutation in obliquity
交食	交食	eclipse
交食概况	交食概況	circumstances of eclipse
交食要素	交食要素	element of eclipse
焦比	焦比	focal ratio
焦比衰退	焦比衰退	focal ratio degradation, FRD
焦德雷班克脉冲星	焦德雷班克脈衝星	Jodrell Bank Pulsar, JP
焦点	焦點	focus
焦距	焦距	focal length
焦面	焦[平]面	focal plane
焦面像	焦面像	focal image
焦外测光	焦外光度測量, 焦外測光	extrafocal photometry
焦外像	焦外像	extrafocal image

大 陆 名	台 湾 名	英 文 名
角动量极	角動量極	pole of angular momentum
角分	角分	minute of arc, arcmin
角分辨率	角分辨率	angular resolution
角间距	角距[離]	angular separation
角径–红移关系	角徑–紅移關係	angular diameter-redshift relation
角距离	角距[離]	angular distance
角秒	角秒	second of arc, arcsec
角宿	角宿	Horn
角直径	角徑	angular diameter
较差测光	較差測光	differential photometry
较差大气吸收	大氣吸收較差	differential atmosphere absorption
较差改正	較差改正	differential correction
较差观测	較差觀測	differential observation
较差时延	較差時延	differential delay
较差天体测量	較差天體測量	differential astrometry
较差弯沉	較差彎沉	differential flexure
较差星表	較差星表	differential star catalogue
较差折射	較差[大氣]折射	differential refraction
较差自转	較差自轉	differential rotation
校正螺旋	調整螺絲	adjusting screw
校准星	校準星	alignment star
阶梯光栅	階梯光柵	echelle grating, echelon grating
阶梯狭缝	階梯狹縫	stepped slit
节气	節氣	solar term
结合能	結合能, 束縛能	binding energy
捷克天图	捷克天圖	Skalnate Pleso Atlas of the Heavens
截断因子	截斷因子	guillotine factor
截面法	截面法	method of surface of section
界海	界海	Mare Marginis
金牛 RV 型星	金牛[座]RV 型[變]星	RV Tau[ri] star
金牛 T 型星	金牛[座]T[型]變星	T Tau[ri] star
金斯波长	金斯波長	Jeans wavelength
金斯不稳定性	金斯不穩定性	Jeans instability
金斯长度	金斯長度	Jeans length
金斯判据	金斯判據	Jeans criterion
金斯质量	金斯質量	Jeans mass
金星	金星	Venus
金星号[行星际探测器]	金星號[行星際探測器]	Venera

大　陆　名	台　湾　名	英　文　名
金星凌日	金星凌日	transit of Venus
金属度	金屬度	metallicity
金属丰度	金屬豐度	metal abundance
金属线星, Am 星	金屬[譜]線星	metallic-line star
紧卷旋臂	緊卷旋臂	tightly wound arm
近地点	近地點	perigee
近地点辐角	近地點輻角	argument of perigee
近地轨道	近地軌道	near-earth orbit, low earth orbit, LEO
近地彗星	近地彗星	near-earth comet, earth-approaching comet
近地空间	地球空間	terrestrial space, geospace
近地天体	近地天體	near-earth object, NEO, earth-approaching object
近地小行星	近地小行星	near-earth asteroid, NEA, earth-approaching asteroid
近地小行星探测器	近地小行星探測器	near-earth asteroid rendezvous, NEAR
近点, 近拱点	近拱點	periapsis
近点辐角	近點輻角	argument of periapsis
近点角	近點角	anomaly
近点年	近點年	anomalistic year
近点月	近點月	anomalistic month
近点周	近點周	anomalistic revolution
近拱点(=近点)		
近极星	近極星	polarissima
近极星序	近極星序	polar sequence
近邻星系	鄰近星系	nearby galaxy
近木点	近木點	perijove
近日点	近日點	perihelion
近日点冲	近日點衝	perihelic opposition
近日点合	近日點合	perihelic conjunction
近日点进动	近日點前移	advance of the perihelion
近日[点]距	近日距	perihelion distance
近相接双星	近相接雙星	near-contact binary
近心点	近心點	pericenter
近心点辐角	近心點輻角	argument of pericenter
近星点	近星點	periastron
近星点进动	近星點前移	advance of the periastron
近星点距	近星點距	periastron distance

大　陆　名	台　湾　名	英　文　名
近星星表	近星星表	Catalogue of Nearby Stars
近行星空间	行星空间	planetary space
近银心点	近銀心點	perigalacticon
近域旋臂	本域旋臂	local arm
近圆轨道	近圓軌道	near-circular orbit
近月点	近月點	periselene, perilune, pericynthion
近月空间	近月空間	lunar space
进入轨道	進入軌道	incoming trajectory
禁戒跃迁	禁制躍遷	forbidden transition
禁线	禁[譜]線	forbidden line
经典积分	古典積分	classical integral
经典天文学	古典天文學	classical astronomy
经典新星(=新星)		
经典造父变星, 长周期 　造父变星	古典造父變星, 長週期 　造父變星	classical cepheid, long period cepheid
经度	經度	longitude
经天平动	經[度]天平動	libration in longitude
经纬仪	經緯儀	theodolite
精度	精[密]度	precision
精密星历表	精密星曆表	precision ephemeris
精细结构	精細結構	fine structure
鲸鱼 UV 型星	鯨魚[座]UV 型星	UV Cet star
鲸鱼 ZZ 型星	鯨魚[座]ZZ 型星	ZZ Cet star
井宿	井宿	Well
景星	景星	great star, splendid star
径向脉动	徑向脈動	radial pulsation
径向速度	徑向速度	radial velocity
径向运动	徑向運動	radial motion
径移	徑移	advection
径移占优吸积流	徑移占優吸積流	advection-dominated accretion flow, 　ADAF
静电轫致辐射	靜電制動輻射	electrostatic bremsstrahlung
静态宇宙	靜態宇宙	static universe
静止坐标系	靜止坐標系	rest frame
镜室	鏡室	mirror cell
镜筒弯沉	鏡筒彎曲	flexure of the tube
九道	九道	moon's nine-fold path
九执历	九執曆	Navagrāha

大　陆　名	台　湾　名	英　文　名
居间星系	居間星系	intervening galaxy
局部热动平衡	局部熱力平衡	local thermodynamic equilibrium, LTE
局域参考系	本地參考系	local reference system
局域惯性系	本地慣性系	local inertial system
局域恒星	本地恆星	local star
局域恒星系统	本星團	local [stellar] system
局域星系	本地星系	local galaxy
巨壁	長城	Great Wall
巨洞	巨洞	void, cosmic void
巨分子云	巨分子雲	giant molecular cloud, GMC
巨极大	巨極大	giant maximum
巨极小	巨極小	giant minimum
巨麦[哲伦望远]镜	巨麥[哲倫望遠]鏡	Giant Magellan Telescope, GMT
巨脉冲	巨脈衝	giant pulse
巨脉泽(=巨微波激射)		
巨米粒	巨米粒	giant granule
巨米粒组织	巨米粒組織	giant granulation
巨蛇 RT 型星	巨蛇[座]RT 型星	RT Ser star
巨蛇 W 型星	巨蛇[座]W 型星	W Ser star
巨射电星系	巨電波星系	giant radio galaxy
巨石天文学	巨石天文學	megalithic astronomy
巨石阵	巨石陣	Stonehenge
巨椭圆星系	巨橢圓星系	giant elliptical galaxy
巨微波激射, 巨脉泽	巨邁射	megamaser
巨星	巨星	giant [star]
巨星系	巨星系	giant galaxy
巨星支	巨星支	giant branch
巨行星	巨行星	giant planet
巨型米波射电望远镜	巨型米波電波望遠鏡	Giant Meterwave Radio Telescope, GMRT
巨旋涡星系	巨螺旋星系	giant spiral galaxy
巨引力透镜效应	巨重力透鏡效應	macrolensing effect
巨引力源	巨重力源	great attractor
距角	距角	elongation
距离测定	距離測定	distance determination
距离尺度	距離尺度	distance scale
距离模数	距離模數	distance modulus
距星	距星	determinative star

大 陆 名	台 湾 名	英 文 名
聚	聚	assembly
聚光本领	聚光率	light gathering power
聚集度	聚集度	concentration
聚焦 X 射线望远镜	聚焦 X 光望遠鏡	focusing X-ray telescope
聚星	聚星，多重星	multiple star
绝对测定	絕對測定	absolute determination
绝对测光	絕對光度學，絕對測光	absolute photometry
绝对仿视星等	絕對仿視星等	absolute photovisual magnitude
绝对辐射星等	絕對輻射星等	absolute radiometric magnitude
绝对轨道	絕對軌道	absolute orbit
绝对目视星等	絕對目視星等	absolute visual magnitude
绝对热星等	絕對熱星等	absolute bolometric magnitude
绝对摄动	絕對攝動	absolute perturbation
绝对视差	絕對視差	absolute parallax
绝对位置	絕對位置	absolute position
绝对星表	絕對星表	absolute [star] catalogue
绝对星等	絕對星等	absolute magnitude
绝对照相星等	絕對照相星等	absolute photographic magnitude
绝对自行	絕對自行	absolute proper motion
绝热过程	絕熱過程	adiabatic process
绝热脉动	絕熱脈動	adiabatic pulsation
绝热平衡	絕熱平衡	adiabatic equilibrium
均方差	均方根差	root-mean-square error, rms error
均衡说	均衡說	theory of isostasy
均轮	均輪	deferent
均匀大气	均質大氣	homogeneous atmosphere
均匀宇宙	均質宇宙	homogeneous universe

K

大 陆 名	台 湾 名	英 文 名
喀尔巴阡山脉	喀爾巴仟山脈	Montes Carpates
喀戎(小行星 2060 号)	開朗(2060 號小行星)	Chiron
喀戎型天体	開朗型天體	Chiron-type object
卡林顿经度	卡林吞經度	Carrington longitude
卡林顿子午圈	卡林吞子午圈	Carrington meridian
卡林顿自转序	卡林吞自轉序	Carrington rotation number
卡林顿坐标	卡林吞坐標	Carrington coordinate

大　陆　名	台　湾　名	英　文　名
卡普坦望远镜	卡普坦望遠鏡	Jacobus Kapteyn Telescope, JKT
卡普坦选区	卡普坦選區	Kapteyn Selected Area
卡塞格林焦点	卡塞格林焦點	Cassegrain focus
卡[塞格林]焦摄谱仪	卡塞格林焦攝譜儀	Cassegrain spectrograph
卡塞格林天线	卡塞格林天線	Cassegrain antenna
卡塞格林望远镜	卡塞格林[式]望遠鏡	Cassegrain telescope, Cassegrain reflector
卡西尼定律	卡西尼定律	Cassini's law
卡西尼号[土星探测器]	卡西尼號[土星探測器]	Cassini
卡西尼环缝	卡西尼環縫	Cassini division
开尔文–亥姆霍兹不稳 定性	克耳文–亥姆霍茲不穩 定性	Kelvin-Helmholtz instability
开尔文–亥姆霍兹时标	克耳文–亥姆霍茲時標	Kelvin-Helmholtz time scale
开尔文–亥姆霍兹收缩	克耳文–亥姆霍茲收縮	Kelvin-Helmholtz contraction
开放轨道	開放軌道	unclosed orbit
开普勒超新星	克卜勒超新星	Kepler's supernova, SN Oph 1604
开普勒定律	克卜勒定律	Kepler's law
开普勒方程	克卜勒方程	Kepler's equation
开普勒轨道	克卜勒軌道	Kepler orbit
开普勒盘	克卜勒盤	Keplerian disk
开普勒望远镜	克卜勒[式折射]望遠鏡	Keplerian telescope
开普勒运动	克卜勒運動	Keplerian motion, Kepler motion
开宇宙	開放宇宙	open universe
凯克Ⅰ望远镜	凱克Ⅰ望遠鏡	Keck Ⅰ Telescope
凯克Ⅱ望远镜	凱克Ⅱ望遠鏡	Keck Ⅱ Telescope
康德–拉普拉斯星云说	康得–拉普拉斯星雲說	Kant-Laplace nebular theory
康普顿散射	康卜吞散射	Compton scattering
康普顿γ射线天文台	康卜吞γ射線天文台	Compton γ-Ray Observatory, CGRO
亢宿	亢宿	Neck
考古天文学	考古天文學	archaeoastronomy
柯克伍德空隙	柯克伍德空隙	Kirkwood gap
柯伊伯–埃奇沃思带	古柏–埃奇沃思帶	Kuiper-Edgeworth belt
柯伊伯带	古柏帶	Kuiper belt
柯伊伯带天体	古柏帶天體	Kuiper-belt object, KBO
柯伊伯机载天文台	古柏機載天文台	Kuiper Air-borne Observatory, KAO
科迪勒拉山脉	科迪勒拉山脈	Montes Cordillera
科多瓦巡天星表	科爾多瓦巡天星表	Cordoba Durchmusterung, CD
科胡特克彗星	科胡特克彗星	Kohoutek comet
科罗尼斯族	科朗尼斯族	Koronis family

大　陆　名	台　湾　名	英　文　名
科罗[系外行星探测器]	科洛[系外行星探测器]	Convection, Rotation and Transits, COROT
科威尔方法	科威爾方法	Cowell method
科学式时号	節奏時號	rhythmic time signal
可变孔径	可變孔徑	iris aperture
可倒摆	可倒擺	reversible pendulum
可几误差	概差	probable error, p. e.
可见辐射	可見輻射	visible radiation
可见光	可見光	visible light
可移动天线	可移動天線	movable antenna
可移动望远镜	可移動望遠鏡	movable telescope
克尔黑洞	克而黑洞	Kerr black hole
克拉莫不透明度	克瑞馬不透明度	Kramers opacity
克莱芒蒂娜[月球探测器]	克萊芒蒂娜[月球探测器]	Clementine
克里斯琴森十字	克里斯琴森十字	Christiansen Cross
克罗伊兹掠日彗星	克羅伊茲掠日彗星	Kreutz sungrazer
克罗伊兹群	克羅伊茲群	Kreutz group [of comets]
刻度盘	刻度盤	graduated circle
刻度误差	刻度誤差	graduation error
客星	客星	guest star
肯尼迪空间中心	甘迺迪太空中心	Kennedy Space Center, KSC
空固坐标系	空固坐標系	space-fixed coordinate system
空间	空間	space
空间大地测量	太空大地测量	space geodesy
空间分辨率	空間分辨率	spatial resolution
空间分布	空間分佈	spatial distribution, space distribution
空间干涉仪	太空干涉儀	Space Interferometry Mission, SIM
空间红化	空間紅化	space reddening
空间红外望远镜	太空紅外望遠鏡	Space Infrared Telescope Facilities, SIRTF
空间科学	太空科學	space science
空间曲率	空間曲率	curvature of space
空间射电天体测量	太空電波天體测量	space radio astrometry
空间射电天文学	太空電波天文學	space radio astronomy
空间甚长基线干涉测量天文台计划	太空特長基線干涉測量天文台計畫	VLBI Space Observatory Programme, VSOP
空间实验室	太空實驗室	Spacelab

大　陆　名	台　湾　名	英　文　名
空间速度	空間速度	space velocity
空间探测	太空探測	space exploration
空间探测器	太空[探測]船	space probe
空间天体测量学	太空天體測量學	space astrometry
空间天体物理学	太空天文物理學	space astrophysics
空间天文台	太空天文台	space observatory
空间天文学	太空天文學	space astronomy
空间望远镜	太空望遠鏡	space telescope, ST
空间望远镜[科学]研究所	太空望遠鏡[科學]研究所	Space Telescope Science Institute, STScI
空间研究委员会	太空研究委員會	Committee on Space Research, COSPAR
空间运动	空間運動	spatial motion
空间站	太空站, 宇宙站	space station
孔径	孔徑	aperture
孔径测光	孔徑測光	aperture photometry
口径	口徑	aperture
夸奥尔	夸奧爾	Quaoar
夸克	夸克, 胁子	quark
夸克星	夸克星	quark star
IAU 快报	IAU 快報	IAU Circular, IAUC
快暴源	快暴源	rapid burster
快变星	迅速變星	rapid variable
快超新星	快超新星	fast supernova
快过程, r 过程	中子快捕獲過程, r 過程	fast process, r-process
快漂暴	速漂爆發	fast drift burst
快速傅里叶变换	快速傅立葉變換	fast Fourier transform, FFT
快速星	快速星	fast-moving star
快速振荡 Ap 星	快速振盪 Ap 星	rapidly oscillating Ap star
快新星	快新星	fast nova, rapid nova
宽波段测光	寬波段測光	wide band photometry
宽波段滤光片	寬波段濾光片	wide band filter
宽带测光	寬帶測光	broadband photometry
宽带成像	寬帶成像	broadband imaging
宽吸收线类星体	寬吸收線類星體	broad absorption-line quasar, BAL quasar
宽线区	寬線區	broad-line region, BLR
宽线射电星系	寬線電波星系	broad-line radio galaxy, BLRG
亏凸月	虧凸月	waning gibbous

大　陆　名	台　湾　名	英　文　名
亏月	虧月	decrescent, waning moon
窥管，望筒	窺管，望筒	sighting tube, dioptra
奎宿	奎宿	Legs, Stride
馈线	饋[電]源	feeder

L

大　陆　名	台　湾　名	英　文　名
拉格朗日点	拉格朗日點	Lagrangian point
拉格朗日行星运动方程	拉格朗日行星運動方程	Lagrange's planetary equation
拉莫尔进动	拉莫進動	Larmor precession
拉普拉斯变换	拉普拉斯變換	Laplace transform
拉普拉斯矢量	拉普拉斯向量	Laplace vector
拉普拉斯系数	拉普拉斯係數	Laplace coefficient
拉普拉斯星云假说	拉普拉斯星雲假說	Laplace's nebular hypothesis
拉希尔山	拉希爾山	Mons La Hire
喇叭天线	喇叭[形]天線	horn antenna
莱曼 α 丛	來曼 α 叢	Ly-α forest, Lyman-α forest
莱曼断裂星系，LBF 星系	來曼斷裂星系	Lyman break galaxy
莱曼系	來曼系	Lyman series
莱曼 α 星系	來曼 α 星系	Lyman-α galaxy
蓝矮星	藍矮星	blue dwarf
蓝白矮星	藍白矮星	white-blue dwarf
蓝超巨星	藍超巨星	blue supergiant
蓝分支	藍分支	blue branch
蓝巨星	藍巨星	blue giant
蓝离散星	藍掉隊星	blue straggler
蓝水平支	藍水平支	blue horizontal branch
蓝星等	藍星等	blue magnitude
蓝星系	藍星系	blue galaxy
蓝移	藍[位]移	blue shift
蓝致密矮星系	藍緻密矮星系	blue compact dwarf galaxy, BCDG
蓝致密星系	藍緻密星系	blue compact galaxy, BCG
朗道阻尼	蘭道阻尼	Landau damping
老化星	老化星	ageing star
老年星族	老年星族	older population
老新星(=爆后新星)		

大　陆　名	台　湾　名	英　文　名
勒梅特宇宙模型	勒麥特宇宙模型	Lemaitre cosmological model
勒威耶环	勒威耶環	Leverrier ring
雷达流星	雷達流星	radar meteor
雷达天文学	雷達天文學	radar astronomy
雷达望远镜	雷達望遠鏡	radar telescope
类地行星	類地行星	terrestrial planet
类地行星发现者	類地行星發現者	Terrestrial Planet Finder, TPF
类喀戎型天体	類開朗型天體	Chiron-like object
类冥天体	類冥天體	plutoid
类木行星	類木行星	Jovian planet
类太阳恒星	類太陽恆星	sun-like star
类太阳活动	類太陽活動	sun-like activity
类小行星彗星	類小行星彗星	asteroid-like comet
类小行星天体	類小行星天體	asteroid-like object
类新星	類新星	nova-like star
类新星变星	類新星變星	nova-like variable
类星射电源	類星電波源	quasi-stellar [radio] source, QSS
类星体	類星體	quasar, quasi-stellar object, QSO
OVV 类星体(=光剧变类星体)		
类星体天文学	類星體天文學	quasar astronomy
类行星天体	類行星天體	planet-like body
累积亮度	累積亮度	integrated brightness
累积星等	累積星等	integrated magnitude
棱镜等高仪	稜鏡等高儀	prism astrolabe, prismatic astrolabe
棱镜中星仪	折軸中星儀	prismatic transit instrument
棱栅	稜栅	grism
冷矮星	冷矮星	cool dwarf
冷暗物质	冷暗物質	cold dark matter, CDM
冷[却]流星系	冷卻流星系	cooling flow galaxy
冷却时间	冷卻時間	cooling time
冷星	冷星	cool star
冷子星	冷子星	cool component
离焦像	離焦像	off-focus image
离子彗尾	離子彗尾	plasma tail, ion tail
李远哲宇宙背景辐射阵列	李遠哲宇宙背景辐射陣列	Yuan Tseh Lee Array for Microwave Background Anisotropy, AMiBA
里差	里差	distance correction

大　陆　名	台　湾　名	英　文　名
里茨组合原则	瑞兹加成原则	Ritz combination principle
里德伯常数	芮得柏常數	Rydberg constant
里菲山脉	里菲山脈	Montes Riphaeus
21 厘米射电［望远镜］阵	21 釐米電波望遠鏡陣	21 Centimeter Array, 21CMA
理论天体物理学	理論天文物理學	theoretical astrophysics
理论天文学	理論天文學	theoretical astronomy
理想坐标	理想坐標	ideal coordinate
锂丰度	鋰豐度	lithium abundance, Li abundance
锂星	鋰星	lithium star, Li star
力函数	力函數	force function
力学扁率	動態扁率	dynamical oblateness
力学分点	力學分點	dynamical equinox
力学时	力學時	dynamical time
力学时标	力學時標	dynamical time-scale
力学视差	動力視差	dynamical parallax
力学天平动	力學天平動	dynamical libration
历	曆	calendar
历表	曆表	ephemeris
历年	曆年	calendar year
历日	曆日	calendar day
历日期	曆日期	calendar date
历书参考系	曆書參考系	ephemeris reference frame, ERF
历书秒	曆書秒	ephemeris second
历书日	曆書日	ephemeris day
历书时	曆書時	ephemeris time
历书子午线	曆書子午線	ephemeris meridian
历元	曆元	epoch
历元赤道	曆元赤道	equator of epoch
历月	曆月	calendar month
立运仪	立運儀	vertical revolving instrument
利奥滤光器	利奧濾鏡	Lyot filter
利克天文台	利克天文台	Lick Observatory
粒状体	［球］粒	chondrule
粒子天体物理学	粒子天文物理學	particle astrophysics
粒子天文学	［高能］粒子天文學	particle astronomy
连续孔径	連續孔徑	filled aperture
连续孔径射电望远镜	連續孔徑電波望遠鏡	filled-aperture radio telescope

大　陆　名	台　湾　名	英　文　名
连续谱	連續[光]譜	continuous spectrum
连续谱发射	連續譜發射	continuum emission
联盟号[空间飞船]	聯合號[太空船]	Soyuz
两点相关函数	兩點相關函數	two-point correlation function
两色测光	兩色測光	two-color photometry
两色图	兩色圖，色[指數]–色[指數]圖	two-color diagram, color-color diagram
两性球粒陨石	兩性球粒隕石	amphoteric chondrite
亮尘埃星云	亮塵埃星雲	luminous dust nebula
亮带	亮帶	bright band
亮度	亮度	brightness
亮度分布	亮度分佈	brightness distribution
亮度系数	亮度係數	brightness coefficient
亮巨星	亮巨星	bright giant, luminous giant
亮弥漫星云	亮彌漫星雲	luminous diffuse nebula
亮谱斑	亮譜斑	bright flocculus
亮温度	亮度溫度	brightness temperature
亮星系表	亮星系表	Reference Catalogue of Bright Galaxies, RCBG
亮星星表	亮星星表	The Bright Star Catalogue, Catalogue of Bright Stars
亮星云	光星雲	luminous nebula
亮星云状物质	亮星雲	bright nebulosity
量天尺	量天尺	sky measuring scale
量子效率	量子效率	quantum efficiency
量子宇宙	量子宇宙	quantum universe
量子宇宙论	量子宇宙論	quantum cosmology
猎户臂	獵戶臂	Orion arm
猎户大星云	獵戶[座]大星雲	Great Nebula of Orion
猎户分子云	獵戶[座]分子雲	Orion molecular cloud, OMC
猎户四边形	獵戶座四邊形	Trapezium of Orion
猎户型变星	獵戶型變星	Orion variable
猎户 YY 型星	獵戶[座]YY 型星	YY Ori star
猎户型耀星	獵戶[座型閃]焰星	Orion-type flare star
猎户腰带	獵戶腰帶	Orion's belt
猎户支臂	獵戶座分支	Orion spur
猎犬 AM 型双星	獵犬[座]AM 型雙星	AM CVn binary
猎犬 RS 型双星	獵犬[座]RS 型雙星	RS CVn binary

大　陆　名	台　湾　名	英　文　名
猎犬 AM 型星	獵犬[座]AM 型星	AM CVn star
猎犬 RS 型星	獵犬[座]RS 型星	RS CVn star
邻近星系	鄰近星系	adjacent galaxy
林德布拉德共振	林達博共振	Lindblad resonance
林忠四郎轨迹	林[忠四郎]軌跡	Hayashi track
林忠四郎极限	林[忠四郎]極限	Hayashi limit
林忠四郎线	林忠四郎線	Hayashi line
临边昏暗	周邊減光, 臨邊昏暗	limb darkening
临边增亮	臨邊增亮	limb brightening
临界等位瓣	臨界等位瓣	critical equipotential lobe
临界等位面	臨界等位面	critical equipotential surface
临界密度	臨界密度	critical density
临界倾角	臨界傾角	critical inclination
临界速度	臨界速度	critical velocity
灵台	靈臺	astronomical observatory
凌	凌	transit
菱形天线	菱形天線	diamond antenna, rhombic antenna
零龄水平支	零齡水平支	zero-age horizontal branch, ZAHB
零龄主序	零齡主星序	zero-age main sequence, ZAMS
零时区	零時區	zero zone
零速度面	零速度面	zero velocity surface, surface of zero velocity
零速度线	零速度線	zero velocity curve, curve of zero velocity
刘维尔定理	劉維定理	Liouville theorem
流量	通量, 流量	flux
流量单位	通量單位	flux unit
流量密度	通量密度	flux density
流体动力时标	流體動力時標	hydrodynamic time scale
流星	流星	meteor, shooting star
流星尘	流星塵	meteoric dust
流星回波	流星回波	meteor echo
流星群	流星群	meteor[ic] stream
流星体	流星體	meteoroid, meteoric body
流星天文学	流星天文學	meteor astronomy
流星向点	流星向點	meteoric apex
流星巡天	流星巡天	meteor patrol
流星余迹	流星餘跡	meteor trail
流星雨	流星雨	meteor shower, meteoric swarm

大 陆 名	台 湾 名	英 文 名
流星雨辐射点	流星雨輻射點	shower radiant
留	留	stationary
留点	留點	stationary point
柳宿	柳宿	Willow
六分仪	六分儀	sextant
六分仪 SW 型星	六分儀[座]SW 型星	SW Sex star
六合星	六合星	sextuple star
六合仪	六合儀	component of the six cardinal points
六面体陨铁	六面體[式]隕鐵	hexahedrite
六色测光	六色測光	six-color photometry
六十干支周	六十干支周	sexagesimal cycle
六月天琴流星群	六月天琴[座]流星雨	June Lyrids
龙卷日珥	龍捲日珥	tornado prominence，waterspout promi-nence
娄宿	婁宿	Bond
漏壶	漏壺	clepsydra
漏箭	漏箭	rod indicator
漏刻	漏刻	clepsydra
露罩	露罩	dew-cap
卢克山脉	盧克山脈	Montes Rook
卢尼克[月球探测器]	探月衛星	Lunik
鲁道夫星表	魯道夫星表	Rudolphine table
陆圈	陸圈	geosphere
路径延迟	路徑延遲	path delay
鹿豹 Z 型星	鹿豹[座]Z 型星	Z Cam star
鹿林天文台	鹿林天文台	Lulin Observatory
滤波器	濾波器	filter
滤光片	濾[光]鏡	[light] filter
吕姆克尔山	呂姆克爾山	Mons Ruemker
旅行者号[行星际探测器]	航海家號[太空船]	Voyager
绿闪	綠閃光	green flash
卵形星云	蛋形星雲	oval nebula
掠地小天体	掠地小天體	earth-grazer
掠地小行星	掠地小行星	earth-grazing asteroid
掠日彗星	掠日彗星	sungrazing comet
掠入成像望远镜	掠入成像望遠鏡	glancing incidence telescope
掠射	掠射	grazing incidence

大　陆　名	台　湾　名	英　文　名
掠射摄谱仪	掠射攝譜儀	grazing incidence spectrograph
掠射望远镜	掠射望遠鏡	grazing incidence telescope
掠食	掠食	grazing eclipse
掠掩	掠掩	grazing occultation
伦琴 X 射线天文台	倫琴 X 光天文台	ROSAT, Röntgenstrahlen Satellit(德)
罗伯逊–沃克度规	勞勃遜–厄克規度	Robertson-Walker metric
罗睺	羅睺	Rahu
罗兰光栅	羅蘭光柵	Rowland grating
罗斯望远镜	羅斯望遠鏡	Ross telescope
罗素–佛格定理	羅素–沃克定理	Russell-Vogt theorem
罗西 X 射线时变探测器	羅西 X 光時變探測器	Rossi X-ray Timing Explorer, RXTE
罗西特效应	洛西特效應	Rossiter effect
螺度	螺度	helicity
裸核	裸核	stripped nucleus
洛厄尔带	羅威爾帶	Lowell's band
洛弗尔射电望远镜	洛弗爾電波望遠鏡	Lovell Radio Telescope
洛伦兹变换	勞侖茲變換	Lorentz transformation
洛希半径	洛希半徑	Roche radius
洛希瓣	洛希瓣	Roche lobe
洛希极限	洛希極限	Roche limit
洛希面	洛希面	Roche surface
落, 没	落, 沒	setting, fall
落潮	落潮	ebb tide

M

大　陆　名	台　湾　名	英　文　名
马卡良天体	馬卡良天體	Markarian object
马卡良星系	馬氏型星系	Markarian galaxy
马克苏托夫望远镜	馬克蘇托夫望遠鏡	Maksutov telescope
马蹄式装置	馬蹄式裝置	horseshoe mounting
马蹄形轨道	馬蹄形軌道	horseshoe orbit
玛雅天文学	馬雅天文學	Mayan astronomy
迈克耳孙恒星干涉仪	邁克爾孫恆星干涉儀	Michelson stellar interferometer
麦克马斯–皮尔斯望远镜	麥克馬斯–皮爾斯望遠鏡	McMath-Pierce Telescope
麦克斯韦方程	馬克斯威方程	Maxwell equation
麦克斯韦分布	馬克斯威分佈	Maxwell distribution

大　陆　名	台　湾　名	英　文　名
麦克斯韦[亚毫米波]望远镜	馬克斯威[次毫米波]望遠鏡	James Clerk Maxwell Telescope, JCMT
麦克唐纳天文台	麥克唐納天文台	McDonald Observatory
麦哲伦号[金星探测器]	麥哲倫號[金星探測器]	Magellan
麦哲伦流	麥哲倫流	Magellanic Stream
脉冲暴	脈衝爆發	impulsive burst
脉冲宽度	脈衝寬度	duration of pulse, pulse width
脉冲射电源	脈衝電波源	pulsating radio source
脉冲双星, 射电脉冲双星	脈衝雙星, 電波脈衝雙星	binary [radio] pulsar
脉冲相	脈衝相	impulsive phase
脉冲星	脈衝星, 波霎	pulsar
脉冲星时标	脈衝星時標	pulsar time scale
脉冲周期	脈衝週期	pulse period
脉动变星	脈動變星	pulsating variable, pulsation variable
脉动不稳定带	脈動不穩定帶	pulsation instability strip
脉动极	脈動極	pulsation pole
脉动理论	脈動說	pulsation theory
脉动双星	脈動雙星	pulsating binary
脉动相位	脈動相位	pulsation phase
脉动星	脈動[變]星	pulsating star, pulsator
脉泽星(＝微波激射星)		
脉泽源(＝微波激射源)		
满相	滿相	full phase
满月(＝望)		
幔	函	mantle
慢动	慢動	slow motion
慢过程, s 过程	中子慢捕獲過程, s 過程	slow process, s-process
慢新星	慢新星	slow nova
卯酉面	卯酉面	prime plane
卯酉圈	卯酉圈	prime vertical
昴星团	昴宿星團	Pleiades, M45
昴[星团]望远镜	昴望遠鏡	Subaru Telescope
昴宿	昴宿	Pleiades
玫瑰花结	玫瑰花結	rosette
梅西叶编号	梅西耳編號	Messier number
梅西叶天体	梅西耳天體	Messier object

大　陆　名	台　湾　名	英　文　名
梅西叶星云星团表	梅西耳星表	Messier Catalogue
［美国］国家光学天文台	［美國］國家光學天文台	National Optical Astronomy Observatory, NOAO
美国［国家］航天局	美國［國家］航太總署	National Aeronautics and Space Administration, NASA
［美国］国家射电天文台	［美國］國家電波天文台	National Radio Astronomy Observatory, NRAO
［美国］国家太阳观测台	［美國］國家太陽觀測台	National Solar Observatory, NSO
美国海军天文台	美國海軍天文台	United States Naval Observatory, USNO
［美国］航空历书	［美國］航空曆書	Air Almanac, A. A.
［美国］航天局红外望远镜	NASA 紅外望遠鏡	NASA Infrared Telescope Facility, ［NASA］IRTF
美国天文学会	美國天文學會	American Astronomical Society, AAS
美国新技术望远镜	美國新技術望遠鏡	National New Technology Telescope, NNTT
美索不达米亚天文学	美索不達米亞天文學	Mesopotamian astronomy
蒙德极小期	芒得極小期	Maunder minimum
锰星	錳星	manganese star
弥漫矮星系	彌漫矮星系	diffuse dwarf galaxy
弥漫 X 射线背景	彌漫 X 光背景	diffuse X-ray background
弥漫 X 射线辐射	彌漫 X 光輻射	diffuse X-ray emission
弥漫物质	彌漫物質	diffuse matter
弥漫星际带	彌漫星際帶	diffuse interstellar band, DIB
弥漫星云	彌漫星雲	diffuse nebula
弥散速度	彌散速度	dispersion velocity
米波暴	米波爆發	meter-wave burst
米尔斯十字	密耳式十字天線陣	Mills Cross
500 米口径球面射电望远镜	500 米口徑球面電波望遠鏡	Five-hundred-meter Aperture Spherical Radio Telescope, FAST
米粒	米粒	granule
米粒组织	米粒組織	granulation
密度臂	密度臂	density arm
密度波	密度波	density wave
密度波理论	密度波理論	density-wave theory
密度参数	密度參數, 封閉參數	density parameter
密度扰动	密度擾動	density perturbation
密度演化	密度演化	density evolution
密近交会	密近交會	close encounter

大　陆　名	台　湾　名	英　文　名
密近双星	密近雙星	close binary［star］
幂律谱	冪律譜	power-law spectrum
冕	冕	corona
E 冕	E 冕	E corona
F 冕	F 冕	F corona
K 冕	K 日冕, 連續［光譜］日冕	K corona
冕洞	［日］冕洞	coronal hole
冕珥	冕珥	coronal prominence
冕风	冕風	coronal wind
冕拱	冕拱	coronal arch
冕环	冕環	coronal loop
冕盔	冕盔	coronal helmet
冕流	日冕流	coronal streamer
冕牌玻璃	冕牌玻璃	crown glass
冕扇	冕扇	coronal fan
冕穴	冕穴	coronal cavity
冕雨	冕雨	coronal rain
氜	氜	coronium
面辐射强度	輻射率	radiance
面积定律	面積定律	law of area
面积速度	面積速度, 掠面速度	areal velocity
面亮度	表面亮度	surface brightness
面亮度起伏	面亮度起伏	surface brightness fluctuation
面源测光	面源測光	surface photometry, area photometry
面质比	面質比	area-mass ratio
秒差距	秒差距	parsec, pc, parallax second
灭日	滅日	elimination date
民用晨昏蒙影	民用曙暮光, 民用晨昏蒙影	civil twilight
民用年	民用年	civil year
民用日	民用日	civil day
民用时	民用時	civil time
闵可夫斯基空间	明氏空間	Minkowski space
闵可夫斯基宇宙	明氏宇宙	Minkowski world
敏化	增感, 敏化	sensitization, hypersensitization
明暗界线	明暗［界］線, 晝夜［界］線	terminator, terminator line

大　陆　名	台　湾　名	英　文　名
冥外行星	冥外行星	trans-Plutonian planet
冥王星	冥王星	Pluto
冥王星–柯伊伯带飞掠	冥王星–古柏帶飛掠	Pluto-Kuiper Belt flyby
冥卫	冥衛	Plutonian satellite
冥卫一	冥[王]衛一, 凱倫	charon
冥族[小]天体	冥族[小]天體	plutino
命名	命名	nomenclature
命名法	命名法	nomenclature
f 模, 基本模	f 模式, 基本模	f-mode
g 模	g 模式	g-mode
p 模	p 模式	p-mode
模型大气	大氣模型	model atmosphere
摩根星系分类	摩根星系分類	Morgan's classification [of galaxies]
摩羯流星群	摩羯流星群	Capricornids
莫格尔–戴林格效应 （=短波突衰）		
莫隆格勒脉冲星	莫隆格勒脈衝星	Molonglo pulsar, MP
莫斯科海	莫斯科海	Mare Moscoviense
默冬章	默冬章, 太陰周	Metonic cycle
默林[多元射电联合干 涉网]	梅林[多元電波聯合干 涉網]	Multi-Element Radio Linked Interferome- ter Network, MERLIN
没（=落）		
母彗星	母彗星	parent comet
母天体	母天體	parent object
母星系	母星系	parent galaxy
母行星	母行星	parent planet
母云	母雲	parent cloud
母钟	母鐘	primary clock
木村项	Z 项, 木村顶	Kimura term, z-term
木面坐标	木[星表]面坐標	jovigraphic coordinate, zenographic coor- dinate
木卫	木[星]衛[星]	Jovian satellite, Jupiter's satellite
木卫凌木	木衛凌木	transit of jovian satellite
木心轨道	木心軌道	jovicentric orbit
木心坐标	木星[中心]坐標	jovicentric coordinate, zenocentric coordi- nate
木星	木星	Jupiter
木星暴	木星暴	Jovian burst

大　陆　名	台　湾　名	英　文　名
木星磁层	木星磁層	Jovian magnetosphere
木星大气	木星大氣	Jovian atmosphere
木星辐射带	木星輻射帶	Jovian radiation belt
木星环	木星環	Jupiter's ring, Jovian ring
木星细环	木星細環	Jupiter's ringlet, Jovian ringlet
木[星]族彗[星]	木[星]族彗星	Jupiter's family of comets, comet of Jupiter family
木族	木族	Jupiter's family, Jovian family
木族小行星	木族小行星	Jupiter's asteroid family
目镜	目鏡	eyepiece
目视测光	目視光度測量, 目視測光	visual photometry
目视观测	目視觀測	visual observation
目视流星	目視流星	visual meteor
目视双星	目視雙星	visual binary, visual double star
目视天顶仪	目視天頂筒	visual zenith telescope, VZT
目视望远镜	目視望遠鏡	visual telescope
目视星等	目視星等	visual magnitude
牧夫 λ 型星	牧夫[座]λ 型星	λ Boo star
牧羊犬卫星	牧羊犬衛星	shepherd satellite
暮光	暮光	evening twilight

N

大　陆　名	台　湾　名	英　文　名
纳秒	奈秒, 毫微秒	nanosecond
纳耀斑, 纤耀斑	奈閃焰	nanoflare
氖新星	氖新星	neon nova
奈伊–艾伦星云	奈伊–艾倫星雲	Ney-Allen nebula
南半球	南半球	southern hemisphere
南点	南點	south point
南非大望远镜	南非大望遠鏡	Southern African Large Telescope, SALT
南非天文台	南非天文台	South African Astronomical Observatory, SAAO
南海	南海	Mare Australe
南黄极	南黄極	south ecliptic pole
南回归线	南回歸線	Tropic of Capricorn
南极光	南極光	aurora australis

大　陆　名	台　湾　名	英　文　名
南天参考星表	南天參考星表	southern reference star catalogue, SRS catalogue
南天极	南天極	south celestial pole
南天近红外深度巡天	南天近紅外深度巡天	DEep Near Infrared Survey of the Southern Sky, DENIS
南天天图	南天天圖	Southern Sky Survey
南银极	南銀極	South Galactic Pole
南银[极]冠	南銀[極]冠	South Galactic Cap
南鱼流星群	南魚座流星雨	Piscis Australids
内禀红移	內稟紅移	intrinsic redshift
内禀亮度	內稟光度, 本身光度	intrinsic brightness
内核	內核	inner core
内彗发	內彗髮	inner coma
内拉格朗日点	內拉格朗日點	inner Lagrangian point
内埋星团	內埋星團	embedded cluster
内冕	內日冕	inner corona
内史密斯摄谱仪	內史密斯攝譜儀	Nasmyth spectrograph
内氏焦点	內氏焦點	Nasmyth focus
内斯托(小行星659号)	內斯托(659號小行星)	Nestor
内太阳系	內太陽系	inner solar system
内行星, 地内行星	地內行星	inferior planet
内因变星, 物理变星	內因變星, 物理變星	intrinsic variable, physical variable
能层	動圈, 動區	ergosphere, ergoregion
能见度	能見度, 可見度	visibility
能量分布	能量分佈	energy distribution
能量密度	能[量]密度	energy density
能谱	能譜	energy spectrum
逆大陵变星	逆大陵變星, 天琴[座]RR[型]變星	antalgol
逆康普顿效应	逆康卜吞效應	inverse Compton effect, ICE
逆留	逆留	retrograde stationary
逆向彗尾	逆向彗尾	antitail
逆行	逆行	retrograde motion
逆行轨道	逆行軌道	retrograde orbit
年	年	year
年代学	紀年法, 年代學	chronology
年历	[天文]年曆, 曆書	almanac, year book
年龄测定	年齡測定	age dating

大　陆　名	台　湾　名	英　文　名
年闰余	年閏餘	annual epact
鸟神星	鳥神星	Makemake
镍铁陨星	鎳鐵隕石	catarinite
宁静日珥	寧靜日珥	quiescent prominence
宁静日冕	寧靜日冕	quiet corona
宁静射电	寧靜電波	quiet radio radiation
宁静射电太阳	寧靜電波太陽	quiet radio sun
宁静太阳	寧靜太陽	quiet sun
宁静太阳射电[辐射]	寧靜太陽電波	quiet solar radio radiation
宁静太阳噪声	寧靜太陽雜訊	quiet sun noise
宁静态	寧靜態	quiescence
宁静星系	寧靜星系	quiescent galaxy
牛顿多镜面 X 射线空间望远镜	牛頓多鏡面 X 光太空望遠鏡	Newton X-ray Multi-Mirror Space Telescope, Newton-XMM
牛顿反射望远镜	牛頓[式]反射望遠鏡	Newtonian reflector
牛顿焦点	牛頓焦點	Newtonian focus
牛顿望远镜	牛頓望遠鏡	Isaac Newton Telescope, INT
牛顿型望远镜	牛頓型望遠鏡	Newtonian telescope
牛顿宇宙论	牛頓宇宙論	Newtonian cosmology
牛宿	牛宿	Ox
扭绞磁场	扭絞磁場	twisted magnetic field
纽康基本常数	紐康基本常數	Newcomb's fundamental constants
纽康理论	紐康理論	Newcomb theory
女宿	女宿	Maid

O

大　陆　名	台　湾　名	英　文　名
欧拉角	歐拉角	Euler angle
欧拉运动	歐拉運動	Eulerian motion
欧南台	歐洲南天天文台	European Southern Observatory, ESO
[欧南台]新技术望远镜	[歐南台]新技術望遠鏡	New Technology Telescope, NTT
欧洲超大望远镜	歐洲超大望遠鏡	European Extremely Large Telescope, E-ELT
欧[洲]空[间]局	歐[洲]空[間]局	European Space Agency, ESA
欧洲 X 射线天文卫星	歐洲 X 光天文衛星	Exosat, European X-ray Observatory Satellite
欧洲甚长基线干涉网	歐洲特長基線干涉網	European VLBI Network, EVN

大　陆　名	台　湾　名	英　文　名
偶极磁场	偶極磁場	dipole magnetic field
偶极辐射	偶極輻射	dipole radiation
偶极天线	偶極天線	dipole antenna
偶然误差	偶[然誤]差	accidental error
偶现流星	偶現流星	sporadic meteor
偶现日珥	偶現日珥	incidental prominence
偶现射电暴	偶現電波爆發	sporadic radio burst
偶现射电源	偶現電波源	sporadic radio source
偶现 X 射线源	偶現 X 光源	sporadic X-ray source
偶现 γ 射线源	偶現 γ 射線源	sporadic γ-ray source
偶遇假说	偶遇假說	encounter hypothesis
偶遇 X 射线源	偶遇 X 光源	serendipitous X-ray source
耦合	耦合	coupling

P

大　陆　名	台　湾　名	英　文　名
帕克斯射电望远镜	帕克斯電波望遠鏡	Parkes Radio Telescope
帕克斯射电源表	帕克斯電波源表	Parkes Catalogue of Radio Sources, PKS
帕洛玛天图	帕洛瑪星圖	Palomar Observatory Sky Survey, POSS
帕洛玛天文台	帕洛瑪天文台	Palomar Observatory, Mount Palimar Observatory
帕特洛克鲁斯(小行星617号)	派特洛克魯斯(617 號小行星)	Patroclus
帕特洛克鲁斯群	派特洛克魯斯群	Patroclus group
拍频效应	拍頻效應	beat effect
拍频造父变星	差頻造父[型]變星	beat cepheid
派勒克斯玻璃(=硼硅酸玻璃)		
徘徊者号[月球探测器]	遊騎兵號[月球探測器]	Ranger
盘星系	盤星系	disk galaxy
盘状结构	盤狀結構	disk-like structure
盘族	[星系]盤[星]族	disk population
盘族恒星	[星系]盤族星	disk star
盘族球状星团	盤族球狀星團	disk globular cluster
盘族星团	盤族星團	disk cluster
庞加莱变量	潘卡瑞變數	Poincaré variable
庞加莱不变量	潘卡瑞不變量	Poincaré invariant

大　陆　名	台　湾　名	英　文　名
庞加莱截面	潘卡瑞截面	Poincaré surface of section
庞加莱椭球体	潘卡瑞椭球體	Poincaré spheroid
旁瓣	旁瓣	sidelobe
抛物面反射镜	抛物面反射鏡	parabolic reflector
抛物面镜	抛物面鏡	paraboloidal mirror
抛物面天线	抛物面天線	paraboloidal antenna, parabolic antenna
抛物线轨道	抛物線軌道	parabolic orbit
抛物线轨道彗星	抛物線[軌道]彗星	parabolic comet
抛物线速度	抛物線速度	parabolic velocity
泡海	泡海	Mare Spumans
喷流	噴流	jet
喷流星系	噴流星系	jet galaxy
喷气推进实验室	噴射推進實驗室	Jet Propulsion Laboratory, JPL
喷射日珥	噴散日珥	spray prominence
硼硅酸玻璃, 派勒克斯玻璃	硼矽酸玻璃, 耐熱玻璃	pyrex
蓬星	蓬星	sailing star
膨胀包层	膨脹包層	expanding envelope
膨胀臂	擴張旋臂	expanding arm
膨胀年龄	膨脹[年]齡	expansion age
膨胀时标	膨脹時標	expansion time-scale
膨胀宇宙	膨脹宇宙	expanding universe
碰撞参数	碰撞參數	impact parameter, collision parameter
碰撞电离	碰撞游離	collisional ionization, impact ionization
碰撞激发	碰撞激發	collisional excitation
碰撞星系	碰撞星系	colliding galaxy
碰撞致宽	碰撞致寬	collisional broadening, impact broadening
皮秒	塵秒	picosecond
偏差	偏差	bias
偏带观测	偏帶觀測	off-band observation
偏近点角	偏近點角	eccentric anomaly
偏食	偏食	partial eclipse
偏食始	偏食始	beginning of partial eclipse
偏食双星	偏食雙星	partially eclipsing binary
偏食终	偏食終, 復圓	partial eclipse end
偏向	偏向	bias
偏振标准星	偏振標準星	polarimetric standard
偏振测光	偏振測光	photopolarimetry

大　陆　名	台　湾　名	英　文　名
偏振测量	偏振測量	polarimetry
偏振度	偏振度	degree of polarization
偏振计	偏振計	polarimeter
偏置	偏置	offset
偏置导星	偏置導星	offset guiding
偏置导星装置	偏置導星裝置	offset guiding device
漂移	①漂移 ②星移	drift
漂移扫描	漂移掃描	drift scan
拼接镜面望远镜	拼接鏡面望遠鏡	segmented mirror telescope, SMT
贫氦星	貧氦星	helium-poor star
贫金属天体	貧金屬天體	metal-poor object
贫金属星	貧金屬星	metal-poor star, metal-deficient star
贫金属星团	貧金屬星團	metal-poor cluster
贫气彗星	貧氣彗星	gas-poor comet
贫氢富碳星	貧氫富碳星	hydrogen-deficient carbon star
贫氢星	貧氫恆星	hydrogen-deficient star, hydrogen-poor star
贫碳星	貧碳星	carbon-poor star
频标	頻標	frequency scale
频率漂移	頻率漂移	frequency drift
频率突漂	頻率突漂	sudden frequency drift, SFD
频谱	頻譜	spectrum
频谱图	頻譜圖	spectrogram
频谱学	頻譜學	spectroscopy
频谱仪	頻譜儀	spectrograph, spectrometer
频域	頻域	frequency domain
平场	平場	flat［fielding］, flat field
平场测光	平場測光	flat-field photometry
平场改正	平場改正	flat-field correction
平赤道	平赤道	mean equator
平赤经	平赤經	mean right ascension
平赤纬	平赤緯	mean declination
平春分点	平春分點	mean equinox
平方千米［射电望远镜］阵	平方公里［電波望遠鏡］陣	Square Kilometer Array, SKA
平根数	平根數	mean element
平恒星时	平恆星時	mean sidereal time
平衡锤	平衡錘	counterbalance

大　陆　名	台　湾　名	英　文　名
平滑	修匀	smoothing
平黄赤交角	平均黃赤交角	mean obliquity
平黄道	平黃道	mean ecliptic
平极	平極	mean pole
平近点角	平近點角	mean anomaly
平均法	平均法	averaging method
平均轨道根数	平均軌道要素，平均軌道根數	median orbital element
平均绝对星等	平均絕對星等	mean absolute magnitude
平均历元	平均曆元	mean epoch
平均亮度	平均亮度	average brightness
平均日运动	平均周日運動	mean daily motion
平均视差，统计均视差	平均視差，統計視差	mean parallax, statistical parallax
平均星等	平均星等	mean magnitude, average magnitude
平均运动	平均運動	mean motion
平均自由程	平均無礙[路]程	mean free path
平流层	平流層	stratosphere
U-V 平面	U-V 平面	U-V plane
平面光栅	平面光栅	plane grating
平面日晷	平面日晷	plane sundial
平年	平年	common year, non-leap year
平谱	平譜	flat spectrum
平谱射电类星体	平譜電波類星體	flat-spectrum radio quasar
平谱源	平譜源	flat-spectrum source
平日	平日	mean day
平山族	平山[家族]分類	Hirayama family
平时(=平太阳时)		
平太阳	平太陽	mean sun
平太阳年	平太陽年	mear solar year
平太阳日	平太陽日	mean solar day
平太阳时，平时	平[太陽]時	mean solar time
平位置	平位置	mean position, mean place
平行圈(=地平纬圈)		
平运动共振	平運動共振	mean motion resonance
平正午	平正午	mean noon
平直空间	平坦空間	flat space
平子夜	平子夜	mean midnight
普遍摄动	普遍攝動	general perturbation

大　陆　名	台　湾　名	英　文　名
普朗克长度	卜朗克長度	Planck length
普朗克时间	卜朗克時間	Planck time
普朗克月溪	卜朗克月溪	Rima Planck
普通天体物理学	普通天文物理學	general astrophysics
普通天文学	普通天文學	general astronomy
谱	譜	spectrum
谱斑	譜斑	flocculus, plage
[谱]带	[譜]帶	band
谱分辨率	譜分辨率	spectral resolution
谱线	譜線	spectral line
谱线变宽	譜線致寬	line broadening
谱线分裂	譜線分裂	line splitting
谱线覆盖	譜線覆蓋	line blanketing, line blocking
谱线宽度	譜線寬度	spectral line width
谱线轮廓	譜線輪廓	line profile, line contour
谱线强度	譜線強度	line strength
谱线位移	譜線位移	line displacement, [spectral] line shift
谱线形成	譜線形成	line formation
谱线证认	譜線識別	line identification
谱指数	光譜指數	spectral index

Q

大　陆　名	台　湾　名	英　文　名
七曜	七曜	seven luminaries
七政	七政	seven luminaries
七姊妹星	七姊妹星	Seven Sisters
齐明	齊明	aplanatism
齐明透镜	齊明透鏡	aplanatic lens
齐明望远镜	齊明望遠鏡	aplanatic telescope
齐明系统	齊明系統	aplanatic system
奇点	奇異點	singularity
奇异星	奇異星	strange star
麒麟R星云	麒麟[座]R星雲	R Monocerotis nebula, NGC 2261
启明星	啟明星	Phospherus, Lucifer
起偏振棱镜	起偏振稜鏡	polarizing prism
起算日	起算日	zero date
气尘包层	氣塵包層	gas-dust envelope

大　陆　名	台　湾　名	英　文　名
气尘比	氣塵比	gas-to-dust ratio
气尘复合体	氣塵複合體	gas-dust complex
气尘星云	氣塵星雲	gas-dust nebula
气尘云	氣[體]塵[埃]雲	gas-dust cloud
气孔(=小黑点)		
气壳星	氣殼星	shell star, envelope star
气球天文学	氣球天文學	balloon astronomy
气体包层	氣體包層	gas envelope
气体发射星云	氣體發射星雲	gaseous emission nebula
气体盘	氣體盤	gaseous disk
气体星云	氣體星雲	gaseous nebula, gas nebula
气体余迹	氣體[流星]遺跡	gaseous train
气体云	氣體雲	gas cloud
千秒差距	千秒差距	kiloparsec, kpc
千年纪	千年紀	millennium
牵星术	牽星術	star navigation
铅垂线	鉛錘線	plumb line
前导黑子	先導黑子, 前導黑子	leading sunspot, preceding sunspot
前景星	前景星	foreground star
前景星系	前景星系	foreground galaxy
前景星系团	前景星系團	foreground galaxy cluster
前身天体	前身	progenitor, precursor object
前身星	前身	progenitor, progenitor star
前星系	前星系	pregalaxy
前星系云	前星系雲	pre-galactic cloud
前行星盘	前行星盤	preplanetary disk
钱德拉塞卡极限	錢卓極限	Chandrasekhar limit
钱德拉塞卡–申贝格极限	錢卓–荀伯極限	Chandrasekhar-Schoenberg limit
钱德拉 X 射线天文台	錢卓 X 光天文台	Chandra X-ray Observatory
钱德勒摆动	張德勒搖轉	Chandler wobble
钱德勒周期	張德勒週期	Chandler period
潜[在威]胁小行星	潛在威脅小行星	potentially hazardous asteroid, PHA
强度干涉测量	強度干涉測量	intensity interferometry
强度干涉仪	強度干涉儀	intensity interferometer
强氦星	強氦星	helium-strong star
强氰线星, C-S 型星	強氰線星, C-S 型星	C-S star
强子	強子	hadron

大 陆 名	台 湾 名	英 文 名
强子期	強子時代	hadron era
墙象限仪	牆象限儀	mural quadrant
墙仪	牆儀	mural circle
羟基	羥基	hydroxyl radical, OH [radical]
羟基微波激射	羥基邁射	hydroxyl maser
乔托号[行星际探测器]	喬陶號[太空船]	Giotto
壳状星系	殼狀星系	shell galaxy
壳状遗迹	殼狀遺跡	shell remnant
峭壁	峭壁	rupe
翘曲	翹曲	warp
切连科夫辐射	契忍可夫輻射	Cerenkov radiation
切拍法	切拍法	method of coincidence
切向速度	切向速度	tangential velocity
切向运动	切向運動	tangential motion
钦天监	欽天監	imperial bureau of astronomy
钦天监监正	欽天監監正	director of imperial bureau of astronomy observatory
氢丰度	氫豐度	hydrogen abundance, H abundance
氢复合	氫複合	hydrogen recombination
氢-金属比	氫-金屬比	hydrogen-metal ratio
氢冕	氫冕	hydrogen corona
氢谱斑	氫譜斑	hydrogen flocculus
氢燃烧	氫燃燒	hydrogen burning
氢日珥	氫日珥	hydrogen prominence
氢微波激射	氫邁射	hydrogen maser
氢线	氫線	hydrogen line
氢星	氫星	hydrogen star
氢星云	氫星雲	hydrogen nebula
氢型大气	氫型大氣	hydrogenous atmosphere
氢循环	氫循環	hydrogen cycle
氢云	氫雲	hydrogen cloud
氢晕	氫暈	hydrogen halo
氢钟	氫[原子]鐘	hydrogen clock
氢主序	氫主序	hydrogen main sequence
轻元素丰度	輕元素豐度	light element abundance
轻子期	輕子時代	lepton era
倾角	交角, 傾角	①inclination ②tilt angle
穹天论	穹天論	theory of vaulting heavens

大　陆　名	台　湾　名	英　文　名
秋分点	秋分點	autumnal equinox
秋湖	秋湖	Lacus Autumni
球差	球[面像]差	spherical aberration, SA
球粒陨星	[球]粒隕石	chondrite
球面度	球面度	steradian
球面镜	球面鏡	spherical mirror
球面天文学	球天文[學]	spherical astronomy
球面弯月镜	球面彎月[形透]鏡	spherical meniscus
球载天文学	球載天文學	balloon-borne astronomy
球载望远镜	球載望遠鏡	balloon-borne telescope, balloon telescope
球状次系	球狀次系	spherical subsystem
球状体	雲球	globule
球状星团	球狀星團	globular cluster
球状星系	球狀星系	spherical galaxy, globular galaxy
球状子系	球狀子系	spherical component
球坐标	球[面]坐標	spherical coordinates
D区	D區	D region
E区	E區	E region
F区	F區	F region
M区	M區	M region, M area
R区	R區	R region, R zone
区时	區時	zone time
驱动系统	驅動系統	driving system
取样	抽樣	sampling
去极度	去極度	polar distance degree
圈状星云	圈狀星雲	loop nebula
全半宽	全半寬	total half-width
全环食	全環食	total-annular eclipse
全[可]动射电望远镜	全[可]動電波望遠鏡	[fully] steerable radio telescope
全球定位系统	全球定位系統	Global Positioning System, GPS
全球时间同步	全球時間同步	global time synchronization
全球[太阳]振荡监测网	全球[太陽]振盪監測網	Global Oscillation Network Group, GONG
全球望远镜	全球望遠鏡	Whole Earth Telescope, WET
全食	全食	total eclipse, totality
全食带	全食帶	zone of totality, path of total eclipse
全食时间(=食延)		
全食始(=食既)		

大　陆　名	台　湾　名	英　文　名
全食终(＝生光)		
全向天线	全向天線	omni-directional antenna
权	權	weight
权函数	權函數	weight function
确定时	確定時	definitive time
群速度	［波］群速［度］	group velocity

R

大　陆　名	台　湾　名	英　文　名
扰动太阳	擾動太陽	disturbed sun
扰动星系	擾動星系	disturbing galaxy
绕月会合	繞月會合	lunar orbit rendezvous
热暗物质	熱暗物質	hot dark matter
热斑	熱斑	hot spot
热背景	熱背景	thermal background
热层	熱力層	thermosphere
热大爆炸	熱大爆炸	hot big bang
热动平衡	熱力平衡	thermodynamic equilibrium
热反照率	熱反照率	bolometric albedo
热辐射	①熱［致］輻射 ②總輻射，熱輻射	①thermal radiation ②bolometric radiation
热改正	熱［星等］修正	bolometric correction, BC
热光变曲线	熱光變曲線	bolometric light curve
热核爆发	熱核爆發	thermonuclear explosion
热核反应	熱核反應	thermonuclear reaction
热核剧涨	熱核劇漲	thermonuclear runaway
热扩散	熱擴散	thermal diffusion
热平衡	熱平衡	thermal equilibrium
热轫致辐射	熱制動輻射	thermal bremsstrahlung
热史	熱史	thermal history
热温度	熱溫度	bolometric temperature
热稳定性	熱穩定性	thermal stability
热星	熱星	hot star
热星等	熱星等	bolometric magnitude
热演化	熱演化	thermal evolution
热噪声	熱雜訊	thermal noise
热指数	熱指數	heat index, H. I.

大　陆　名	台　湾　名	英　文　名
热致电离	熱致游離	thermal ionization
热致宽	熱致寬	thermal broadening
热子星	熱子星	hot component
人差	人[為]差，個人誤差	personal equation, individual error
人马矮星系	人馬[座]矮星系	Sagittarius dwarf
人马臂	人馬臂	Sagittarius arm
人马 υ 型星	人馬[座] υ 型星	υ Sagittarii star
人卫跟踪	衛星追蹤	satellite tracking
人造卫星	人造衛星	artificial satellite
人择原理	人擇原理	anthropic principle
妊神星	妊神星	Haumea
轫致辐射	制動輻射	bremsstrahlung
日	日	day
日变化	日變化	diurnal change
日缠，太阳差	太陽差，日纏	solar equation
日潮	日潮	solar tide
日出	日出	sunrise
日地关系	日地關係	solar-terrestrial relationship
日地关系观测台	日地關係觀測台	Solar Terrestrial Relations Observatory, STEREO
日地环境	日地環境	solar-terrestrial environment
日地空间	日地空間	solar-terrestrial space
日地物理学	日地物理學	solar-terrestrial physics
日地张角	太陽相角	solar phase angle
日珥	日珥	solar prominence, prominence
日珥结	日珥結	prominence knot
日珥射流	日珥射流	prominence streamer
日珥耀斑	日珥閃焰	prominence flare
日晷	日晷，日規	sundial, dial
日环食	日環食	annular solar eclipse
日辉	晝輝	day glow
日界线	日界線	date line
日浪	湧浪日珥	surge
日芒	日芒，日斑	mottle
日冕	日冕	solar corona
日冕红线	日冕紅線	red coronal line
日冕亮点	日冕亮點	coronal bright point
日冕凝区	日冕凝聚物	coronal condensation

大　陆　名	台　湾　名	英　文　名
日冕射线	日冕射線	coronal ray
日冕瞬变	日冕瞬變	coronal transient
日冕物质抛射	日冕物質噴發	coronal mass ejection, CME
日冕仪	日冕儀	coronagraph
日冕振动	日冕振動	coronal oscillation
日面	太陽圓面, 日面, 日輪	solar disk
日面边缘	日面邊緣	solar limb
日面经度	日面經度	heliolongitude, heliographic longitude
日面图	日面圖	heliographic chart
日面纬度	日面緯度	heliolatitude, heliographic latitude
日面综合图	日面綜合圖	carte synoptique(法)
日面坐标	日面坐標	heliographic coordinate
日面坐标网	日面坐標網	heliocentric coordinate network
日没	日沒	sunset
日内瓦测光系统	日內瓦測光系統	Geneva photometric system
日喷	日噴	spray
日偏食	日偏食	partial solar eclipse
日平均	日平均	daily mean
日球层	太陽圈, 日光層	heliosphere
日球层顶	日球層頂	heliopause
日球磁层	日球磁層	heliomagnetosphere
日全食	日全食	total solar eclipse
日食	日食	solar eclipse
日食限	日食限	solar eclipse limit
日数	日數	day number
日下点	日下點	subsolar point
日心改正	日心改正	heliocentric correction
日心角	日心角	heliocentric angle
日心经度	日心經度	heliocentric longitude
日心距[离]	日心距離	heliocentric distance
日心历表	日心曆表	heliocentric ephemeris
日心儒略日	日心儒略日	heliocentric Julian date, HJD
日心视差	日心視差	heliocentric parallax
日心视向速度	日心視向速度	heliocentric radial velocity
日心说	日心[學]說	heliocentric theory
日心体系	日心[宇宙]體系	heliocentric system
日心天象	日心天象	heliocentric phenomena
日心纬度	日心緯度	heliocentric latitude

大　陆　名	台　湾　名	英　文　名
日心位置	日心位置	heliocentric position
日心引力常数	日心引力常數	heliocentric gravitational constant
日心坐标	日心坐標	heliocentric coordinate
日月摄动	日月攝動	lunisolar perturbation
日月食理论	日月食理論	sciametry
日月食仪	日月食儀	instrument for solar and lunar eclipses
日月岁差	日月歲差	lunisolar precession
日月章动	日月章動	lunisolar nutation
日运动	周日運動	daily motion
日晕	日暈，華蓋	aureole
日载(＝环天顶弧)		
日震学	日震學	helioseismology
日中峰天文台	日中峰天文台	Pic du Midi Observatory
容许轨道	容許軌道	allowed orbit
容许谱线	容許譜線	permitted line
容许误差	容許誤差	admissible error, permissible error, allowable error
容许跃迁	容許躍遷	permitted transition, allowed transition
肉眼	肉眼	human eye
肉眼观测	肉眼觀測	naked-eye observation
肉眼可见星	肉眼可見星	lucid star
铷–锶纪年	銣–鍶紀年	rubidium-strontium dating
铷微波激射器	銣邁射	rubidium maser
铷钟	銣鐘	rubidium clock
儒略纪元	儒略紀元	Julian era
儒略历	儒略曆	Julian calendar
儒略历书日期	儒略曆書日期	Julian ephemeris date, JED
儒略历元	儒略曆元	Julian epoch
儒略年	儒略年	Julian year
儒略日	儒略日	Julian day
儒略日历	儒略日曆	Julian day calendar
儒略日期	儒略日期	Julian date, JD
儒略日数	儒略日數	Julian day number
儒略世纪	儒略世紀	Julian century
儒略周期	儒略週期	Julian period, JP
入凌	初切	ingress
入射光瞳	入射[光]瞳	entrance pupil
入射角	入射角	incident angle

大　陆　名	台　湾　名	英　文　名
入宿度	入宿度	lunar lodge degree
软 γ 暴复现源(=软 γ 射线复现源)		
软 X 射线复现暴	軟 X 光重複爆發源	soft X-ray repeater, SXR
软 γ 射线复现源, 软 γ 暴复现源	軟 γ[射線]重複爆發源	soft γ-ray repeater, SGR, soft gamma burst repeater
软 X 射线源	軟 X 光源	soft X-ray source
软 γ 射线源	軟 γ 射線源	soft γ-ray source
软 X 射线暂现源	軟 X 光瞬變源	soft X-ray transient, SXT
软 γ 射线暂现源	軟 γ 射線瞬變源	soft γ-ray transient, SGT
软双星	軟雙星	soft binary
瑞利极限	瑞利極限	Rayleigh limit
瑞利判据	瑞利判據	Rayleigh criterion
瑞利–泰勒不稳定性	瑞利–泰勒不穩定性	Rayleigh-Taylor instability
瑞星	瑞星	auspicious star
闰	閏	bissextile
闰秒	閏秒	leap second
闰年	閏年	leap year
闰日	閏日	leap day
闰余	元旦月齡	epact
闰月	閏月	①leap month ②intercalary month
闰周	閏周	intercalary cycle
弱氦星	弱氦星	helium-weak star

S

大　陆　名	台　湾　名	英　文　名
萨哈方程	沙哈方程	Saha equation
塞曼效应	則曼效應	Zeeman effect
赛德娜	賽德娜	Sedna
赛弗特星系	西佛星系	Seyfert galaxy
赛路里桁架	賽路里桁架	Serrurier truss
三辰仪	三辰儀	three luminary set
三重线	三重線	triplet
三重星系	三重星系	triple galaxy
三合透镜	三合[透]鏡	triplet
三合星	三合星	triple star
三角视差	三角視差	trigonometric parallax

大　陆　名	台　湾　名	英　文　名
三角仪	三角儀	triquetum
三千秒差距臂	三千秒差距臂	three-kiloparsec arm, 3kpc arm
三色测光	三色光度测量, 三色测光	three-color photometry
三十米望远镜	三十米望遠鏡	Thirty Meter Telescope, TMT
三体碰撞	三體碰撞	triple collision, three-body collision
三体问题	三體問題	three-body problem
三统历	三統曆	Three Concordance Calendar
三维光谱分类	三維[光譜]分類法	three-dimension spectral classification
三维结构图	三維結構圖	tomograph
三垣	三垣	Three Enclosures
三轴装置	三軸裝置	triaxial mounting
散射	散射	scattering
扫描大圆	掃描大圓	scanning great circle
扫帚星	掃帚星	sweeping star
色差	色差	chromatic aberration
色衬度	色對比	color contrast
色度测量	色度測量	colorimetry
色改正	色改正	color correction
色畸变	色畸變	color distortion
色球	色球[層]	chromosphere
色球活动	色球活動	chromospheric activity
色球活动星	色球活躍星	chromospherically active star
色球谱线	色球譜線	chromospheric line
色球日冕过渡区	色球日冕過渡區	chromosphere-corona transition region
色球网络	色球網絡	chromospheric network
色球望远镜	色球望遠鏡	chromospheric telescope
[色球]纤维(=暗条)		
色球压缩区	色球壓縮區, 色球凝聚區	chromospheric condensation
色球针状物	色球針狀體	chromospheric spicule
色球蒸发	色球蒸發	chromospheric evaporation, chromospheric ablation
色温度	色溫度	color temperature
色余	色餘	color excess, CE
色指数	色指數	color index, CI
B–V 色指数	B–V 色指數	B-V color index
U–B 色指数	U–B 色指數	U-B color index

大　陆　名	台　湾　名	英　文　名
V–I 色指数	V–I 色指數	V-I color index
V–R 色指数	V–R 色指數	V-R color index
铯钟	銫［原子］鐘	cesium clock
沙漏	沙漏［鐘］	sand clock, sand glass, hour glass
沙罗周期	沙羅週期	Saros［cycle］
沙普利–艾姆斯星系表	沙普利–艾姆斯星系表	Shapley-Ames catalogue
沙兹曼机制	沙茲曼機制	Schatzman mechanism
山	山系	mons
山脉	山脈	montes
闪变	閃變	flickering
闪光谱	閃光譜	flash spectrum
闪视比较仪	閃視［比較］鏡	blink comparator
闪烁	閃爍	scintillation, twinkling
闪星	閃星	flash star
闪耀波长	炫耀波長	blaze wavelength
闪耀角	炫耀角	blaze angle
扇形边界	扇形邊界	sector boundary
扇形结构	扇形結構	sector structure
扇形喷流	扇形噴流	fan jet
扇形射线	扇狀射線	fan ray
扇状彗尾	扇狀彗尾	fan-shaped tail
上海天文台	上海天文台	Shanghai Astronomical Observatory
上合	上合	superior conjunction
上升阶段	上升階段	rise phase
上升时间	上升時間	rise time
上升支	上升部份	ascending branch
上弦	上弦	first quarter
上元	上元	superior epoch
上中天	上中天	upper culmination, upper transit
上主星序	上主星序	upper main sequence
韶神星(小行星6号)	韶神星(6號小行星)	Hebe
少体问题	少體問題	few-body problem
蛇夫流星群	蛇夫流星群	Ophiuchids
蛇海	蛇海	Mare Anguis
舍入误差	約整誤差	roundoff error
舍入值	約整值	rounded value
射电	電波	radio
射电暴	電波暴	radio storm

大　陆　名	台　湾　名	英　文　名
射电爆发	電波爆發	radio burst
射电背景辐射	電波背景輻射	radio background radiation
射电臂	電波臂	radio arm
射电变源	變電波源	variable radio source
射电波	[無線]電波	radio wave
射电超新星	電波超新星	radio supernova
射电窗口	電波窗	radio window
射电等强线	電波等強線	radio isophote
射电碟形天线	電波碟形天線	radio dish
射电对应体	電波對應體	radio counterpart
射电辐射	電波發射	radio emission
射电复合谱线	電波復合[譜]線	radio recombination line
射电干涉测量	電波干涉測量	radio interferometry
射电干涉仪	電波干涉儀	radio interferometer
射电光度	電波光度	radio luminosity
射电活动太阳	電波活躍太陽	radio active sun
射电活跃恒星	電波活躍恆星	radio active star
射电类星体	電波類星體	radio quasar
射电亮度	電波亮度	radio brightness
射电亮[度]温度(=射 　电温度)		
射电流量	電波流量	radio flux
射电流星	電波流星	radio meteor
射电六分仪	電波六分儀	radio sextant
射电轮廓图	電波輪廓圖	radio contour
射电脉冲星	電波脈衝星	radio pulsar
射电冕	電波冕	radio corona
射电宁静类星体	電波弱類星體	radio quiet quasar
射电宁静太阳	電波寧靜太陽	radio quiet sun
射电喷流	電波噴流	radio jet
射电频谱	電波頻譜	radio radiation spectrum
射电频谱仪	電波頻譜儀	radio spectrograph
射电谱斑	電波譜斑	radio plage
射电谱线	電波譜線	radio spectral line
射电谱指数	電波譜指數	radio spectral index
射电强类星体	電波強類星體	radioloud quasar
射电强星	電波強星	radioloud star
射电桥	電波橋	radio bridge

大　陆　名	台　湾　名	英　文　名
射电日像仪	電波日象儀	radio heliograph
射电闪烁	電波閃爍	radio scintillation
射电食	電波食	radio eclipse
射电双星	電波雙星	radio binary
射电双源	雙電波源	double radio source
射电太阳	電波太陽	radio sun
射电太阳单色图	電波太陽單色圖	radio spectroheliogram
射电太阳分色仪	電波太陽單色儀	radio spectroheliograph
射电天空	電波天空	radio sky
射电天体测量学	電波天體測量學	radio astrometry
射电天体物理学	電波天文物理學	radio astrophysics
射电天图	電波星圖	radio sky map
射电天文台	電波天文台	radio [astronomical] observatory
射电天文学	電波天文[學]	radio astronomy
射电图	電波圖	radiograph
射电望远镜	電波望遠鏡	radio telescope
射电望远镜阵	電波望遠鏡陣	radio telescope array
射电温度,射电亮[度]温度	電波[亮度]溫度	radio [brightness] temperature
射电像	電波像	radio image
射电新星	電波新星	radio nova
射电星	電波星	radio star
射电星等	電波星等	radio magnitude
射电星系	電波星系	radio galaxy
射电星云	電波星雲	radio nebula
射电巡天	電波巡天	radio survey
射电耀发	電波閃焰	radio flare
射电耀星	電波[閃]焰星	radio flare star
射电源	電波源	radio source
射电源表	電波源表	radio source catalog
射电源参考系	電波源參考系	radio source reference system
射电源对	電波源對	pair of radio sources
射电源计数	電波源計數	radio source count
射电晕	電波暈	radio halo
射电噪暴	電波雜訊暴	radio noise-burst
射电噪声	電波雜訊	radio noise
射电展源	非點[狀]電波源,廣延電波源	extended radio source

大　陆　名	台　湾　名	英　文　名
射电直径	電波直徑	radio diameter
射电指数	電波指數	radio index
射电致密源	緻密[無線]電波源	compact radio source
射频谱	電波頻譜	radio frequency spectrum
X 射线暴	X 光爆發	X-ray burst
γ 射线暴	γ 射線爆發	γ-ray burst
X 射线暴源	X 光爆發源	X-ray burster
γ 射线暴源	γ 射線爆發源	γ-ray burster, GRB
X 射线背景辐射	X 光背景輻射	X-ray background radiation
X 射线变源	X 光變源	variable X-ray source
γ 射线变源	γ 射線變源	variable γ-ray source
X 射线对应体	X 光對應體	X-ray counterpart
γ 射线对应体	γ 射線對應體	γ-ray counterpart
X 射线类星体	X 光類星體	X-ray quasar
X 射线脉冲星	X 光脈衝星	X-ray pulsar
γ 射线脉冲星	γ 射線脈衝星	γ-ray pulsar
X 射线冕	X 光冕	X-ray corona
γ 射线谱线	γ 射線譜線	γ-ray line
γ 射线谱线辐射	γ[射線]譜線輻射	γ-ray line emission
γ 射线谱线天文学	γ[射線]譜線天文學	γ-ray line astronomy
X 射线食	X 光食	X-ray eclipse
X 射线食变星	X 光食變星	eclipsing X-ray star
X 射线双星	X 光雙星	binary X-ray source, X-ray binary
Be/X 射线双星	Be/X 光雙星	Be/X-ray binary
X 射线太阳	X 光太陽	X-ray sun
X 射线天文台	X 光天文台	X-ray observatory
γ 射线天文台	γ 射線天文台	γ-ray observatory
X 射线天文学	X 光天文學	X-ray astronomy
γ 射线天文学	γ 射線天文學	γ-ray astronomy
X 射线望远镜	X 光望遠鏡	X-ray telescope
γ 射线望远镜	γ 射線望遠鏡	γ-ray telescope
X 射线新星	X 光新星	X-ray nova
X 射线星	X 光星	X-ray star
X 射线星系	X 光星系	X-ray galaxy
X 射线巡天	X 光巡天	X-ray survey
X 射线耀斑	X 光閃焰	X-ray flare
X 射线源	X 光源	X-ray source
X 射线晕	X 光暈	X-ray halo

大　陆　名	台　湾　名	英　文　名
X 射线暂现源	X 光瞬變源	X-ray transient
X 射线展源	X 光展源	extended X-ray source
γ 射线展源	γ 射線展源	extended γ-ray source
摄动	攝動, 微擾	perturbation, disturbance
摄动函数	攝動函數	disturbing function
摄动阶	攝動階	order of perturbation
摄动理论	攝動說	perturbation theory
摄动体	攝動體	disturbing body, perturbing body
摄谱	攝譜	spectrography
摄谱轨道	攝譜軌道, 分光軌道	spectrographic orbit
摄谱仪	攝譜儀	spectrograph
CCD 摄谱仪	CCD 攝譜儀	CCD spectrograph
深场观测	深空觀測	deep-field observation
深空	深空	deep sky, deep space
深空探测网	深空探測網	Deep Space Network, DSN
深空天体	深空天體	deep-sky object
深埋红外源	深埋紅外源	deeply embedded infrared source, DEIS
参宿	參宿	Triad
甚长基线干涉测量	特長基線干涉測量	very long baseline interferometry, VLBI
甚长基线干涉仪	特長基線干涉儀	very long baseline interferometer, VLBI
甚长基线[射电望远镜]阵	特長基線[電波望遠鏡]陣	Very Long Baseline Array, VLBA
甚大望远镜	特大望遠鏡	Very Large Telescope, VLT
甚大阵	特大天線陣	Very Large Array, VLA
甚大质量天体	特大質量天體	very massive object, VMO
甚低频	特低頻	very low frequency, VLF
甚高频	特高頻	very high frequency, VHF
升交点	升交點	ascending node
升交点经度	升交點黃經	longitude of ascending node
升交角距	升交角距	argument of latitude
生光, 全食终	生光	third contact
生物圈	生物圈	biosphere
生物天文学	生物天文學	bioastronomy
生长曲线	生長曲線	curve of growth, growth curve
声模	聲模	acoustic mode
剩余强度	殘[餘]強度	residual intensity
剩余视向速度	殘[餘]視向速度	residual radial velocity
施密特改正板	施密特改正板	Schmidt corrector

大 陆 名	台 湾 名	英 文 名
施密特光学系统	施密特光學系統	Schmidt optics
施密特–卡塞格林望远镜	施密特–卡塞格林[式]望遠鏡	Schmidt-Cassegrain telescope
施密特望远镜	施密特[式]望遠鏡	Schmidt telescope
施密特照相机	施密特[式]照相機	Schmidt camera
施瓦西半径	史瓦西半徑	Schwarzschild radius
施瓦西黑洞	史瓦西黑洞	Schwarzschild black hole
施瓦西球	史瓦西球	Schwarzschild sphere
十二次	十二次	twelve counter-Jupiter stations
十字天线	十字天線	cross antenna
石榴号[高能天文卫星]	石榴號[高能天文衛星]	Granat
石铁陨石(= 石铁陨星)		
石铁陨星, 石铁陨石	石隕鐵	lithosiderite, siderolite, stony-iron meteorite
石英钟	石英鐘	quartz clock
石陨石(=石陨星)		
石陨星, 石陨石	石質隕石	aerolite, aerolith, stony meteorite
时标	時標	time scale
时差	時差	equation of time
时分	時分	minute of time
时号	時號	time signal, hour mark
时号改正数	時號改正數	correction to time signal
时号器	時間記號	time marker
时号站	時號站	time signal station
时计	時計	chronometer, horologe
时间	時間	time
时间比对	時間比對	time comparison
时间变慢	時間變慢	time dilatation
时间标准	時間標準	time standard
时间常数	時間常數	time constant
时间反演	時間反演	time reversal
时间分辨率	時間分辨率	time resolution
时间服务	授時, 時間工作, 時間服務	time service
时间基准站	時間基準站	time reference station
时间跳跃	時階	time step
时间同步	時間同步	time synchronism
时角	時角	hour angle, HA

大　陆　名	台　湾　名	英　文　名
时角度盘	時圈	hour circle
时角轴(＝赤经轴)		
时刻	時刻	time
时空	時空	space-time
时空曲率	時空曲率	curvature of space-time
时秒	時秒	second of time
时频发播	時頻發播	time and frequency dissemination, TFD
时区	時區	time zone
时圈	時圈	hour circle
时延	時間延遲, 延遲時間	time delay, delay time
时钟改正	鐘差, 時鐘校正[量]	clock correction
实测天体物理学	觀測天文物理學	observational astrophysics
实际孔径	實際孔徑	actual aperture
实际口径	實際口徑	actual aperture
实时干涉测量	即時干涉測量	real-time interferometry
实时同步	即時同步	real-time synchronization
实心超新星遗迹	實心超新星殘骸	plerion
实验天文学	實驗天文學	experimental astronomy
实用天体物理学	實用天文物理學	practical astrophysics
实用天文学	實用天文[學]	practical astronomy
食	食	eclipse
食变星	食變星	eclipsing variable
食带	食帶	zone of eclipse, path of eclipse
食典	日月食典	Canon der Finsternisse(德)
食分	食分	magnitude of eclipse
食季	食季	eclipse season, ecliptic season
食既, 全食始	食既, 第二切	second contact, beginning of totality
食界	初界	eclipse boundary
食年	食年, 交點年	eclipse year
食深	食深	eclipse depth
食甚	食甚	middle of eclipse, maximum of eclipse
食始(＝初亏)		
食双星	食雙星	eclipsing binary
食限	食限	eclipse limit
食相	食相	phase of eclipse
食延, 全食时间	食延	duration of totality
食终(＝复圆)		
食周	交食週期	eclipse cycle

大　陆　名	台　湾　名	英　文　名
史密斯海	史密斯海	Mare Smythii
史密松天体物理台	史密松天文物理台	Smithsonian Astrophysical Observatory, SAO
矢量天体测量学	向量天文測量學	vectorial astrometry
世纪年	世紀年	centurial year
世界点	世界點	world point
世界空间紫外天文台	世界太空紫外天文台	World Space Observatory-Ultraviolet, WSO-UV
世界历	世界曆	World Calendar
世界日	世界日	world day
世界时	世界時	universal time, UT
世界数据中心	世界資料中心	World Data Center, WDC
世界线	世界線	world line
示臂天体	示臂天體	spiral arm tracer
示距天体	示距天體	distance indicator
事件视界	［事件］视界	event horizon
视差	視差	parallax
视差动	視差動	parallactic motion
视差三角形	視差三角形	parallactic triangle
视差天平动	視差天平動	parallactic libration
视差椭圆	視差橢圓	parallactic ellipse
视差位移	視差位移	parallactic displacement
视差星	視差星	parallax star
视场	視野	field of view
视超光速运动	視超光速運動	apparent superluminal motion
视赤经	視赤經	apparent right ascension
视赤纬	視赤緯	apparent declination
视地平	視地平	apparent horizon
视地平纬度	視地平緯度	apparent altitude
视高度	視高度	apparent altitude
视轨道	視軌道	apparent orbit
视界	視界	horizon
视距离	視距［離］	apparent distance
视亮度	視亮度	apparent brightness
视面积	視面積	apparent area
视目视星等	視目視星等	apparent visual magnitude
视宁度	視相，大氣寧靜度	seeing
视宁像	視影	seeing image

大　陆　名	台　湾　名	英　文　名
视宁圆面	视影盤面	seeing disk
视频天文学	视频天文學	video astronomy
视双星	视雙星	apparent binary
视太阳	视太陽	apparent sun
视太阳时(＝真太阳时)		
视天顶距	视天頂距	apparent zenith distance
视天平动	视天平動	apparent libration
视位置	视位[置]	apparent position, apparent place
视线	视線	line of sight, visual line
视向速度	视向速度	radial velocity, line of sight velocity
视向速度变星	视向速度變星	radial-velocity variable
视向速度标准星	视向速度標準星	radial-velocity standard
视向速度参考星	视向速度參考星	radial-velocity reference star
视向速度描迹	视向速度描跡	radial-velocity trace
视向速度曲线	视向速度曲線	radial-velocity curve
视向速度仪	视向速度儀	radial-velocity spectrometer, RVS
视星等	视星等	apparent magnitude
视运动	视[運]動	apparent motion
视正午	视正午	apparent noon
视直径	视徑	apparent diameter, visual diameter
室女 GW 型星	室女[座]GW 型星	GW Vir star
室女 W 型变星, 星族 Ⅱ 造父变星	室女[座]W 型變星, 星族 Ⅱ 造父變星	W Vir variable, population Ⅱ cepheid
室女[座]引力波望远镜	室女[座]重力波望遠鏡	Virgo Gravity Wave Telescope
室宿	室宿	Encampment
适居区	適居區	habitable zone
适居行星	適居行星	habitable planet
适居性	適居性, 可居住性	habitability
适瞳距	適瞳距	eye relief
收时	收時	time receiving
收缩宇宙	收缩宇宙	contracting universe
守时	守時	time-keeping
首座星	首座星	lord of the ascendant
受激发射	受激發射	stimulated emission
受激辐射	受激輻射	stimulated radiation
受激天体	受激天體	excited object
受激星	受激星	excited star
受激星云	受激星雲	excited nebula

大　陆　名	台　湾　名	英　文　名
受迫发射	強迫發射, 誘發發射	forced emission, induced emission
受迫复合	誘發復合	induced recombination
受迫吸收	強迫吸收	forced absorption
受迫跃迁	強迫躍遷, 誘發躍遷	forced transition, induced transition
受迫章动	強迫章動	forced nutation
受迫振荡	強迫振動, 強迫振盪	forced oscillation
受扰星系	受擾星系	disturbed galaxy
受摄根数	受攝要素, 受攝根數	disturbed element, perturbed element
受摄轨道	受攝軌道	disturbed orbit, perturbed orbit
受摄体	受攝體	disturbed body, perturbed body
受摄坐标	受攝坐標	disturbed coordinate, perturbed coordi-nate
枢轴	樞軸	pivot
疏散星团	疏散星團	open cluster
疏散星系团	疏散星系團	open cluster of galaxies
曙暮光(=晨昏蒙影)		
束缚电子	束縛電子	bound electron
束缚轨道	束縛軌道	bounded orbit
束缚–束缚跃迁	束縛–束縛躍遷	bound-bound transition
束缚–自由吸收	束縛–自由吸收	bound-free absorption
束缚–自由跃迁	束縛–自由躍遷	bound-free transition
竖直峭壁	豎直峭壁	Rupes Recta
数据库	資料庫	database
数密度	數密度	number density
数值模拟	數值模擬	numerical simulation
数值宇宙学	數值宇宙學	numerical cosmology
数字[化]巡天	數位巡天	digital sky survey
双重天体系统	雙重天體系統	double system
双重线	雙重線	doublet
双重星团	雙[重]星團	double cluster
双重星系	雙重星系	binary galaxy, double galaxy
双重自食	雙重自食	double reversal
双带耀斑	雙帶閃焰	two-ribbon flare
双环星系	雙環星系	double-ring galaxy
双极黑子	雙極黑子	bipolar sunspots
双极喷流	雙極噴流	bipolar jet
双极星系	雙極星系	bipolar galaxy
双极星云	雙極星雲	bipolar nebula

大　陆　名	台　湾　名	英　文　名
双极行星状星云	雙極行星狀星雲	bipolar planetary nebula
双极性	雙極性	ambipolarity
双类星体	雙類星體	twin quasar
双流星	雙流星	double meteor
双模脉动	雙模脈動	double-mode pulsation
双模天琴 RR 型星	雙模天琴[座]RR 型星	double-mode RR Lyrae star
双模造父变星	雙頻造父變星	double-mode cepheid
双目望远镜	雙筒[望遠]鏡	binoculars
双谱分光双星	複綫[分光]雙星	double-line spectroscopic binary, two-spectrum binary
双曲空间	雙曲空間	hyperbolic space
双曲面反射镜	雙曲面反射鏡	hyperboloid mirror
双曲线轨道	雙曲綫軌道	hyperbolic orbit
双曲线轨道彗星	雙曲綫[軌道]彗星	hyperbolic comet
双鼠星系	雙鼠星系	Mice, NGC4676
双筒天体照相仪	雙筒攝星儀	double astrograph
双小行星	雙小行星	binary asteroid
双星	[物理]雙星	binary [star], double star
双行星	雙行星	binary planet
双鱼–英仙超星系团	雙魚–英仙[座]超星系團	Pisces-Perseus supercluster
双子望远镜	雙子望遠鏡	Gemini Telescope
双子 U 型双星	雙子[座]U 型雙星	U Gem binary
双子 U 型星	雙子[座]U 型星	U Gem star
水冰	水冰	water ice
水脉泽(=水微波激射)		
水内行星	水内行星	intra-Mercurial planet
水平度盘	水平度盤	horizontal circle
水平面	水平面	horizontal plane
水平式太阳望远镜	水平[式]太陽望遠鏡	horizontal solar telescope
水平式望远镜	水平[式]望遠鏡	horizontal telescope
水平支	水平分支	horizontal branch
水平轴	水平軸	horizontal axis
水平子午环	水平[式]子午環	horizontal transit circle, horizontal meridian circle
水圈	水圈	hydrosphere
水手号[行星际探测器]	水手號[太空船]	Mariner
水微波激射, 水脉泽	水邁射	water maser

大　陆　名	台　湾　名	英　文　名
水星	水星	Mercury
水星近日点进动	水星近日點進動	advance of Mercury's perihelion
水星凌日	水星凌日	transit of Mercury
水运仪象台	水運儀象台	astronomical clock-tower
水钟	水鐘	water-clock
水准	水準	level
水准面	水準面	level surface
水准仪	水準儀，水準器	levelling instrument，level
顺留	順留	direct stationary
顺行	順行	direct motion，prograde motion
顺行轨道	順行軌道	direct orbit，prograde orbit
瞬时赤道	瞬時赤道	equator of date
瞬时根数	瞬時根數	instantaneous element
瞬时极	瞬時極	instantaneous pole
瞬时经度	瞬時經度	instantaneous longitude
瞬时纬度	瞬時緯度	instantaneous latitude
瞬现[活动]区	瞬現[活躍]區	ephemeral [active] region
瞬现余迹	流星尾	wake
朔，新月	朔，新月	new moon，beginning of lunation
朔实	朔實	lunation numerator
朔望	朔望	syzygy
朔望月，太阳月	朔望月，太陰月	synodic month，lunar month
司宁星(小行星14号)	司寧星(14號小行星)	Irene
司天监	司天監	imperial observatory
斯波勒定律	斯波勒定律	Spörer's law
斯波勒极小	斯波勒極小期	Spörer minimum
斯拉茨天文卫星	斯拉茨天文衛星	Solar Radiation and Thermospheric Satellite，Srats
斯隆数字[化]巡天	史隆數位巡天	Sloan Digital Sky Survey，SDSS
斯皮策[红外]空间望远镜	史匹哲[紅外]太空望遠鏡	Spitzer Space Telescope
斯塔克展宽	史塔克致寬	Stark broadening
斯特朗洛山天文台	斯特朗洛山天文台	Mount Stromlo Observatory
斯特龙根半径	史壯格倫半徑	Strömgren radius
斯特龙根球	史壯格倫球	Strömgren sphere
斯托克斯偏振测量	斯托克斯偏振測量	Stokes polarimetry
斯旺谱带	史萬譜帶	Swan band
锶星	鍶星	strontium star

大　陆　名	台　湾　名	英　文　名
死湖	死湖	Lacus Mortis
四方点	基點, 基本方位	cardinal point
四合星	四合星	quadruple star
四色测光	四色測光	four-color photometry
四象	四象	four [celestial] images
四游仪	四遊儀	movable sighting set
伺服系统	伺服系統	servo-system
似行星伴星	類行星伴星	planetary companion
苏黎世数	蘇黎世黑子相對數	Zürich number
苏尼阿耶夫–泽尔多维奇效应	蘇尼阿耶夫–澤爾多維奇效應	Sunyaev-Zel'dovich effect, S-Z effect
速度场	速度場	velocity field
速度–距离关系	速距關係	velocity-distance relation
速度弥散[度]	速度彌散[度]	velocity dispersion
速度曲线	速度曲線	velocity curve
速度椭球	速度椭球	velocity ellipsoid
速度椭球分布	速度椭球分佈	ellipsoidal distribution of velocities
速逃星	速逃星	runaway star
随机过程	隨機過程	stochastic process
随机误差	隨機誤差	random error
岁差	歲差	precession
岁差常数	歲差常數	precession constant, precessional constant
岁实	歲實	year numerator
岁首	歲首	beginning of year
岁星	歲星	Jupiter
岁星纪年	歲星紀年	Jupiter cycle
岁阴(=太岁)		
岁余	歲餘	year surplus
岁周	歲周	year cycle
碎裂	分裂	fragmentation
损失锥, 逃逸锥	損失錐, 逃逸錐	loss cone, escape cone
损质量星	損質量星	mass-losing star
缩焦器	縮焦器	focal reducer
索菲雅[平流层红外天文台]	索菲雅[平流層紅外天文台]	Stratospheric Observatory for Infrared Astronomy, SOFIA
索贺[太阳和日球层探测器]	太陽與太陽圈觀測衛星, SOHO 太陽觀測衛星	Solar and Heliospheric Observatory, SOHO

T

大 陆 名	台 湾 名	英 文 名
塔式望远镜	塔式望遠鏡	tower telescope
太白	太白	Venus
太尔各特法	泰爾各特法	Talcott method
太极上元	太極上元	supreme epoch
太空	太空	space
太空气候	太空氣候	space weather
太平洋标准时	太平洋標準時	Pacific standard time, PST
太平洋天文学会	太平洋天文學會	Astronomical Society of the Pacific, ASP
太史令	太史令	grand historian, imperial astronomer
太岁, 岁阴	太歲, 歲陰	counter-Jupiter
太微垣	太微垣	Supreme Subtlety Enclosure
太阳	太陽	sun
太阳半径	太陽半徑	solar radius
太阳爆发	太陽爆發	solar burst
太阳背点	太陽背點	solar antapex
太阳扁率	太陽扁率, 太陽扁度	solar oblateness
太阳差(= 日缠)		
太阳常数	太陽常數	solar constant
太阳磁场	太陽磁場	solar magnetic field
太阳磁像仪	太陽磁[場]強[度]計	magnetoheliograph
太阳磁周	太陽磁周	solar magnetic cycle
太阳大气	太陽大氣	solar atmosphere
太阳单色光照相术	太陽單色光照相術	spectroheliography, SHG
太阳单色光照相仪	太陽單色光照相儀	spectroheliograph
太阳单色像	太陽單色光照片	spectroheliogram, solar filtergram
太阳地球物理学	太陽地球物理[學]	heliogeophysics
太阳动力学观测台	太陽動力學觀測台	Solar Dynamics Observatory, SDO
太阳发电机	太陽發電機	solar dynamo
太阳风	太陽風	solar wind
太阳峰年	太陽峰年	solar maximum year, SMY
太阳服务	太陽聯合觀測, 太陽服務	solar service
太阳辐射	太陽輻射	solar radiation

大　陆　名	台　湾　名	英　文　名
太阳辐射计	日射儀	actinometer
太阳辐射监测卫星	太陽輻射監測衛星	Solar Radiation Monitoring Satellite, SOLRAD
太阳辐照度	太陽輻照度	solar irradiance
太阳高能光谱成像探测器	太陽高能光譜成像探測器	Reuven Ramaty High Energy Solar Spectroscopic Imager, RHESSI
太阳高能粒子	太陽高能粒子	solar energetic particle, SEP
太阳光度	太陽光度	solar luminosity
太阳光球[层]	太陽光球[層]	solar photosphere
太阳过渡区	太陽過渡區	solar transition region
太阳过渡区和日冕探测器	太陽過渡區和日冕探測器	Transition Region and Coronal Explorer, TRACE
[太阳]黑子	[太陽]黑子	sunspot
[太阳]黑子带	[太陽]黑子帶	sunspot zone
[太阳]黑子群	[太陽]黑子群	sunspot group
太阳活动	太陽活動	solar activity
太阳活动区	太陽活動區	solar active region
太阳活动预报	太陽活動預報	solar activity prediction
太阳活动周	太陽[活動]週期	solar cycle
太阳极大[年]使者	太陽極大期任務衛星	Solar Maximum Mission, SMM
JOSO[太阳联合观测组织]	JOSO[太陽聯合觀測組織]	Joint Organization of Solar Observation, JOSO
太阳流量	太陽通量	solar flux
太阳流量单位	太陽通量單位	solar flux unit, SFU
太阳米粒组织	太陽米粒組織	solar granulation
太阳内部	太陽內部	solar interior
太阳年	太陽年	tropical year
太阳日	太陽日	solar day
太阳色球[层]	太陽色球[層]	solar chromosphere
太阳射电爆发	太陽電波爆發	solar radio burst
太阳射电天文学	太陽電波天文學	solar radio astronomy
太阳 X 射线辐射	太陽 X 光輻射	solar X-ray radiation
太阳 γ 射线辐射	太陽 γ 射線輻射	solar γ-ray radiation
太阳时	太陽時	solar time
太阳视差	太陽視差	solar parallax
太阳塔	太陽觀測塔	solar tower
太阳望远镜	太陽望遠鏡	solar telescope
太阳微波爆发	太陽微波爆發	solar microwave burst

大　陆　名	台　湾　名	英　文　名
太阳物理学	太陽物理[學]	solar physics
太阳系	太陽系	solar system
[太阳]系外彗星	[太陽]系外彗星	extrasolar comet
太阳系仪	太陽系儀	orrery
太阳向点	太陽向點	solar apex
太阳星云	太陽[星]雲	solar nebula
太阳型星	太陽型星	solar-type star
太阳巡视	太陽巡視	solar patrol
太阳耀斑	太陽閃焰	solar flare
太阳宇宙线	太陽宇宙線	solar cosmic ray
太阳运动	太陽運動	solar motion
太阳振荡	太陽振盪	solar oscillation
太阳直径监测器	太陽直徑監測器	Solar Diameter Monitor, SDM
太阳质量	太陽質量	solar mass
太阳质量恒星	太陽質量恆星	solar-mass star
[太阳]质子事件	[太陽]質子事件	[solar] proton event
[太阳]质子耀斑	[太陽]質子閃焰	[solar] proton flare
太阳中微子	太陽微中子	solar neutrino
太阳中微子单位	太陽微中子單位	solar neutrino unit, SNU
太阳中微子亏缺	太陽微中子虧缺	solar neutrino deficit
太阳周	太陽周	heliacal cycle
太阳自转	太陽自轉	solar rotation
太阴	太陰	moon
太阴年	太陰年	lunar year
太阴日	太陰日	lunar day
太阴月(=朔望月)		
太阴周	太陰周, 默冬章	lunar cycle
泰勒不稳定性	泰勒不穩定性	Tayler instability
泰罗斯号[科学卫星]	泰羅斯號[科學衛星]	Television and Infrared Observation Satellite, Tiros
坍缩	塌縮	collapse
坍缩星	塌縮星	collapsar
坍缩云	塌縮雲	collapsing cloud
坦普尔1号彗星	譚普1號彗星	Tempel's 1 comet
弹性碰撞	彈性碰撞	elastic collision
探测器	①探測器 ②探測器, 偵測器	①probe, explorer ②detector
探空火箭	探空火箭	sounding rocket

大　陆　名	台　湾　名	英　文　名
探空气球	探空氣球	sounding balloon
探险者号[科学卫星]	探險者號[科學衛星]	Explorer
碳矮星	碳矮星	carbon dwarf, dwarf carbon star
碳爆炸	碳引爆	carbon detonation
碳氮循环	碳氮循環, CN 循環	carbon-nitrogen cycle
碳氮氧循环	碳氮氧循環	carbon-nitrogen-oxygen cycle, CNO cycle
碳粒陨星	碳粒隕石	carbonaceous chondrite
碳燃烧	碳燃燒	carbon burning
碳闪	碳閃	carbon flash
碳星	碳星	carbon star
碳序	[沃夫–瑞葉星]碳星序	carbon sequence [of Wolf-Rayet star]
碳循环	碳循環	carbon cycle
汤姆孙散射	湯姆遜散射	Thomson scattering
逃逸速度	脫離速度	escape velocity
逃逸锥(=损失锥)		
特矮星	特矮星	pygmy star
特超巨星	特超巨星	hypergiant [star]
特超新星	特超新星	hypernova
超富金属星	超量金屬星	super-metal-rich star
特洛伊群	特洛伊群	Trojan group
特纳法	特納法	Turner method
特贫金属星	特貧金屬星	super-metal-poor star, ultrametal-poor star
特设天体物理台	特設天體物理台	Special Astrophysical Observatory, SAO
特殊[恒]星	特殊[恆]星	peculiar star
特殊摄动	特殊攝動	special perturbation
特殊星系	特殊星系	peculiar galaxy
特征年龄	特徵年齡	characteristic age
特征时间	特徵時間	characteristic time
提丢斯–波得定则	波提定律	Titius-Bode's law
n 体模拟	n 體模擬	n-body simulation
n 体问题	n 體問題	n-body problem
天赤道	天[球]赤道	celestial equator
天底	天底	nadir
天底距	天底距	nadir distance
天电	天電	stray, atmospherics
天电突增	天電突增	sudden enhancement of atmospherics, SEA

大　陆　名	台　湾　名	英　文　名
天顶	天頂	zenith
天顶距	天頂距	zenith distance
天顶筒	天頂筒	zenith tube
天顶仪	天頂儀	zenith telescope
天鹅流星群	天鵝[座]流星群	Cygnids
天鹅[X 射线天文卫星]	天鵝[X 光天文衛星]	Hakucho
天鹅 P 型星	天鵝[座]P 型星	P Cyg[ni] star
天鹅 SS 型星	天鵝[座]SS 型星	SS Cygni star
天干	天干	celestial stem, heavenly stem
天宫图	天宫圖	horoscope
天关客星	天關客星	Tian-guan guest star
天极	天極	celestial pole
天箭 FG 型星	天箭[座]FG 型星	FG Sagittae star
天箭 WZ 型星	天箭[座]WZ 型星	WZ Sge star
天空背景	天空背景	sky background
天空背景辐射	天空背景輻射	sky background radiation
天空背景噪声	天空背景雜訊	sky background noise
天空亮度	天空亮度	sky brightness
天空实验室	天空實驗室	Skylab
天空与望远镜	天空與望遠鏡	Sky and Telescope
天狼年	天狼年	Sothic year
天龙 BY 型[变]星	天龍[座]BY 型[變]星	BY Dra[variable]star
天马[X 射线天文卫星]	天馬[X 光天文衛星]	Tenma, Astro-B
天平动	天平動	libration
天琴 RR 型[变]星	天琴[座]RR 型[變]星	RR Lyr[variable]star
天琴 RRa 型星	天琴[座]RRa 型星	RRa Lyr star
天琴 RRab 型星	天琴[座]RRab 型星	RRab Lyr star
天琴 RRb 型星	天琴[座]RRb 型星	RRb Lyr star
天琴 RRc 型星	天琴[座]RRc 型星	RRc Lyr star
天琴 RRs 型星	天琴[座]RRs 型星	RRs Lyr star
天琴 β 型变星	天琴[座]β 型變星	β Lyr-type variable
天球	天球	celestial sphere
天球历书极	天球曆書極	celestial ephemeris pole, CEP
天球切面	天球切面	plane of the sky
天球仪	天球儀	celestial sphere
天球中间极	天球中間極	celestial intermediate pole, CIP
天球子午圈	天球子午圈	celestial meridian, principal vertical circle
天球坐标系	天球坐標系	celestial coordinate system

大　陆　名	台　湾　名	英　文　名
天然卫星	天然衛星	natural satellite
天市垣	天市垣	Celestial Market Enclosure
天体	天體	celestial body, celestial object
BN 天体(= 贝克林–诺伊格鲍尔天体)		
HH 天体(= 赫比格–阿罗天体)		
KL 天体	克來曼–樓天體, KL 天體	Kleinmann-Low object, KL object
NML 天体	NML 天體	Neugebauer-Martz-Leighton object, NML object
天体波谱学	天體波譜學	astrospectroscopy
天体测光	天體測光	astronomical photometry, astrophotometry
天[体]测[量]轨道	天體測量軌道	astrometric orbit
天体测量基线	天體測量基線	astrometric baseline
天[体]测[量]距离	天體測量距離	astrometric distance
天[体]测[量]双星	天體測量雙星	astrometric binary
天体测量卫星	天體測量衛星	astrometry satellite
天体测量位置	天體測量位置	astrometric position, astrometric place
天体测量学	天體測量學, 測天學	astrometry
天体地理学	天文地理學	astrogeography
天体地质学	天文地質學	astrogeology
天体分光测量	天體分光測量	astrospectrometry
天体分光光度测量	天體分光光度測量	astronomical spectrophotometry
天体光谱学	天體光譜學	astrospectroscopy, astronomical spectroscopy
天体化学	天文化學	astrochemistry
天体力学	天體力學	celestial mechanics
天体年代学	天文年代學	astrochronology
天体偏振测量	天體偏振測量[法]	astronomical polarimetry, astropolarimetry
天体气象学	天文氣象學	astrometeorology
天体摄谱仪	天體攝譜儀	astrospectrograph
天体生物学	天文生物學	astrobiology
天体物理方法	天文物理方法	astrophysical method
天体物理和空间科学	天文物理和太空科學	Astrophysics and Space Science, ApSS
天体物理数据系统	天文物理資料系統	Astrophysical Data System, ADS

大 陆 名	台 湾 名	英 文 名
天体物理微波激射器	天文物理邁射儀	astrophysical maser
天体物理学	天文物理學	astrophysics
天体物理学报	天文物理期刊	Astrophysical Journal, ApJ
天体物理学报通信	天文物理期刊通訊	Astrophysical Journal Letters, ApJL
天体物理学家	天文物理學家	astrophysicist
天体演化学	天文演化學	cosmogony
天体照相学	天文照相學, 天體照相	astrophotography, astronomical photography
天体照相仪	天文照相儀	astrograph
天图	天圖	sky atlas, celestial chart
天王星	天王星	Uranus
天王星环	天王星環	Uranian ring, Uranus' ring
天王星窄环	天王星窄環	Uranian ringlet
天卫	天[王]衛	Uranian satellite
天文爱好者	業餘天文學家, 天文愛好者	amateur astronomer
天文参考系	天文參考系	astronomical reference system
天文测地学	天文測地學	astrogeodesy, astronomical geodesy
天文常数	天文常數	astronomical constant
天文常数系统	天文常數系統	system of astronomical constants, astronomical constant system
IAU 天文常数系统	IAU 天文常數系統	IAU system of astronomical constants
天文晨昏蒙影	天文曙暮光, 天文晨昏蒙影	astronomical twilight
天文垂线	天文垂線	astronomical vertical
天文单位	天文單位	astronomical unit, AU
天文导航	太空導航	astronavigation, celestial navigation
天文底片	天文底片	astronomical plate
天文地球动力学	天文地球動力學	astrogeodynamics
天文地球物理学	天文地球物理學	astrogeophysics
天文点	天文點	astronomical point
天文电报	天文電報	astronomical telegram
天文动力学	太空動力學	astrodynamics
[天文]观测	[天文]觀測	[astronomical] observation
天文馆	天象館	planetarium
天文光行差	天文光行差	astronomical aberration
天文光学	天文光學	astronomical optics
天文经度	天文經度	astronomical longitude

大 陆 名	台 湾 名	英 文 名
天文考古学	天文考古學	astroarchaeology
天文年报	天文年報	Astronomischer Jahresbericht(德), AJB
天文年历	天文年曆	astronomical ephemeris, astronomical almanac, A. E.
天文气候	天文氣候	astroclimate
天文日	天文日	astronomical day
天文三角形	定位三角形, 天文三角形	astronomical triangle
天文时	天文時	astronomical time
天文时标	天文時標	astronomical time scale
天文数据中心	天文資料中心	astronomical data center
天文台	天文台	[astronomical] observatory
WIYN 天文台	WIYN 天文台	Wisconsin, Indiana, Yale and NOAO Observatory, WIYN Observatory
天文天顶	天文天頂	astronomical zenith
天文图像处理系统	天文影像處理系統	Astronomical Image Processing System, AIPS
天文图像重建	天文影像重建	astronomical image reconstruction
天文望远镜	天文望遠鏡	astronomical telescope
天文纬度	天文緯度	astronomical latitude
天文卫星	天文衛星	astronomical satellite
天文学	天文學	astronomy
CCD 天文学	CCD 天文學	CCD astronomy
天文学报	天文學報	Astronomical Journal, AJ
天文学大成	天文學大成	Almagest
天文学和天体物理学	天文學和天文物理學	Astronomy and Astrophysics, A&A
天文学和天体物理学年评	天文學和天文物理學年評	Annual Review of Astronomy and Astrophysics, ARAA
天文学和天体物理学文摘	天文學和天文物理學文摘	Astronomy and Astrophysics Abstracts, AAA
天文学家	天文學家	astronomer
天文学史	天文學史	history of astronomy
天文仪	天球儀, 星宿儀	astroscope
天文仪器	天文儀器	astronomical instrument
天文圆顶	[觀測]圓頂	astrodome, dome
天文志	天文誌	Astronomical Chapter
天文钟	天文鐘	astronomical clock
天文子午圈	天文子午圈	astronomical meridian

大　陆　名	台　湾　名	英　文　名
天文子午线	天文子午線	astronomical meridian
天文坐标系	天文坐標系統	astronomical coordinate system
天线温度	天線溫度	antenna temperature
天线阵	天線陣	antenna array
天象	天象	sky phenomena
天象仪	天象儀	planetarium
天周	天周	celestial cycle
调焦	調焦	focusing
跳跃原子时	步進原子時	stepped atomic time, SAT
铁石陨石(= 铁石陨星)		
铁石陨星, 铁石陨石	石隕鐵, 石[質]鐵隕石	aerosiderolite
铁星	鐵星	iron star
铁陨石(= 铁陨星)		
铁陨星, 陨铁, 铁陨石	隕鐵, 鐵[質]隕石	aerosiderite, iron meteorite, siderite
通带	通帶	passband
通古斯事件	通古斯事件	Tunguska event
通古斯型近地小行星	通古斯型近地小行星	Tunguska-class NEA
通古斯陨星坑	通古斯隕石坑	Tunguska meteorite crater
通约轨道	通約軌道	commensurable orbit, commensurate orbit
同步	同步	synchronism
同步观测	同步觀測	synchronous observation
同步轨道	同步軌道	synchronous orbit, stationary orbit
同步加速辐射	同步加速輻射, 磁阻尼輻射	synchrotron radiation
同步脉冲	同步脈衝	sync pulse
同步卫星	同步[靜止]衛星	stationary satellite, synchronous satellite
同模气体球	同模氣體球	homologous gaseous sphere
同色测光	同色測光	homochromatic photometry
同时观测	同步觀測	simultaneous observation
同位素丰度	同位素豐度	isotopic abundance
同位素纪年	同位素定年	isotopic dating
同位素年龄	同位素年齡	isotope age
同系射电暴	同調電波爆發	homologous radio burst
统计起伏	統計起伏	statistical fluctuation
统计视差(=平均视差)		
统计天文学	統計天文學	statistical astronomy
统计误差	統計誤差	statistical error
统计展宽	統計致寬	statistical broadening

大　陆　名	台　湾　名	英　文　名
头尾结构	首尾結構	head-tail structure
头尾星系	首尾星系	head-tail galaxy
透镜棱栅	透鏡稜柵	grens
透镜效应	透鏡效應	lensing
透镜状星系, S0 型星系	透鏡狀星系, S0 星系	lenticular galaxy, S0 galaxy
透明度	透明度	transparency
透射光栅	透射光柵	transmission grating
凸透镜	凸透鏡	convex lens
凸月	凸月	gibbous moon
HR 图(=赫罗图)		
图案速度	圖案速度	pattern velocity
图像重建	影像重建	image reconstruction
图像处理	影像處理	image processing
图像复原	影像復原	image restoration
图像畸变	影像扭曲	image distortion
图像数字仪	相片數位化系統	photo-digitizing system, PDS
图像综合	影像合成	image synthesis
土圭	土圭	template
土面学	土面學	saturnigraphy
土卫	土衛	Saturnian satellite, Saturn's satellite
土心坐标	土心坐標	saturnicentric coordinate
土星	土星	Saturn
土星环	土星[光]環	Saturn's ring, Saturnian ring
湍流	湍流	turbulence
团星	屬團星	cluster star
团星系	屬團星系	cluster galaxy
退耦期	[物質–輻射]退耦時間	decoupling epoch
退行	退行	recession, regression
退行速度	退行速度	velocity of recession
退行星系	退行星系	receding galaxy
吞食	吞食	cannibalism
托勒玫环形山	托勒米環形山	Ptolemaeus
托勒玫体系	托勒米[宇宙]體系	Ptolemaic system
托勒玫学说	托勒米學說	Ptolemaism
驼峰造父变星	拱峰造父變星	hump cepheid
椭率	橢圓率	ellipticity
椭球变星	橢球[狀]變星	ellipsoidal variable

大 陆 名	台 湾 名	英 文 名
椭球双星	橢球雙星	ellipsoidal binary
椭球星系	橢球星系	spheroidal galaxy
椭球坐标	橢球坐標	spheroidal coordinates, ellipsoidal coordinates
椭圆轨道	橢圓軌道	elliptical orbit
椭圆星系	橢圓星系	elliptical galaxy, elliptical, E galaxy
椭圆型限制性三体问题	橢圓型限制性三體問題	elliptic restricted three-body problem

W

大 陆 名	台 湾 名	英 文 名
外层空间	外太空	outer space
外初切	外初切	exterior ingress
外大气层	外氣層	exosphere
外带小行星	外帶小行星	outer-belt asteroid
外核	外核	outer core
外空生物学	外空生物學	xenobiology
外拉格朗日点	外拉格朗日點	outer Lagrangian point
外冕	外[日]冕	outer corona
外切	外切	exterior contact
外太阳系	外太陽系	outer solar system
外小行星带	外小行星帶	outer asteroid belt
外行星, 地外行星	地外行星	superior planet
外因变星	外因變星	extrinsic variable
外晕	外暈	outer halo
外晕族星团	外暈族星團	outer halo cluster
弯沉	彎沉	flexure
弯曲彗尾	曲彗尾	curved tail
弯月形镜望远镜	彎月形[透鏡]望遠鏡	meniscus telescope
弯月形透镜	彎月形[透鏡]	meniscus
完全宇宙学原理	完美宇宙論原則	perfect cosmological principle
顽辉石陨星	頑火無球隕石	chladnite
晚期演化天体	晚期演化天體	evolved object
晚型变星	晚型變星	late-type variable
晚型星	晚型星	late-type star
晚型星系	晚型星系	late-type galaxy
万年历	萬年曆	perpetual calendar
万有引力	萬有引力	universal gravitation

大　陆　名	台　湾　名	英　文　名
万有引力定律	萬有引力定律	law of universal gravitation
网络[磁]场	網狀[磁]場	network [magnetic] field
网络内[磁]场	網路內[磁]場	intranetwork [magnetic] field
网状结构	網狀結構	network structure
网状星云	網狀星雲	Network nebula, NGC 6992-6995
望, 满月	望, 滿月	full moon
望筒(=窥管)		
望远镜	望遠鏡	telescope
CFH 望远镜	加法夏望遠鏡	Canada-France-Hawaii Telescope, CFHT
WIYN 望远镜	WIYN 望遠鏡	Wisconsin, Indiana, Yale and NOAO Telescope, WIYN Telescope
望远镜分辨率	望遠鏡分辨率	telescopic resolution
望远镜机架	望遠鏡裝置	mounting of telescope
望远镜前天文学	望遠鏡前天文學	pre-telescope astronomy
望远镜驱动装置	望遠鏡驅動裝置	telescope driving system
望远镜天文学	望遠鏡天文學	telescopic astronomy
望远镜[座]RR 型星	望遠鏡[座]RR 型星	RR Tel star
望远镜圆顶	望遠鏡圓頂	telescope dome
望远镜阵	望遠鏡陣	telescope array
危宿	危宿	Roof
威尔金森微波各向异性探测器	威爾金森微波各向異性探測器	Wilkinson Microwave Anisotropy Probe, WMAP
威尔逊凹陷	威爾遜凹陷	Wilson depression
威尔逊–巴普效应	威爾遜–巴普效應	Wilson-Bappu effect
威尔逊山天文台	威爾遜山天文台	Mount Wilson Observatory
威尔逊山早型发射线星表	威爾遜山早型發射線星表	Mount Wilson Catalogue of Early Type Emission Stars, MWC
尾宿	尾宿	Tail
微波暴	微波爆發	microwave burst
微波背景辐射	微波背景輻射	microwave background radiation, MBR
微波激射星, 脉泽星	邁射星	maser star
微波激射源, 脉泽源	邁射源	maser source
微动螺旋	微調螺旋	fine-motion screw
微角秒天体测量	微角秒天體測量	microarcsec astrometry
微晶玻璃	微晶玻璃	cervit, zerodur, glass-ceramic
微流星	微流星	micrometeor
微流星体	微流星體	micrometeoroid
2 微米全天巡视	2 微米全天巡視	Two Micron All Sky Survey, 2MASS

大　陆　名	台　湾　名	英　文　名
微秒	微秒	microsecond
微秒脉冲星	微秒脈衝星	microsecond pulsar
微型卫星	小衛星，小月亮	moonlet, mini-moon
微耀斑	微閃焰	microflare
微引力透镜	微重力透鏡	gravitational microlens, microgravitational lens, microlens
微引力透镜效应	微重力透鏡效應	gravitational micro-lensing
微引力透镜星系	微重力透鏡星系	microlensing galaxy
微陨星	微陨石	micrometeorite
微陨星尘	微陨石塵	micrometeoritic dust
微重力	微重力	microgravity
韦布空间望远镜	韋柏太空望遠鏡	James Webb Space Telescope, JWST
韦塞林克半径	韋塞林克半徑	Wesselink radius
韦斯特博克综合孔径射电望远镜	韋斯特博克孔徑合成電波望遠鏡	Westerbork Synthesis Radio Telescope, WSRT
韦斯特豪特射电源表	韋斯特豪特電波源表	Westerhout catalogue
纬度	緯度	latitude
纬度变化	緯度變化	latitude variation
纬度服务	緯度服務	latitude service
纬[度]圈	緯[度]圈	latitude circle, parallel circle
纬天平动	緯[度]天平動	libration in latitude
卫星	衛星	satellite
卫星测高	衛星測高	satellite altimetry
卫星多普勒测量	衛星都卜勒測量	satellite Doppler tracking
卫星激光测距	衛星雷射測距	satellite laser ranging, SLR
卫星可见期	衛星可見期	visibility of satellite
卫星凌行星	衛星凌行星	satellite transit
卫星食	衛星食	satellite eclipse
卫星天文学	衛星天文學	satellite astronomy
卫星系统	衛星系[統]	satellite system
卫星下点	衛星下點	subsatellite point
卫影凌行星	衛影凌行星	shadow transit, transit of shadow
未编号小行星	未編號小行星	unnumbered asteroid
未见伴星	未見伴星	unseen companion
未见伴星系	未見伴星系	unseen companion
未见物质	未見物質	unseen matter
未见子星	未見子星	unseen component
未名类太阳风	未名類太陽風，X 風	X wind

大　陆　名	台　湾　名	英　文　名
未名星系	無名星系	anonymous galaxy
未证认源	未識別源	unidentified source
位力半径	均功半徑	virial radius
位力定理	均功定理	virial theorem
位力平衡	均功平衡	virial equilibrium
位力质量	均功質量	virial mass
位形	位形	configuration
位置角	方位角	position angle, PA
胃宿	胃宿	Stomach
温度–光谱关系	溫度–光譜關係	temperature-spectrum relation
温度梯度	溫度梯度	thermal gradient
温室效应	溫室效應	greenhouse effect
吻切根数	密切軌道要素，密切軌道根數	osculating element
吻切轨道	密切軌道	osculating orbit
吻切历元	密切曆元	osculating epoch
吻切平面	密切平面	osculating plane
吻切椭圆	密切橢圓	osculating ellipse
稳恒态模型	穩態模型	steady-state model
稳恒态宇宙论	穩態宇宙論	steady-state cosmology
涡旋结构	渦流結構	vortex structure
沃尔夫–拉叶星，WR星	沃夫–瑞葉星，WR 星	Wolf-Rayet star, WR star
沃尔夫–拉叶星系，WR 星系	沃夫–瑞葉星系，WR 星系	Wolf-Rayet galaxy, WR galaxy
沃尔夫–拉叶星云，WR 星云	沃夫–瑞葉星雲，WR 星雲	Wolf-Rayet nebula, WR nebula
沃尔夫数(＝黑子相对数)		
沃尔夫图	沃夫圖	Wolf diagram
沃伊特轮廓	佛克特線廓	Voigt profile
乌呼鲁	烏呼魯	uhuru
乌呼鲁号[X 射线天文卫星]	自由號[X 光天文衛星]	Uhuru
乌呼鲁[号]X 射线源表	自由號 X 光源表	Uhuru Catalogue of X-ray Sources
乌普萨拉星系总表	烏普薩拉星系總表	Uppsala General Catalogue of Galaxies, UGC
无尘星系	無塵星系	dustless galaxy

大　陆　名	台　湾　名	英　文　名
无缝光谱	無縫光譜	slitless spectrum
无缝摄谱仪	無縫攝譜儀	slitless spectrograph
无核矮星系	無核矮星系	non-nucleated dwarf galaxy
无畸变目镜	無畸變目鏡	orthoscopic eyepiece
无焦系统	無焦系統	afocal system
无力[磁]场	無力磁場	force-free [magnetic] field
无球粒钛辉陨石	鈦輝無粒隕石	angrite
无球粒顽辉陨石	頑火無球隕石	aubrite
无球粒陨石	無[球]粒隕石	achondrite
无摄轨道	無攝軌道	undisturbed orbit, unperturbed orbit
无生命行星	無生命行星	nonliving planet
无线电定位天文学	電波定位天文[學]	radiolocational astronomy
无线电回波法	無線電回波法	radio echo method
无线电时号	無線電時間記錄	radio time signal
无限制轨道	無限制軌道	unrestricted orbit
无源天区	無源天區	cold sky
无源卫星	無源衛星	passive satellite
五千米射电望远镜	五千米電波望遠鏡	Five-Kilometre Telescope
五星连珠	五星連珠	assembly of five planets
五行	五行	five elements
五种历数全书	五種曆數全書	Pancasiddhatika
武仙 X-1	武仙[座]X-1	Hercules X-1
武仙AM型[双]星(=高偏振星)		
武仙 BL 型星	武仙[座]BL 型星	BL Her star
武仙 DQ 型星(=中介偏振星)		
武仙 UU 型星	武仙[座]UU 型星	UU Her star
物端光栅	物端光栅	objective grating
物端棱镜	物端稜鏡	objective prism
物端透镜	物端透鏡	objective lens
物镜	物鏡	objective
物理变星(=内因变星)		
物理目视双星	物理目視雙星	physical visual binary
物理双星	物理雙星	physical double
物理天平动	物理天平動	physical libration
物态方程	狀態方程	equation of state
物质臂	物質臂	material arm

大　陆　名	台　湾　名	英　文　名
物质–反物质宇宙论	物質–反物質宇宙論	matter-antimatter cosmology
物质期	物質時代	matter era
物质占优期	物質主導期	matter dominated era
物质占优宇宙	物質主導宇宙	matter dominated universe
误差棒	誤差棒	error bar
误差框	誤差框	error box

X

大　陆　名	台　湾　名	英　文　名
夕没, 偕日落	夕没, 偕日降	heliacal setting, acronical setting
西	西	west
西大距	西大距	greatest western elongation, western elongation
西点	西點	west point
西方照	西方照	western quadrature
西距角	西距角	western elongation
西利格佯谬	西利格佯謬	Seeliger paradox
吸积	吸積	accretion
吸积环	吸積環	accretion ring
吸积流	吸積流	accretion stream, accretion flow
吸积模型	吸積模型	accreting model
吸积盘	吸積盤	accretion disk
吸积双星	吸積雙星	accreting binary
吸积柱	吸積柱	accretion column
吸收带	吸收帶	absorption band
吸收谱	吸收[光]譜	absorption spectrum
吸收谱斑	吸收譜斑	absorption flocculus
吸收系数	吸收係數	absorption coefficient
吸收线	吸收[譜]線	absorption line
希达尔戈(小行星944号)	希達戈(944號小行星)	Hidalgo
希尔–布朗理论	希耳–布朗理論	Hill-Brown theory
希尔达(小行星153号)	希耳達(153號小行星)	Hilda
希尔达群	希耳達群小行星	Hilda group [of asteroids]
希尔根数	希耳根數	Hill element
希尔稳定性	希耳穩定性	Hill stability
希尔问题	希耳問題	Hill problem

大　陆　名	台　湾　名	英　文　名
希腊群	希臘群	Greek group
希萨利斯月溪	希薩利斯月溪	Rima Sirsalis
析像扫描器	析像掃描器	image-dissector scanner, IDS
稀化辐射	稀化輻射	diluted radiation
稀化因子	稀釋因子	dilution factor
习用地球参考系	習用地球參考系	conventional terrestrial reference system, CTRS
习用天球参考系	習用天球參考系	conventional celestial reference system, CCRS
喜神星(小行星39号)	喜神星(39號小行星)	Laetitia
阋神星	鬩神星	Eris
RC系统	RC系統, 里奇–克萊琴系統	Ritchey-Chrétien system, RC system
UBV系统	UBV系統	UBV system
uvby系统	uvby系統	uvby system
系统[误]差	系統[誤]差	systematic error
系外类地行星	[太陽]系外類地行星	exo-Earth
系外类地行星成像器	系外類地行星成像器	Exo-Earth Imager, EEI
系外类木行星	[太陽]系外類木行星	exo-Jupiter
系外生命	[太陽]系外生命	extrasolar life
系外行星	[太陽]系外行星, 外星行星	extrasolar planet, exoplanet
系外行星凌星	[太陽]系外行星凌星	exoplanet transit
系外行星系	[太陽]系外行星系, 外星行星系	extrasolar planetary system, exoplanet system
细链	細鏈	filigree
细日芒	細日芒	fine mottle
细致平衡	細緻平衡	detailed balancing
下边缘	下邊緣	lower limb
下点	下點	subpoint
下合	下合	inferior conjunction
下降阶段	下降階段	decline phase
下降支	下降部份	descending branch
下弦	下弦	last quarter, third quarter
下一代望远镜	次世代望遠鏡	next generation telescope, NGT
下中天	下中天	lower culmination, lower transit
狭缝, 光缝	狹縫	slit
狭缝像	狹縫像	slit image

大　陆　名	台　湾　名	英　文　名
夏令时	夏令時, 日光節約時間	summer time, daylight saving time
夏至点	夏至點	summer solstice
仙后 γ 型星	仙后[座]γ 型星	γ Cas star
仙后 ρ 型星	仙后[座]ρ 型星	ρ Cas star
仙女 S 超新星	仙女[座]S 超新星	S Andromedae
仙女 Z 型星	仙女[座]Z 型星	Z And star
仙王流星群	仙王[座]流星群	Cepheids
仙王 VV 型星	仙王[座]VV 型星	VV Cep star
仙王 β 型星, 大犬 β 型星	仙王[座] β 型星	β Cep star
先驱者号[行星际探测器]	先鋒號[太空船]	Pioneer
先兆	前兆	precursor
纤维光学	纖維光學	fiber optics
纤维状结构	纖維絲狀結構	filamentary structure
纤维状星云	絲狀星雲	filamentary nebula, fibrous nebula
纤耀斑(=纳耀斑)		
弦论	弦論	string theory
显露金牛 T 型星	顯露金牛[座]T 型星	naked T Tauri star
显微光度计	測微光度計	microphotometer
H 线	H 線	H line
K 线	K 線	K line
线宽	[譜]線寬[度]	line width
线偏振	線偏振	linear polarization
线色散度	線色散度	linear dispersion
线吸收	線吸收	line absorption
线心	[譜]線[中]心	line core
线性相关	線性相關	linear correlation
线翼	[譜]線翼	linc wing
线直径	線直徑	linear diameter
限制性三体问题	設限三體問題	restricted three-body problem
限制性问题	設限問題	restricted problem
限制性宇宙学原理	狹義宇宙論原則	restricted cosmological principle
相对测定	相對測定	relative determination
相对测光	相對光度測量, 相對測光	relative photometry
相对丰度	相對豐度	relative abundance
相对孔径	相對孔徑	relative aperture

大　陆　名	台　湾　名	英　文　名
相对口径	相對口徑	relative aperture
相对论改正	相對論修正	relativistic correction
相对论天体物理学	相對論[性]天文物理學	relativistic astrophysics
相对论性近日点进动	相對論性近日點進動	relativistic perihelion advance
相对论性近星点进动	相對論性近星點進動	relativistic periastron advance
相对论性喷流	相對論性噴流	relativistic jet
相对论性气体	相對論性氣體	relativistic gas
相对论性轫致辐射	相對論[性]制動輻射	relativistic bremsstrahlung
相对论性星	相對論性星	relativistic star
相对论移动	相對論位移	relativity shift
相对论宇宙论	相對論[性]宇宙論	relativistic cosmology
相对视差	相對視差	relative parallax
相对星表	相對星表	relative catalogue
相干散射	相干散射, 同調散射	coherent scattering
相关分析	相關分析	correlation analysis
相关函数	相關函數	correlation function
相接双星	密接雙星	contact binary
相似耀斑	相似閃焰	homologous flare
相应射电暴	和應電波爆發	sympathetic radio burst
相应耀斑	和應閃焰	sympathetic flare
香女星(小行星45号)	香女星(45號小行星)	Eugenia
镶嵌镜面望远镜	鑲嵌鏡面望遠鏡	mosaic mirror telescope
响应曲线	反應曲線	response curve
响应时间	反應時間	response time
向点	向點	apex
向日彗尾	向日彗尾	sunward tail
向阳彗尾	向陽彗尾	beard
相	相	phase
相空间	相空間	phase space
相平面	相平面	phase plane
相位角	位相角	phase angle
相位突异	相位突異	sudden phase anomaly, SPA
K项(=K效应)		
象限仪	象限儀	quadrant
像差	像差	aberration
像场	像場	image field
像场改正	像場改正	field correction
像管	電子[像]管	image tube

大　陆　名	台　湾　名	英　文　名
像散	像散	astigmatism
像素	像元	pixel
像消转器	像消轉器	image derotator
像增强器	像加強器	image amplifier
消光	消光	extinction
消光曲线	消光曲線	extinction curve
消光系数	消光係數	extinction coefficient
消色	消色	decolouration
消色差	消色差	achromatism
消色差透镜	消色[差]透鏡	achromat
消色差望远镜	消色[差]望遠鏡	achromatic telescope
消色差物镜	消色[差]物鏡	achromatic objective
消失点	消失點	disappearance point, end point
消像差望远镜	消像差望遠鏡	anaberrational telescope
消像散	消像散性	anastigmatism
小黑点	小黑點	pore
小黑洞, 气孔	小黑洞	mini black-hole
小环形山	小坑洞	craterlet
小纪	小紀	①small cycle ②indiction
小时	小時	hour
小纤维	小纖維	fibril
小行星	小行星	asteroid, minor planet
小行星带	小行星帶	asteroid belt
小行星带隙	小行星帶隙	gap of asteroids
小行星动力学	小行星動力學	asteroidal dynamics
小行星群	小行星群	asteroid group
小行星主带	主小行星帶	main asteroid belt
小行星族	小行星[家]族	asteroid family, minor-planet family
小圆	小圓	small circle
小质量星	低質量星	low-mass star
K 效应, K 项	K 效應, K 項	K-effect, K-term
蝎虎天体	蝎虎 BL 天體	BL Lac[ertae] object, Lacertid
协调世界时	協調世界時	coordinated universal time, UTC
偕日法	偕日法	method of contiguity
偕日落(=夕没)		
偕日升(=晨出)		
斜辉陨石	斜輝隕石	andrite
斜交天球	傾斜球	oblique sphere

大　陆　名	台　湾　名	英　文　名
谐神星(小行星 40 号)	諧神星(40 號小行星)	Harmonia
心宿	心宿	Heart
昕天论	昕天論	theory of bright heavens
新生星	新見星	new star, newly formed star
新视野号[探测器]	新視野號[探測器]	New Horizon
新星,经典新星	新星,經典新星	nova, classical nova
新星爆发	新星爆發	nova outburst
新星爆前天体	新星爆前天體	pre-nova object
新星遗迹	新星殘骸	remnant of nova
新银道坐标	新銀道坐標	new galactic coordinate
新月(=朔)		
信噪比	信[號]噪比	signal to noise ratio
AGB 星(=渐近支巨星)		
Am 星(=金属线星)		
Ap 星	Ap 星, A 型特殊星	Ap star, peculiar A star
Be 星	Be 型星, B 型發射[譜線]星	Be star
Bp 星(=B 型特殊星)		
CH 星	CH 星	CH star
HZ 星(=赫马森–兹威基星)		
Se 星, S 型发射线星	Se 星, S 型發射線星	Se star
WR 星(=沃尔夫–拉叶星)		
星斑	星斑	starspot
星暴	星遽增	starburst
星暴后星系	星遽增後星系	poststarburst galaxy
星暴星系	星遽增星系	starburst galaxy
星表	星表	star catalogue
AGK 星表	AG 星表	Astronomische Gesellschaft Katalog(德), AGK
BD 星表(=波恩星表)		
FK 星表(=基本星表)		
FK3 星表(=第三基本星表)		
FK4 星表(=第四基本星表)		
GC 星表 (=博斯[总]		

大　陆　名	台　湾　名	英　文　名
星表)		
HD 星表(=德雷伯星 　表)		
星表编号	星表編號	catalog number
HD 星表补编(=德雷伯 　星表补编)		
星表分点	星表分點	catalog equinox
星表天文学	星表天文學	catalog astronomy
星场	星場	stellar field
星等	星等	magnitude, mag, stellar magnitude
B 星等	B 星等	B magnitude
H 星等	H 星等	H magnitude
I 星等	I 星等	I magnitude
J 星等	J 星等	J magnitude
K 星等	K 星等	K magnitude
L 星等	L 星等	L magnitude
M 星等	M 星等	M magnitude
R 星等	R 星等	R magnitude
U 星等	U 星等	U magnitude
V 星等	V 星等	V magnitude
星等标	星等標[度]	magnitude scale
星等差	星等差	magnitude difference, magnitude equation
星等–光谱型图	星等–光譜型圖	magnitude-spectral type diagram
星对法	星對法	star-pair method
星风	恆星風	stellar wind
[星]官	[星]官	asterism
星晷	星晷	star-dial
星晷定时仪	星晷定時儀	stardial time-determining instrument
星集	星集	[stellar] aggregation
星际尘埃	星際塵埃	interstellar dust
星际尘云	星際塵雲	interstellar dust cloud
星际磁场	星際磁場	interstellar magnetic field
星际分子	星際分子	interstellar molecule
星际分子云	星際分子雲	interstellar molecular cloud
星际红化	星際紅化	interstellar reddening
星际介质, 星际物质	星際介質, 星際物質	interstellar medium, interstellar matter, 　ISM
星际空间	[恆]星際空間	interstellar space

大　陆　名	台　湾　名	英　文　名
星际谱线	星際[譜]線	interstellar line
星际气体	星際氣體	interstellar gas
星际气体尘埃云	星際氣體塵埃雲	interstellar gas-dust cloud
星际闪烁	星際閃爍	interstellar scintillation
星际视差	星際視差	interstellar parallax
星际物质(=星际介质)		
星际吸收	星際吸收	interstellar absorption
星际吸收线	星際吸收線	interstellar absorption line
星际消光	星際消光	interstellar extinction
星际云	星際雲	interstellar cloud
星经	星經	Classic of the Stars
星空史	星空史	Geschichte des Fixsternhimmels(德)， 　GFH
星历表	星曆表	ephemeris
星链	星鏈	stellar chain
星流	星流	star drift, star streaming
星冕	星冕	stellar corona
星冕活动	星冕活動	coronal activity
星冕气体	星冕氣體	coronal gas
星盘	星[象]盤	astrolabe
星前体	星前體	pre-stellar body
星前天体	星前天體	pre-stellar object
星前物质	星前物質	pre-stellar matter
星前云	星前雲	pre-stellar cloud
星群视差(=星团视差)		
星食	星食	stellar eclipse
星图	星圖	star map
星图集	星圖	star atlas
星图学	星圖學	uranography
星团	星團	star cluster, stellar cluster
星团变星	星團變星	cluster variable
星团成员	星團成員	cluster member
星团视差，星群视差	星團視差，星群視差	cluster parallax, group parallax
星团造父变星	星團造父變星	cluster cepheid
星位	星位	ascendant
星位角	星位角	parallactic angle
星位仪	星位儀	organon parallacticon
星系	星系	galaxy

大　陆　名	台　湾　名	英　文　名
cD 星系	cD 星系	cD galaxy
D 星系	D 星系	D galaxy
Ep 星系	Ep 星系	Ep galaxy
LBG 星系(=莱曼断裂 　　星系)		
LSB 星系(=低面亮度 　　星系)		
N 星系	N 星系	N galaxy
R 星系	R 星系	R galaxy
WR 星系(=沃尔夫- 　　拉叶星系)		
星系棒	星系棒	galactic bar
星系臂	星系臂	galactic arm
星系并合	星系併合	merge of galaxy, galaxy merging, galactic 　　merging
星系成团	星系成團	galaxy clustering
星系动力学	星系動力學	galactic dynamics
星系对	星系對	pair of galaxies
星系分类	星系分類	galactic classification
星系风	星系風	galactic wind
星系和星系团表	星系和星系團表	Catalogue of Galaxies and Clusters of Gal- 　　axies, CGCG
星系核	星系核	galactic nucleus, nucleus of galaxy
星系核风	星系核風	nuclear wind
星系核球	星系核球	galactic bulge
星系计数	星系計數	galaxy count
星系际尘埃	星系際塵埃	intergalactic dust
星系际介质	星系際介質	intergalactic medium
星系际空间	星系際空間	intergalactic space
星系际气体	星系際氣體	intergalactic gas
星系际桥	星系際橋	intergalactic bridge
星系际物质	星系際物質	intergalactic matter
星系际吸收	星系際吸收	intergalactic absorption
星系际消光	星系際消光	intergalactic extinction
星系际云	星系際雲	intergalactic cloud
星系结构	星系結構	galactic structure
星系冕	星系冕	galactic corona, corona of galaxy
星系碰撞	星系碰撞	galactic collision

大　陆　名	台　湾　名	英　文　名
星系前恒星	星系前恆星	pre-galactic star
星系桥	星系橋	galactic bridge
星系群	星系群	group of galaxies
星系天文学	星系天文學	galaxy astronomy, galactic astronomy
星系团	星系團	galaxy cluster, cluster of galaxies
星系团成员	星系團成員	cluster member
星系团际物质	星系團際物質	intercluster matter
星系团内气体	星系團內氣體	intracluster gas
星系团内介质	星系團內介質	intracluster medium
星系退行	星系退行	regression of galaxy
星系吞食	星系吞食	galactic cannibalism
星系吸光	星系吸收	galactic absorption
星系协	星系協	association of galaxies
星系形成	星系形成	galaxy formation
星系形态表	星系形態表	Morphological Catalogue of Galaxies, MCG
星系演化	星系演化	galaxy evolution
星系演化探索者	星系演化探索者	Galaxy Evolution Explorer, GALEX
星系运动学	星系運動學	galactic kinematics
星系晕	星系暈	galactic halo
星系自转	星系自轉	galactic rotation
星系自转曲线	星系自轉曲線	galactic rotation curve
星下点	星下點	substellar point, subastral point
星象	星象	star portent
星像	星像	[star] image
星像切分器	像切分儀	image slicer
星像增锐	星像增銳	image sharping
星协	星協	stellar association
O 星协, OB 星协	O 星協, OB 星協	O association, OB association
OB 星协(=O 星协)		
R 星协	R 星協	R association
T 星协	T 星協	T association
星宿	星宿	Seven Stars
星掩源	星掩源	stellar occultation
星影计时法	星影計時法	sciagraphy
星云	星雲	nebula
HH 星云	赫比格–哈羅星雲, HH 星雲	Herbig-Haro nebula, HH nebula

大　陆　名	台　湾　名	英　文　名
KL 星云	克來曼–樓星雲, KL 星雲	Kleinmann-Low nebula, KL nebula
WR 星云(=沃尔夫–拉叶星云)		
星云包层	星雲狀外殼	nebular envelope
星云变星	星雲變星	nebular variable
星云假说	星雲假說	nebular hypothesis
星云阶段	星雲階段	nebular stage
星云谱线	星雲[譜]線	nebular line
星云摄谱仪	星雲攝譜儀	nebular spectrograph
星云星团新总表	新總表	New General Catalogue of Nebulae and Clusters of Stars, NGC
星云星团新总表续编	索引星表, IC 星表	Index Catalogue, IC
星云状包层	星雲狀包層	nebulous envelope
星云状物质	星雲狀物質	nebulosity
星震	星震	starquake
星震学	星震學	asteroseismology, stellar seismology
星周包层	拱星包層	circumstellar envelope
星周尘	拱星塵	circumstellar dust
星周尘盘	拱星塵盤	circumstellar debris disk, circumstellar dust disk
星周盘	拱星盤	circumstellar disk
星周谱线	拱星譜線	circumstellar line
星周气体	拱星氣體	circumstellar gas
星周物质	拱星物質	circumstellar matter
星周云	拱星星雲	circumstellar nebula
星状天体	星狀天體	star-like object
星子	微行星	planetesimal
星子理论	微行星理論	planetesimal theory
星族	星族	[stellar] population
星族 I	第一星族	population I
星族 II	第二星族	population II
星族 III	第三星族	population III
星族 II 造父变星(=室女 W 型变星)		
星座	星座	constellation
行星	行星	planet
X 行星	X 行星	Planet X

大　陆　名	台　湾　名	英　文　名
行星表面学	行星表面學	planetography
行星磁层	行星磁層	planetary magnetosphere
行星磁场	行星磁場	planetary magnetic field
行星大气	行星大氣	planetary atmosphere
行星等离子层	行星電漿層	planetary plasmasphere
行星地震学	行星地震學	planetary seismology
行星地质学	行星地質學	planetary geology
行星电离层	行星電離層	planetary ionosphere
行星定位仪	行星定位儀	equatorium
行星动态	行星動態	planetary configuration
行星光行差	行星光行差	planetary aberration
行星环	行星環	planetary ring
行星际尘埃	行星際塵埃	interplanetary dust
行星际磁场	行星際磁場	interplanetary magnetic field
行星际飞行	行星際飛行	interplanetary flight
行星际介质	行星際介質	interplanetary medium
行星际空间	行星際空間	interplanetary space
行星际气体	行星際氣體	interplanetary gas
行星际闪烁	行星際閃爍	interplanetary scintillation
行星际探测器	行星際探測器	interplanetary probe
行星际物质	行星際物質	interplanetary matter
行星际吸收	行星際吸收	interplanetary absorption
行星可见期	行星可見期	visibility of planet
行星历表	行星曆表	planetary ephemeris, planetary table
行星联珠	行星聯珠	planetary alignment
行星流星群	行星流星雨	planetary stream
行星面经度	行星面經度	planetographic longitude
行星面纬度	行星面緯度	planetographic latitude
行星面坐标	行星面坐標	planetographic coordinate
行星命名法	行星命名法	planetary nomenclature
行星气象学	行星氣象學	planetary meteorology
行星迁移	行星遷移	planet migration
行星摄动	行星攝動	planetary perturbation
行星生物学	行星生物學	planetary biology
行星岁差	行星歲差	planetary precession
行星胎	行星胎	planetary embryo
行星天文学	行星天文學	planetary astronomy
行星外空间	行星外空間	transplanetary space

大　陆　名	台　湾　名	英　文　名
行星卫星	行星衛星	planetary satellite
行星物理学	行星物理學	planetary physics
行星系	行星系［統］	planetary system
行星相	行星相	phase of planet
行星心经度	行星心經度	planetocentric longitude
行星心纬度	行星心緯度	planetocentric latitude
行星心坐标	行星心坐標	planetocentric coordinate
行星学	行星學	planetology
行星掩星	行星掩星	planetary occultation
行星演化	行星演化	planetary evolution
行星演化学	行星演化學	planetary cosmogony
行星运动理论	行星運動理論	planetary theory
行星状星云	行星狀星雲	planetary nebula
形态天文学	形態天文學	morphological astronomy
T 形［望远镜］阵	T 形［望遠鏡］陣	T-shaped array
形状极	形狀極	pole of figure
形状轴	形狀軸	axis of figure
A 型矮星	A 型矮星	A dwarf
K 型矮星	K 型矮星	K dwarf
M 型矮星	M 型矮星	M dwarf
DB 型白矮星	DB 型白矮星	DB white dwarf
DC 型白矮星	DC 型白矮星	DC white dwarf
DO 型白矮星	DO 型白矮星	DO white dwarf
DQ 型白矮星	DQ 型白矮星	DQ white dwarf
DZ 型白矮星	DZ 型白矮星	DZ white dwarf
M 型变星	M 型變星	M variable
Me 型变星	Me 型變星	Me variable
A 型超巨星	A 型超巨星	A supergiant
B 型超巨星	B 型超巨星	B supergiant
G 型超巨星	G 型超巨星	G supergiant
M 型超巨星	M 型超巨星	M supergiant
Ⅰ 型超新星	Ⅰ 型超新星	type Ⅰ supernova
Ⅱ 型超新星	Ⅱ 型超新星	type Ⅱ supernova
S 型发射线星（＝Se 星）		
A 型巨星	A 型巨星	A giant
G 型巨星	G 型巨星	G giant
K 型巨星	K 型巨星	K giant
M 型巨星	M 型巨星	M giant

大　陆　名	台　湾　名	英　文　名
Ⅰ 型 X 射线暴源	Ⅰ 型 X 光暴源	type Ⅰ X-ray burster
Ⅱ 型 X 射线暴源	Ⅱ 型 X 光暴源	type Ⅱ X-ray burster
B 型特殊星	B 型特殊星, Bp 星	peculiar B star, Bp star
RC 型望远镜	RC 望遠鏡, 里奇–克萊琴望遠鏡	Ritchey-Chrétien telescope, RC telescope
A 型小行星	A 型小行星	A-type asteroid
B 型小行星	B 型小行星	B-type asteroid
C 型小行星	C 型小行星	C-type asteroid
D 型小行星	D 型小行星	D-type asteroid
E 型小行星	E 型小行星	E-type asteroid
F 型小行星	F 型小行星	F-type asteroid
G 型小行星	G 型小行星	G-type asteroid
M 型小行星	M 型小行星	M-type asteroid
P 型小行星	P 型小行星	P-type asteroid
S 型小行星	S 型小行星	S-type asteroid
T 型小行星	T 型小行星	T-type asteroid
A 型星	A 型星	A star
B 型星	B 型星	B star
C 型 WR 星	C 型 WR 星	WC star
CN 型 WR 星	CN 型 WR 星	WCN star
C-S 型星(=强氰线星)		
F 型星	F 型星	F star
G 型星	G 型星	G star
J 型星	J 型星	J-type star
K 型星	K 型星	K star
M 型星	M 型星	M star
Me 型星	Me 型星	Me star
N 型星	N 型星	N star
O 型星	O 型星	O star
OB 型星	OB 型星	OB star
Of 型星	Of 型星	Of star
R 型星	R 型星	R star
S 型星	S 型星	S star
WN 型星	WN 型星	WN star
WO 型星	WO 型星	WO star
S0 型星系(=透镜状星系)		
Sa 型星系	Sa 型星系	Sa galaxy

大　陆　名	台　湾　名	英　文　名
Sb 型星系	Sb 型星系	Sb galaxy
SBa 型星系	SBa 型星系	SBa galaxy
SBb 型星系	SBb 型星系	SBb galaxy
SBc 型星系	SBc 型星系	SBc galaxy
Sc 型星系	Sc 型星系	Sc galaxy
Sd 型星系	Sd 型星系	Sd galaxy
A 型亚矮星	A 型次矮星	A subdwarf
B 型亚矮星	B 型次矮星	B subdwarf
G 型亚矮星	G 型次矮星	G subdwarf
M 型亚矮星	M 型次矮星	M subdwarf
A 型亚巨星	A 型次巨星	A subgiant
G 型亚巨星	G 型次巨星	G subgiant
M 型亚巨星	M 型次巨星	M subgiant
匈牙利群	匈牙利群	Hungaria group
休梅克–利维 9 号彗星	舒梅克–李維 9 號彗星	comet Shoemaker-Levy 9, S-L9
宿	宿	[lunar] mansion, [lunar] lodge
虚焦点	虚焦點	virtual focus
虚粒子	虚粒子	virtual particle
虚拟天文台	虚擬天文台	virtual observatory, VO
虚像	虚像	virtual image
虚宿	虚宿	Void
虚轴	虚軸	imaginary axis
宣夜说	宣夜說	theory of infinite heavens
玄武	玄武	Black Tortoise
旋臂	旋臂	spiral arm
旋臂倾角	旋臂傾角	pitch angle
旋涡结构	螺旋狀結構	spiral structure
旋涡星系	螺旋[狀]星系	spiral galaxy, S galaxy
旋涡星云	螺旋星雲	spiral nebula
悬正仪	懸正儀	suspended standard instrument
选区	選區	Selected Area, SA
选择散射	選擇[性]散射	selective scattering
选择吸收	選擇[性]吸收	selective absorption
选择效应	選擇效應	selection effect
选址	選址	site testing, site selection
选址望远镜	選址望遠鏡	site telescope, test telescope
薛定谔月溪	薛丁格月溪	Rima Schroedinger
雪特钟	雪特鐘	Shortt clock, Shorrtt clock

大　陆　名	台　湾　名	英　文　名
寻星镜	尋星鏡	finder, finderscope, viewfinder
寻星图	尋星圖	finding chart
巡天	巡天	survey, patrol survey
Hα 巡天	Hα 巡天	Hα survey
巡天观测	巡天觀測	sky survey
巡天星表	巡天星表	①Durchmusterung（德）②survey catalogue
巡天照相机	巡天照相機	patrol camera
旬星	旬星	decans, ten-day star

Y

大　陆　名	台　湾　名	英　文　名
压力致宽	壓力致寬	pressure broadening
哑铃状星系	啞鈴狀星系	dumbbell galaxy, db galaxy
雅可比积分	亞可比積分	Jacobi integral
雅可比椭球	亞可比橢圓體	Jacobi ellipsoid
亚矮星	次矮星	subdwarf
亚暴	次爆	substorm
亚光度恒星	次光度恆星	subluminous star
亚毫米波［射电望远镜］阵	次毫米波陣列	Submillimeter Array, SMA
亚毫米波天文卫星	次毫米波天文衛星	Submillimeter-Wave Astronomy Satellite, SWAS
亚毫米波天文学	次毫米波天文學	submillimeter-wave astronomy, submillimeter astronomy
亚恒星天体	次恆星天體	substellar object
亚巨星	次巨星	subgiant
亚巨星支	次巨星序	subgiant branch
亚利桑那陨星坑	亞利桑那隕石坑	Arizona meteorite crater
亚稳态	暫穩態	metastable state
亚耀斑	次閃焰	subflare
氩钾纪年法	氬鉀紀年法	argon-potassium method
湮灭	毀滅［作用］	annihilation
延伸包层	厚外殼, 延伸包層	extended envelope
延伸光球	延伸光球	extended photosphere
延展天体	延展天體	extended object
岩石圈	岩石圈	lithosphere, oxysphere

大　陆　名	台　湾　名	英　文　名
颜色-光度图	顏色-光度圖	color-luminosity diagram
颜色-星等图	顏色-星等圖	color-magnitude diagram, CMD
衍射极限	繞射限制	diffraction limit
衍射圆面	繞射盤	diffraction disk
掩	掩[星]	occultation, obscuration
掩带	掩帶	occultation band
掩食变星	[掩]食變星	occultation variable
掩食时间	交食時間	eclipse duration
掩始	掩始	disappearance, immersion
掩星	掩星	occultation of star
演化程	演化軌跡	evolutionary track
演化磁特征	演化磁特徵	evolving magnetic feature, EMF
演化年龄	演化年齡	evolutionary age
演化时标	演化時標	evolutionary time-scale
演化晚期天体	演化晚期天體	highly evolved object
演化晚期星	演化晚期星	highly evolved star
演化效应	演化效應	effect of evolution
演化质量	演化質量	evolutionary mass
赝变星	假變星	pseudo-variable
赝造父变星	假造父變星	pseudo-cepheid
央	顏[斯基]	jansky, Jy
阳光号[太阳观测卫星]	陽光號[太陽觀測衛星]	Yohkoh
阳历	陽曆	solar calendar
仰釜日晷(=仰仪)		
仰角	仰角	elevation angle
仰仪,仰釜日晷	仰儀,仰釜日晷	upward-looking bowl sundial
氧燃烧	氧燃燒	oxygen burning
氧星	氧星	oxygen star
遥测	遙測術	telemetry
耀斑	閃焰,耀斑	flare
耀斑波	閃焰波	flare wave
耀斑带	閃焰亮條	flare ribbon
耀斑核	閃焰核	flare kernel
耀斑后环	閃焰後環	post-flare loop
耀斑级别	閃焰級別	importance of a flare
耀斑喷焰	閃焰噴焰	flare puff
耀斑日浪	閃焰噴流	flare surge
[耀斑]闪相	閃光相	flash phase

大　陆　名	台　湾　名	英　文　名
耀变活动性	耀變活動性	blazarlike activity
耀变体	蝎虎 BL[型]類星體	blazar
耀发	閃焰	flare
耀发变星	突亮變星	flare variable
耀发双星	閃焰雙星	binary flare star
耀星	[閃]焰星	flare star
野边山射电天文台	野邊山電波天文台	Nobeyama Radio Observatory
叶凯士分类	葉凱士分類	Yerkes classification
叶凯士天文台	葉凱士天文台	Yerkes Observatory
夜光云	夜光雲	noctilucent cloud
夜间定时	夜間定時儀	nocturnal
夜气辉	夜氣輝	night airglow
夜天光	夜[間天]光	night glow, night sky light
液[态]镜[面]望远镜	液[態]鏡[面]望遠鏡	liquid mirrow telescope
曳臂	尾隨旋臂	following arm, trailing arm
一英里射电望远镜	一英里電波望遠鏡	One-Mile Telescope
伊卡鲁斯(小行星 1566 号)	伊卡若斯(1566 號小行星)	Icarus
依巴谷–第谷星表	依巴谷–第谷星表	Hipparcos-Tycho Catalogue
依巴谷卫星	依巴谷衛星	High Precision Parallax Collecting Satellite, Hipparcos
依巴谷星表	依巴谷星表	Hipparcos Catalogue
依数法	依數法	dependence method
仪器常数	儀器常數	instrumental constant
仪器轮廓	儀器輪廓	instrumental contour, instrumental profile
仪器误差	儀器[誤]差	instrumental error
仪器致宽	儀器致寬	instrumental broadening
移动星群	移動星群	moving group
移动星团	移動星團	moving cluster
移动星团辐射点	移動星團輻射點	radiant of moving cluster
移动星团视差	移動星團視差	moving cluster parallax
疑似变星	疑似變星	suspected variable
疑似超新星	疑似超新星	suspected supernova
疑似新星	疑似新星	suspected nova
已证认飞行物	已鑑定飛行物	identified flying object, IFO
义神星(小行星 5 号)	義神星(5 號小行星)	Astraea
翼宿	翼宿	Wings
g 因子	g 因子	g-factor

大 陆 名	台 湾 名	英 文 名
阴历	陰曆	lunar calendar
阴阳历	陰陽[合]曆	lunisolar calendar
阴阳年	陰陽年	lunisolar year, luni-solar year
银道	銀[河赤]道	galactic equator
银道面	銀河盤面	Galactic plane
银道圈	銀道圈	Galactic circle
银道坐标系	銀道坐標系	galactic coordinate system
IAU 银道坐标系	IAU 銀道坐標系	IAU galactic coordinate system
银河	銀河	Milky Way
银河超新星	銀河超新星	Galactic supernova
银河号[X 射线天文卫星]	銀河號 X 光天文衛星	Ginga, Astro-C
银河核球	銀河核球	Galactic bulge
银河年	銀河年	Galactic year
银河射电支	銀河電波支	Galactic radio spur
银河吸光	銀河吸收	Galactic absorption
银河系	銀河系	Galaxy, Milky Way galaxy
银河系次系	銀河系次系	Galactic subsystem
银河系动力学	銀河系動力學	Galactic dynamics
银河系较差自转	銀河系較差自轉	differential Galactic rotation
银河系结构	銀河系結構	Galactic structure
银河系天文学	銀河系天文學	Galactic astronomy
银河系运动学	銀河系運動學	Galactic kinematics
银河系子系	銀河系子系	Galactic component
银河系自转	銀河系自轉	Galactic rotation
银河系自转曲线	銀河系自轉曲線	Galactic rotation curve
银河新星	銀河新星	Galactic nova
银河星团	銀河星團	Galactic cluster
银河星云	銀河星雲	Galactic nebula
银河噪声	銀河雜訊	Galactic noise
银核	銀核	Galactic nucleus, Galactic core
银极	銀極	galactic pole
银经	銀經	galactic longitude
银冕	銀冕	Galactic corona
银面聚度	銀[面]聚度	Galactic concentration
银盘	銀[河]盤[面]	Galactic disk
银纬	銀緯	galactic latitude
银心	銀[河系中]心	Galactic center

大 陆 名	台 湾 名	英 文 名
银心轨道	銀心軌道	Galactic orbit
银心距	銀心距	Galactocentric distance
银心聚度	銀心聚度	Galactocentric concentration
银心区	銀心區	Galactic center region
银晕	銀暈	Galactic halo
银晕族	銀暈族	Galactic halo population
引潮力	潮汐力	tidal force
引导星	引導星	guiding star, guide star
引力半径	重力半徑	gravitational radius
引力波	重力波	gravitational wave
引力波天文学	重力波天文學	gravitational wave astronomy
引力波望远镜	重力波望遠鏡	gravitational wave telescope
引力不稳定性	重力不穩定[性]	gravitational instability
引力常数	重力常數	gravitational constant
引力场	重力場	gravitational field
引力潮	重力潮	gravitational tide
引力成团	重力成團	gravitational clustering
引力分异	重力分化	gravitational differentiation
引力辐射	重力輻射	gravitational radiation
引力红移	重力紅[位]移	gravitational redshift
引力凝聚	重力凝聚	gravitational condensation
引力偏折, 引力弯曲	重力彎曲, 重力偏折	gravitational deflection
引力轫致辐射	重力制動輻射	gravitational bremsstrahlung
引力收缩	重力收縮	gravitational contraction
引力双星	重力雙星	gravitational binary
引力坍缩	重力塌縮	gravitational collapse
引力天文学	重力天文學	gravitational astronomy
引力同步加速辐射	重力同步[加速]輻射	gravitational synchrotron radiation
引力透镜	重力透鏡	gravitational lens
引力透镜效应	重力透鏡效應	gravitational lensing, gravitational lens effect
引力透镜星系	重力透鏡星系	lensing galaxy
引力弯曲(=引力偏折)		
引力微子	重力微子	gravitino
引力位移	重力位移	gravitational displacement
引力佯谬	重力佯謬	gravitational paradox
引力质量	重力質量	gravitational mass
引力子	重力子	graviton

大　陆　名	台　湾　名	英　文　名
隐伴天体	隱伴天體	hidden companion
隐伴星	隱伴星	hidden companion, invisible companion
隐带	隱帶	zone of avoidance
隐物质	隱物質	hidden matter
隐质量	隱質量	hidden mass
英澳望远镜	英澳望遠鏡	Anglo-Australian Telescope, AAT
英国红外望远镜	英國紅外望遠鏡	UK Infrared Telescope Facility, UKIRT
英国皇家天文学会	英國皇家天文學會	Royal Astronomical Society, RAS
英国施密特望远镜	英國施密特望遠鏡	UK Schmidt Telescope, UKST
英国式装置	英[國]式裝置	English mounting
英国天文协会	英國天文協會	British Astronomical Association, BAA
英仙臂	英仙臂	Perseus arm
英仙双星团	英仙[座]雙星團	double cluster in Perseus, h and χ Persei, NGC 869/884
英仙星系团	英仙[座]星系團	Perseus cluster [of galaxies]
英仙 UV 型星	英仙[座]UV 型星	UV Per star
盈凸月	盈凸月	waxing gibbous
盈月	盈月	waxing moon, increscent
荧光辐射	螢光輻射	fluorescent radiation
荧惑	熒惑	Mars
景符	景符	shadow definer
影带	影帶	shadow belt
影食	影食	shadow eclipse
影锥	影錐	shadow cone
应用天文学	應用天文學	applied astronomy
硬 X 射线调制望远镜	硬 X 光調制望遠鏡	Hard X-ray Modulation Telescope, HXMT
硬双星	硬雙星	hard binary
永昼	永晝	perpetual day
尤利西斯号[太阳探测器]	尤利西斯號[太陽探測器]	Ulysses
犹太历	猶太曆	Jewish calendar
游星	遊星	wandering star
有棒星系	有棒星系	barred galaxy
有缝光谱	有縫光譜	slit spectrum
有核矮星系	有核矮星系	nucleated dwarf galaxy
有环棒旋星系	有環棒旋星系	ringed barred [spiral] galaxy
有环行星	有環行星	ringed planet

大　陆　名	台　湾　名	英　文　名
有生命行星	有生命行星	life-bearing planet
有效孔径	有效口径, 有效孔径	effective aperture
有序轨道	有序軌道	ordered orbit, regular orbit
右旋说	右旋說	counterclockwise rotation theory
余高度	餘高度	co-altitude
余黄纬	餘黃緯	colatitude
余辉	餘輝	afterglow
余纬度	餘緯度	colatitude
宇航学	宇[宙]航[行]學, 太空航行學	astronautics, cosmonautics
宇航员(=航天员)		
宇宙	宇宙	universe, cosmos
宇宙背景辐射	宇宙背景輻射	cosmic background radiation
宇宙背景探测器	宇宙背景探測衛星	Cosmic Background Explorer, COBE
宇宙尘	宇宙塵	cosmic dust
宇宙大尺度结构	宇宙大尺度結構	large scale structure of the universe
宇宙飞船	太空船, 宇宙飛船	spacecraft
宇宙丰度	宇宙豐度	cosmic abundance
宇宙号[天文卫星]	宇宙號[天文衛星]	Cosmos
宇宙纪年学	宇宙紀年學	cosmochronology
宇宙模型	宇宙模型	world model
宇宙年	宇宙年	cosmic year
宇宙年龄	宇宙年齡	cosmic age
宇宙平均密度	宇宙平均密度	cosmic mean density
宇宙奇点	宇宙奇點	singularity of the universe
宇宙视界	宇宙視界	horizon of the universe
[宇宙]微波背景辐射	[宇宙]微波背景輻射	cosmic microwave background radiation
宇宙弦	宇宙弦	cosmic string
宇宙学	宇宙學, 宇宙論	cosmology
宇宙[学]常数	宇宙常數	cosmological constant
宇宙学红移	宇宙紅位移	cosmological redshift
宇宙学距离	宇宙距離	cosmological distance
宇宙学距离尺度	宇宙學距離尺度	cosmological distance scale
宇宙学模型	宇宙模型	cosmological model
宇宙学时标	宇宙學時標	cosmological time scale
宇宙学原理	宇宙論原則	cosmological principle
宇宙噪声突然吸收	宇宙雜訊突然吸收, 宇宙雜訊突減	sudden cosmic noise absorption, SCNA

大　陆　名	台　湾　名	英　文　名
宇宙志	宇宙誌	cosmography
雨海盆地	雨海盆地	Imbrium Basin
玉夫巨洞	玉夫[座]巨洞	Sculptor void
玉夫星系群	玉夫[座]星系群	Sculptor group
育神星(小行星42号)	育神星(42號小行星)	Isis
御夫 RW 型星	御夫[座]RW 型星	RW Aur star
御夫 ζ 型星	御夫[座]ζ 型星	ζ Aur star
元素丰度	元素豐度	element abundance
元素起源	元素起源	origin of elements
元素形成	元素形成	element formation
原初丰度	太初豐度	primordial abundance
原初氦	太初氦	primordial helium
原初黑洞	太初黑洞	primordial black hole
原初火球	原始火球	primeval fireball
原初氢	太初氫	primordial hydrogen
原初星系	太初星系	primordial galaxy
原初原子	原始原子	primeval atom
原地球	原地球	proto-earth
原恒星	原恆星	protostar
原恒星盘	原恆星盤	protostellar disk
原恒星喷流	原恆星噴流	protostellar jet
原恒星云	原恆星雲	protostellar cloud
原气说	原氣說	original gas hypothesis
原时, 固有时	原時	proper time
原始星云	原雲	primeval nebula, primordial nebula
原双星	原雙星	proto-binary
原太阳	原太陽	protosun
原太阳星云	原太陽星雲	protosolar nebula
原太阳云	原太陽雲	protosolar cloud
原星团	原星團	proto-cluster
原星系	原星系	protogalaxy
原星系团	原星系團	proto-cluster of galaxies
原星云	原[星]雲	primitive nebula, proto-nebula
原行星	原行星	protoplanet
原行星盘	原行星盤	protoplanetary disk
原行星系	原行星系	protoplanetary system
原行星云	原行星雲	protoplanetary nebula, protoplanetary cloud

大　陆　名	台　湾　名	英　文　名
原行星状星云	原行星狀星雲	proto-planetary nebula
原银河系	原銀河系	proto-Galaxy
原银河系天体	原銀河系天體	protogalactic object
原银河云	原銀河雲	protogalactic cloud
原子频标	原子頻標	atomic frequency standard
原子时	原子時	atomic time, AT
原子时标准	原子時標準	atomic time standard
原子时秒	原子時秒	atomic second
原子钟	原子鐘	atomic clock
圆顶	圓頂	dome
圆顶室	圓頂室	dome
圆顶随动	圓頂隨動	dome servo
圆轨道	圓軌道	circular orbit
圆偏振	圓偏振	circular polarization
圆型限制性三体问题	圓型設限三體問題	circular restricted three-body problem
圆周速度(=环绕速度)		
IRC 源	IRC 源	IRC source
OH 源	OH 源	OH source
源函数	源函數	source function
源计数	源計數	source counting
远地点	遠地點	apogee
远地轨道	遠地軌道	high-earth orbit
远点, 远拱点	遠拱點	apoapsis
远拱点(=远点)		
远海[王]点	遠海[王星]點	apoposeidon
远红外	遠紅外	far infrared, FIR
远红外和亚毫米波空间 望远镜	遠紅外和次毫米波太空 望遠鏡	Far-Infrared and Submillimeter Space Tel- escope, FIRST
远火点	遠火[星]點	apoareon, apomartian
远金点	遠金[星]點	aphesperian
远距交会	遠距交會	distant encounter
远距双重星系	遠距雙重星系	wide binary galaxy
远距双星	遠距雙星	wide binary
远冥[王]点	遠冥[王星]點	apoplutonian
远木点	遠木[星]點	apojove
远日点	遠日點	aphelion
远日点距	遠日點距	aphelic distance
远水点	遠水[星]點	apomercurian

大　陆　名	台　湾　名	英　文　名
远天[王]点	遠天[王星]點	apouranium, apouranian
远土点	遠土[星]點	apocronus, aposaturnian
远心点	遠心點	apocenter
远星点	遠星點	apoastron, higher apse, apastron
远银心点	遠銀心點	apogalacticon
远月点	遠月點	ap[o]lune, aposelene, apocynthion
远主焦点	遠主焦點	apofocus
远紫外	遠紫外	far ultraviolet, FUV
远紫外空间探测器	遠紫外太空探測器	Far Ultraviolet Space Explorer, FUSE
约翰逊空间中心	詹森太空中心	Johnson Space Center, JSC
约翰逊–摩根测光	強生–摩根測光	Johnson-Morgan photometry
约翰逊–摩根系统	強生–摩根系統	Johnson-Morgan system
月	月	month
月潮	月潮	lunar tide
月晷	月晷	moondial, lunar dial
[月]海	[月]海	mare
[月]海底	[月]海	marebase
[月]湖	[月]湖	lacus
月基天文学	月基天文學	lunar-based astronomy
月角差	月角差	parallactic inequality, parallactic equation
月离, 月行差	月行差	lunar equation
月离理论	月球運動說	lunar theory
月亮(= 月球)		
月龄	月齡	moon's age
月陆	月陸	lunarite
月面测量学	月面測量學	selenodesy
月面辐射纹	輻射紋	lunar rays
[月面]环壁平原	[月面]圓谷	walled plain [of the Moon]
月面环形山	月面環形山	lunar crater
[月面]盆地	[月面]盆地	basin [of the Moon]
月面图	月面圖	selenograph
月面形态学	月面形態學	selenomorphology
月面学, 月志学	月面學	selenography, lunar topography
月面陨击坑	月面隕坑	lunar crater
月面坐标	月面坐標	selenographic coordinate
月没	月沒	moonset
月偏食	月偏食	partial lunar eclipse
月球, 月亮	月球	Moon

大　陆　名	台　湾　名	英　文　名
月球背面	月球背面	far side of the Moon
月球车	月面車	lunar roving vehicle, LRV
月球轨道	月球軌道	lunar orbit, cynthion orbit
月球号[月球探测器]	月球號[月球探測器]	Luna
月球和行星实验室	月球和行星實驗室	Lunar and Planetary Laboratory
月球勘探者[号]	月球探勘者號	Lunar Prospector
月球起源说	月球起源說	selenogony
月球视差	月球視差	lunar parallax
月球探测器	月球探測器	lunar probe
月球卫星	月球衛星	lunar satellite
月球物理学	月球物理學	selenophysics
月球学	月面學	selenology
月球运行仪	月球運行儀	lunarium
月球暂现现象	月球瞬變現象	transient lunar phenomenon, TLP
月球正面	月球正面	near side of the Moon
月全食	月全食	total lunar eclipse
月闰余	月閏餘	monthly epact
月食	月食	lunar eclipse
月食限	月食限	lunar ecliptic limit
月外空间	月[軌道]外空間	translunar space
[月]溪	裂縫	rima
月下点	月下點	sublunar point
月相	月相	phase of the moon, lunar phase
月心坐标	月心坐標	selenocentric coordinate
月行差(=月离)		
月岩	月岩	lunar rock
月掩星	月掩星	lunar occultation
月震	月震	moonquake
月震学	月震學	lunar seismology
月震仪	月震儀	moon seismograph
月志学(=月面学)		
月质学	月質學	lunar geology
月周空间	月周空間	circumlunar space
跃迁概率	躍遷機率	transition probability
跃迁系数	躍遷係數	transition coefficient
越地彗星	越地彗星	earth-crossing comet
越地天体	越地天體	earth-crossing object
越地小行星	越地小行星	earth-crossing asteroid

大　陆　名	台　湾　名	英　文　名
越火小行星	越火小行星	Mars-crossing asteroid
越木小行星	越木小行星	Jupiter-crossing asteroid
越土小行星	越土小行星	Saturn-crossing asteroid
云际气体	[星]雲際氣體	intercloud gas
云际天体	雲際天體	intercloud object
云际物质	雲際物質	intercloud matter
云南天文台	雲南天文台	Yunnan Astronomical Observatory
匀排光谱	匀排光譜	normal spectrum
匀质大气	匀質大氣	homosphere
氢	氢	nebulium
陨击	隕擊	cratering, meteorite impact
陨击坑	隕擊坑	impact crater
陨硫铁	隕硫鐵	troilite
陨石(= 陨星)		
陨石学(= 陨星学)		
陨铁(= 铁陨星)		
陨星, 陨石	隕石	meteorite
陨星尘	隕石塵	meteorite dust, meteoroid dust
陨星坑	隕石坑	meteorite crater
陨星天文学	隕石天文學	meteorite astronomy
陨星物质	隕石物質	meteorite matter
陨星学, 陨石学	隕石學	meteoritics, astrolithology
陨星雨	隕石雨	meteorite shower
陨星撞迹	隕石撞跡	astrobleme
运动磁结构	運動磁結構	moving magnetic feature
运动温度	運動溫度	kinetic temperature
运动学参考系	運動學參考系	kinematical reference system
运动学视差	運動學視差	kinematic parallax
运动学宇宙学	運動宇宙論	kinematic cosmology
晕	暈	halo
晕–尾结构	暈–尾結構	halo-tail structure
晕族, 极端星族 Ⅱ	[銀]暈星族, 極端第二星族	halo population, extreme population Ⅱ
晕族矮星	暈族矮星	halo dwarf
晕族球状星团	暈族球狀星團	halo globular cluster
晕族星	[銀]暈族星	halo star

Z

大 陆 名	台 湾 名	英 文 名
杂散光	雜散光	stray light
杂陨石	無紋隕鐵	ataxite
灾变变星	災變變星	catastrophic variable
灾变事件	災變事件	catastrophic event
灾变说	災變說	catastrophic hypothesis
载人飞船	載人飛船	manned spacecraft
载人飞行	載人飛行	manned flight
载人飞行器	載人飛行器	manned vehicle
载人火箭	人駛火箭	manned rocket
载人空间飞行	載人太空飛行	human space flight
再发新星	再發新星	recurrent nova
再入轨道	再入軌道	reentry trajectory
再入速度	重入[大氣]速度	reentry velocity
再生脉冲星	再生脈衝星	recycled pulsar
再现耀斑	再發閃焰	recurrent flare
暂现 X 射线暴	瞬變 X 光爆發	transient X-ray burst
暂现 γ 射线暴	瞬變 γ 射線爆發	transient γ-ray burst
暂现 X 射线源	瞬變 X 光源	transient X-ray source
暂现 γ 射线源	瞬變 γ 射線源	transient γ-ray source
暂现事件	瞬變事件	transient event
暂星	新星	temporary star
赞斯特拉温度	贊斯特拉溫度	Zanstra temperature
脏雪球模型	髒雪球模型	dirty-snowball model
早光谱型	早光譜型	early spectral type
早期演化天体	早期演化天體	evolving object
早期演化星	早期演化星	early stage star
早期宇宙	早期宇宙	early universe
早型发射线星	早型發射線星	early-type emission-line star
早型星	早型星	early-type star
早型星系	早型星系	early-type galaxy
早型星系团	早型星系團	early-type cluster
早型旋涡星系	早型螺旋星系	early-type spiral galaxy
灶神星(小行星 4 号)	灶神星(4 號小行星)	Vesta

大　陆　名	台　湾　名	英　文　名
造父变星	造父變星	cepheid [variable]
造父变星不稳定带	造父變星不穩定帶	cepheid instability strip
造父距离	造父距離	cepheid distance
造父视差	造父視差	cepheid parallax
造父双星	造父雙星	binary cepheid
噪暴	①雜訊暴 ②噪暴	①noise storm ②storm burst
噪声功率谱	雜訊功率譜	noise power spectrum
噪声温度	雜訊溫度	noise temperature
增亮	增亮	brightening
增强 CCD	增強 CCD	intensified CCD
增强网络	增強網絡	enhanced network
增质量星	增質量星	mass-gaining star
窄带测光	窄帶測光	narrow-band photometry
窄线区	窄線區	narrow-line region, NLR
窄线射电星系	窄線電波星系	narrow-line radio galaxy, NLRG
斩波副镜	斬波副鏡	chopping secondary mirror
展宽(=致宽)		
展源	延展源, 非點狀源	extended source
占星术	占星術	astrology
站心天顶距	站心天頂距	topocentric zenith distance
站心坐标	地面點坐標	topocentric coordinate
张宿	張宿	Extension
章动	章動	nutation
章动常数	章動常數	nutation constant
章动椭圆	章動橢圓	nutation ellipse
章动周期	章動週期	nutation period
沼	沼	palus
兆秒差距	百萬秒差距	megaparsec, Mpc
照亮半球	受亮半球	illuminated hemisphere
照相测光	照相測光術	photographic photometry
照相底片	照相底片	photographic plate
照相分光	照相分光	photographic spectroscopy
照相分光光度测量	照相分光光度測量	photographic spectrophotometry
照相观测	照相觀測	photographic observation
CCD 照相机	CCD 相機, 電荷耦合元件相機	CCD camera
照相绝对星等	照相絕對星等	photographic absolute magnitude
照相流星	照相流星	photographic meteor

大　陆　名	台　湾　名	英　文　名
照相天顶筒	照相天頂筒	photographic zenith tube, PZT
照相天体测光	照相天體測光	photographic astrophotometry
照相天体测量学	照相天體測量[術]	photographic astrometry
照相天体分光	照相天體分光	photographic astrospectroscopy
照相天图	照相天圖星表	Carte du Ciel(法)
照相天图星表	AC 星表	Astrographic Catalogue, AC
照相星表	照相星表	photographic star catalogue
照相星等	照相星等	photographic magnitude
照相星图	照相星圖	photographic chart, astrographic chart, astrographic atlas
照相子午环	照相子午環	photographic meridian circle
折反射望远镜	折反射望遠鏡	catadioptric telescope
折合质量	折合質量, 約化質量	reduced mass
折射率	折射率	refractive index
折射望远镜	折射望遠鏡	refractor, refracting telescope
折轴焦点	折軸焦點	coudé focus
折轴摄谱仪	折軸攝譜儀	coudé spectrograph
折轴望远镜	折軸望遠鏡	coudé telescope
折轴折射望远镜	折軸折射望遠鏡	elbow refractor, coudé refractor
折轴中星仪	折軸中星儀	broken transit [instrument]
折轴装置	折軸裝置	coudé mounting
褶皱	褶皺	corrugation
针孔成像	針孔成像	pin hole imaging
针状物	針狀體	spicule
针状星云	針狀星雲	acicular nebula
真赤道	真赤道	true equator
真赤经	真赤經	true right ascension
真赤纬	真赤緯	true declination
真春分点	真春分點	true equinox
真地平	真地平	true horizon
真恒星日	真恆星日	true sidereal day
真恒星时	視恆星時	apparent sidereal time
真近点角	真近點角	true anomaly
真太阳	真太陽	true sun, real sun
真太阳日	真太陽日	true solar day
真太阳时, 视太阳时	視[太陽]時	apparent solar time
真天极	真極	true pole
真天平动	真天平動	true libration

大　陆　名	台　湾　名	英　文　名
真位置	真位置	true position, true place
轸宿	轸宿	Chariot
振荡宇宙	振盪宇宙	oscillating universe, pulsating universe
振动跃迁	振動躍遷	vibrational transition
振子强度	振子強度	oscillator strength
镇星	鎮星	Saturn
正常恒星	正常恆星	normal star
正常彗尾	正常彗尾	normal tail
正常塞曼效应	正常則曼效應	normal Zeeman effect
正常星系	正常星系	normal galaxy
正常旋涡星系	正常螺旋星系	normal spiral galaxy
正方案	正方案	direction-determining board
正规化变换	正規化變換	regularization transformation
正畸变	正畸變	pincushion distortion
正交天球	垂直球	right sphere
正面碰撞	[對]正碰撞	head-on collision
正闰秒	正閏秒	positive leap second
正色底片	正色底片	orthochromatic plate
正式命名	正式命名	definite designation
正态分布	常態分佈	normal distribution
正向天体	正向天體	face-on object
正向星系	正向星系	face-on galaxy
正像	正像	erect image
正像目镜	正像目鏡	terrestrial eyepiece
证认	識別	identification
证认图	識別圖	identification chart
R 支	R 支	R-branch
知海	知海	Mare Cognitum
直彗尾	直彗尾	straight tail
f 值	f 值	f-value
指极星	指極星	Pointers
指数谱	指數譜	exponential spectrum
指向精度	指向精度	pointing accuracy
指向误差	指向誤差	pointing error
制导	導引	guidance
质光比	質光比	mass-to-luminosity ratio
质光关系	質光關係	mass-luminosity relation, M-L relation
质量半径关系	質量–半徑關係	mass-radius relation

大 陆 名	台 湾 名	英 文 名
质量过小星	質量過小星	undermassive star
质量函数	質量函數	mass function
质量交换	質量交換	exchange of mass
质量瘤	重力異常區	mascon, mass concentration
质量损失	質量損失	mass loss
质量损失率	質量損失率	mass-loss rate
质温关系	質量–溫度關係	mass-temperature relation
质心	引力中心, 質[量中]心	barycenter
质心力学时	質心力學時	barycentric dynamical time, TDB
质心速度	質心速度	system[at]ic velocity
质心坐标	質心坐標	barycentric coordinate
质心坐标时	質心坐標時	barycentric coordinate time, TCB
质子–质子反应	質子–質子反應	proton-proton reaction, p-p reaction
质子–质子循环	質子–質子循環	proton-proton cycle, p-p cycle
致宽, 展宽	致寬, 展寬	broadening
致密电离氢区	緻密 H II 區	compact H II region
致密 X 射线源	緻密 X 光源	compact X-ray source
致密 γ 射线源	緻密 γ 射線源	compact γ-ray source
致密双星	緻密雙星	compact binary
致密天体	緻密天體	compact object
致密星	緻密星	compact star
致密星系	緻密星系	compact galaxy
致密星系团	緻密星系團	compact cluster
致密耀斑	緻密閃焰	compact flare
智海	智海	Mare Ingenii
智神星(小行星 2 号)	智神星(2 號小行星)	Pallas
滞后信号	遲滯信號	delay signal
置闰	置閏	intercalation
置信度	可信度, 可靠度	reliability
中带测光	中帶測光	intermediate band photometry
中等质量恒星	中等質量恆星	intermediate-mass star
中国天文学会	中國天文學會	Chinese Astronomical Society, CAS
中红外	中紅外	mid-infrared
中间层	中氣層	mesosphere
中间层顶	中氣層頂	mesopause
中间轨道	中間軌道	intermediate orbit
中介次系	中介次系	intermediate subsystem
中介耦合	居間耦合	intermediate coupling

大　陆　名	台　湾　名	英　文　名
中介偏振星, 武仙 DQ 型星	中介偏振星, 武仙[座] DQ 型星	intermediate polar, DQ Her star
中介星族	中介星族	intermediate population
中介子系	中介子系	intermediate component
中米粒	中米粒	mesogranule
中米粒组织	中米粒組織	mesogranulation
中冕	中[日]冕	middle corona
中天	中天	culmination, [meridian] transit
中天观测	中天觀測	meridian observation
中天时刻	中天時刻	transit time
中天望远镜	中天望遠鏡	transit telescope
中微子天体物理学	微中子天文物理學	neutrino astrophysics
中微子天文学	微中子天文學	neutrino astronomy
中微子望远镜	微中子望遠鏡	neutrino telescope
中位星等	中位星等	median magnitude
中心瓣	中心瓣	central lobe
中心差	中心差	equation of the center, great inequality
中心重叠法	中心重叠法	central overlap technique
中心构形	中心構形	central configuration
中心聚度	集中度	degree of concentration
中心食	中心食	central eclipse
中星仪, 子午仪	中星儀	transit instrument, meridian instrument
中性阶梯减光片	中和階梯減光板	neutral step weakener
中性滤光片	中性濾[光]鏡	neutral filter
中性片(=电流片)		
中性氢	中性氫	neutral hydrogen
中性氢区	HI 區, 氫原子區	HI region, neutral hydrogen zone
中性氢云	中性氫雲	HI cloud
中央星	中央星	central star
中央子午线	中央子午圈	central meridian
中陨铁	中隕鐵	mesosiderite
中子星	中子星	neutron star
终轨	既定軌道	final orbit
终降	終降	final decline
终龄主序	終齡主序	terminal-age main sequence, TAMS
终升	終升	final rise
钟差	鐘差	clock error
钟慢效应	鐘慢效應	dilatation effect

大　陆　名	台　湾　名	英　文　名
钟速	鐘速	clock rate
重金属星	重金屬星	heavy-metal star
重力	重力	gravity
重力转仪钟	重力轉儀鐘	gravity driving clock
重元素星	重元素星	heavy element star
重子	重子	baryon
重子暗物质	重子暗物質	baryonic dark matter
重子星	重子星	baryon star
周幅关系	周幅關係	cycle-amplitude relation
周光关系	周光關係	period-luminosity relation, P-L relation
周光色关系	周光色關係	period-luminosity-color relation
周径关系	周徑關係	period-radius relation
周年差	周年差	annual equation
周年光行差	周年光行差	annual aberration
周年视差	周年視差	annual parallax
周年运动	周年運動	annual motion
周年自行	年自行	annual proper motion
周谱关系	周譜關係	period-spectrum relation
周期变化	週期變化	period variation
周期变星	週期變星	periodic variable
周期轨道	週期軌道	periodic orbit
周期彗星	週期彗星	periodic comet
周期–年龄关系	週期–年齡關係	period-age relation
周期摄动	週期攝動	periodic perturbation
周期性流星群	週期[性]流星雨	periodic stream
周期–质量关系	週期–質量關係	period-mass relation
周日光行差	周日光行差	diurnal aberration
周日圈	周日[平]圈	diurnal circle
周日视差	周日視差	diurnal parallax
周日视动	周日視動	apparent diurnal motion
周日天平动	周日天平動	diurnal libration
周日运动	周日運動	diurnal motion
周日章动	周日章動	diurnal nutation
周天分	周天分	celestial perimeter parts
周月章动	周月章動	monthly nutation
轴对称吸积	軸對稱吸積	axisymmetric accretion
轴外像	偏軸像	off-axis image
轴外像差	軸外像差	abaxial aberration, off-axis aberration

大 陆 名	台 湾 名	英 文 名
轴向像差	軸向像差	axial aberration
轴子	軸子	axion
帚星	帚星	broom star
朱鸟	朱鳥	Vermilion Bird
侏罗山	侏羅山	Montes Jura
烛光	燭光	candle power
主瓣	主瓣	main lobe
主带小行星	主帶小行星	main-belt asteroid
主动光学	主動光學	active optics
主共振	主共振	main resonance
主极大	主極大	primary maximum, principal maximum, main maximum
主极小	主極小	primary minimum, principal minimum, main minimum
主焦	主焦點	principal focus, prime focus
主镜	主鏡	primary mirror
主食	主食	primary eclipse
主天体	主天體	primary body
主星	主星	primary [star], primary component
主星系	主星系	dominant galaxy
主序	主星序	main sequence
主序拐点	主序轉折點	turn-off point [from main-sequence]
主序后天体	主序後天體	post-main-sequence object
主序后星	主序後星	post-main-sequence star, evolved star
主序后演化	主序後演化	post-main-sequence evolution
主序拟合	主序擬合	main-sequence fitting
主序前	主[星]序前	pre-main sequence
主序前天体	主序前天體	pre-main sequence object
丰序前星	主序前星	pre-main sequence star
主序星	主序星	main sequence star
主钟	主鐘	primary clock
主轴	主軸	principal axis
助推器	助推器	booster
驻留流星	駐留流星	stationary meteor
柱丰度	柱豐度	column abundance
柱密度	柱密度	column density
祝融星	祝融星	Vulcan
祝融型小天体	祝融型小天體	vulcanoid

大　陆　名	台　湾　名	英　文　名
祝融型小行星	祝融型小行星	Vulcan-like asteroid
转动谱线	轉動譜線	rotational line
转仪钟	轉儀鐘	driving clock
转仪装置	轉儀裝置	driving mechanism
转移方程(＝辐射转移方程)		
转移轨道, 过渡轨道	轉換軌道	transfer orbit
锥状星云	錐狀星雲	Cone nebula, NGC 2264
准地固坐标系	準地固坐標系	pseudo body-fixed system
准平衡态	準平衡態	quasi-equilibrium state
准[确]度	準確度	accuracy
准稳态	準穩態	quasi-stable state
准直透镜	準直透鏡	collimating lens
准直望远镜	準直望遠鏡	collimating telescope
准周期变星	準週期變星	quasi-periodic variable
准周期轨道	準週期軌道	quasi-periodic orbit
准周期振荡	準週期振盪	quasi-periodic oscillation, QPO
兹威基蓝天体	茲威基藍天體	Zwicky blue object
兹威基星系表	茲威基星系表	Zwicky catalogue
兹威基致密星系	茲威基緻密星系	Zwicky compact galaxy
姿态参数	姿態參數	attitude parameter
姿态控制	姿態控制	attitude control
子午标	子午[線]標	meridian mark
子午观测	子午觀測	meridian observation
子午环	子午環	meridian circle, transit circle
子午面	子午面	meridian plane
子午圈	子午圈	meridian
子午天顶距	[過]子午圈天頂距	meridian zenith distance
子午天文学	子午天文學	meridian astronomy
子午线	子午線	meridian
子午星表	子午星表	meridian catalogue
子午仪(＝中星仪)		
子星	子星	component star, component
子夜	子夜	midnight
子源	子源	component
子钟	子鐘	secondary clock, slave clock
紫金山天文台	紫金山天文台	Purple Mountain Observatory
紫外超	紫外[輻射]超量	ultraviolet excess, UV excess

大　陆　名	台　湾　名	英　文　名
紫外超天体	紫外[辐射]超量天體	ultraviolet-excess object
紫外天文学	紫外[線]天文學	ultraviolet astronomy, UV astronomy
紫外望远镜	紫外望遠鏡	ultraviolet telescope, UV telescope
紫外星	紫外星	ultraviolet star, UV star
紫外星等	紫外星等	ultraviolet magnitude
紫外源	紫外源	ultraviolet source
紫微垣	紫微垣	Purple Forbidden Enclosure
觜宿	觜宿	Mouth
自电离	自游離	auto-ionization
自动导星	自動導星	automatic guiding
自动导星装置	自動導星儀	auto-guider
自动跟踪	自動追蹤	automatic tracking
自动光电测光望远镜	自動光電測光望遠鏡	automatic photoelectric telescope, APT
自动量度仪	自動量度儀	automatic measuring machine
自动天顶筒	自動天頂筒	automatic zenith tube
自动天文导航	自動天文導航	automatic celestial navigation, ACN
自动天文定位系统	自動天文定位系統	Automated Astronomical Positioning System, AAPS
自动子午环	自動子午環	Automatic Meridian Circle, AMC
自发光余迹	自發光[流星]餘跡	self-luminous train
自发跃迁	自發躍遷	spontaneous transition
自然方向	自然方向	natural direction
自然基	自然基	natural tetrad
自然致宽	自然致寬	natural broadening
自适应光学	自調光學	adaptive optics
自吸收	自吸收	self-absorption
自行	自行	proper motion
自行成员	自行成員	proper motion membership
自行成员星	自行成員星	proper motion member
自旋	自旋	spin
自引力	自吸引, 自身重力	self-gravitation
自由号卫星	自由號衛星	Uhuru, SAS-A
自由–束缚跃迁	自由–束縛躍遷	free-bound transition
自由章动	自由章動	free nutation
自由–自由跃迁	自由態間躍遷	free-free transition
自治领天体物理台	自治領天文物理台	Dominion Astrophysical Observatory, DAO
自转	自轉	rotation

大　陆　名	台　湾　名	英　文　名
自转变星	自轉變星	rotating variable, rotational variable
自转不稳定性	自轉不穩定性	rotational instability
自转方向	自轉方向	sense of rotation
自转极	自轉極	rotation pole
自转曲线	自轉曲線	rotation curve
自转视差	自轉視差	rotational parallax
自转速度	自轉速度	rotational velocity
自转速度–光谱型关系	自轉速度–光譜型關係	rotational velocity-spectral type relation
自转突变	頻率突變	glitch
自转突变活动	自轉突變活動	glitch activity
自转致宽	自轉致寬	rotational broadening
自转周期	自轉週期	rotational period, rotation period
自转轴	自轉軸	rotation axis
自转轴进动	自轉軸進動	rotational axis precession
自转综合	自轉合成	rotation synthesis
宗动天	宗動天	primum mobile
综合孔径	孔徑合成	aperture synthesis
综合孔径雷达	合成孔徑雷達	synthetic-aperture radar, SAR
综合孔径射电望远镜	孔徑合成電波望遠鏡	aperture synthesis radiotelescope
综合孔径望远镜	孔徑合成望遠鏡	synthesis telescope
棕矮星	棕矮星	brown dwarf
总岁差	總歲差	general precession
总星等	總星等	total magnitude
总星系	總銀河系	metagalaxy
纵[向磁]场	縱向場	longitudinal [magnetic] field
阻尼辐射	阻尼輻射	damping radiation
阻尼吸收	制動吸收	braking absorption
阻尼振荡	阻尼振動, 阻尼振盪	damped oscillation
阻尼致宽	阻尼致寬	damping broadening
组合太阳望远镜	多路望遠鏡裝置	spar
最大食分	最大食分	maximum eclipse
最大远地点	最大遠地點	peak apogee
最大远日点	最大遠日點	peak aphelion
最接近态	最接近態	closest approach
最小二乘拟合	最小平方擬合	least square fitting
最小角距	最小角距	appulse
左旋说	左旋說	clockwise rotation theory
作用范围	作用範圍	sphere of action

大　陆　名	台　湾　名	英　文　名
坐标方向	坐標方向	coordinate direction
坐标量度仪	坐標量度儀	coordinate measuring instrument
坐标时	坐標時	coordinate time
座正仪	座正儀	mounted standard instrument

副 篇

A

英 文 名	大 陆 名	台 湾 名
A. A. (=Air Almanac)	[美国]航空历书	[美國]航空曆書
A&A(=Astronomy and Astrophysics)	天文学和天体物理学	天文學和天文物理學
AAA(=Astronomy and Astrophysics Abstracts)	天文学和天体物理学文摘	天文學和天文物理學文摘
AAPS(=Automated Astronomical Positioning System)	自动天文定位系统	自動天文定位系統
AAS(=American Astronomical Society)	美国天文学会	美國天文學會
Abbe comparator	阿贝比长仪	阿貝比對器
Abell Catalogue	艾贝尔星系团表	艾伯耳星系團表
Abell cluster	艾贝尔星系团	艾伯耳星系團
Abell richness class	艾贝尔富度	艾伯耳豐級
aberration	像差	像差
aberration constant	光行差常数	光行差常數
aberration ellipse	光行差椭圆	光行差橢圓
aberration [of light]	光行差	光行差
abnormal redshift	反常红移	反常紅移
abridged armilla	简仪	簡儀
absolute bolometric magnitude	绝对热星等	絕對熱星等
absolute determination	绝对测定	絕對測定
absolute magnitude	绝对星等	絕對星等
absolute orbit	绝对轨道	絕對軌道
absolute parallax	绝对视差	絕對視差
absolute perturbation	绝对摄动	絕對攝動
absolute photographic magnitude	绝对照相星等	絕對照相星等
absolute photometry	绝对测光	絕對光度學, 絕對測光
absolute photovisual magnitude	绝对仿视星等	絕對仿視星等
absolute position	绝对位置	絕對位置
absolute proper motion	绝对自行	絕對自行

英　文　名	大　陆　名	台　湾　名
absolute radiometric magnitude	绝对辐射星等	絕對輻射星等
absolute [star] catalogue	绝对星表	絕對星表
absolute visual magnitude	绝对目视星等	絕對目視星等
absorption band	吸收带	吸收帶
absorption coefficient	吸收系数	吸收係數
absorption flocculus	吸收谱斑	吸收譜斑
absorption line	吸收线	吸收[譜]線
absorption spectrum	吸收谱	吸收[光]譜
abundance	丰度	豐[盛]度
abundance anomaly	丰度异常	豐度異常
AC(=Astrographic Catalogue)	照相天图星表	AC 星表
accidental error	偶然误差	偶[然誤]差
accreting binary	吸积双星	吸積雙星
accreting model	吸积模型	吸積模型
accretion	吸积	吸積
accretion column	吸积柱	吸積柱
accretion disk	吸积盘	吸積盤
accretion flow(=accretion stream)	吸积流	吸積流
accretion ring	吸积环	吸積環
accretion stream	吸积流	吸積流
accumulate days	积日	積日
accuracy	准[确]度	準確度
Achilles	阿基里斯(小行星 588号)	阿基里斯(588 號小行星)
achondrite	无球粒陨石	無[球]粒隕石
achromat	消色差透镜	消色[差]透鏡
achromatic objective	消色差物镜	消色[差]物鏡
achromatic telescope	消色差望远镜	消色[差]望遠鏡
achromatism	消色差	消色差
acicular nebula	针状星云	針狀星雲
acoustic mode	声模	聲模
acronical rising(=heliacal rising)	晨出，偕日升	偕日升
acronical setting(=heliacal setting)	夕没，偕日落	夕没，偕日降
actinometer	①感光计 ②太阳辐射计	①露光計 ②日射儀
activation	激活	活化，激活
active binary	活动双星	活躍雙星
active center(=center of activity)	活动中心	活動中心
active chromosphere	活动色球	活躍色球

英 文 名	大 陆 名	台 湾 名
active chromosphere star	活动色球星	活躍色球星
active comet	活跃彗星	活躍彗星
active complex	活动复合体	活躍複合體
active corona	①活动日冕 ②活动星冕	①活躍日冕 ②活躍星冕
active filament system(AFS)	活动暗条系统	活躍暗條系統
active galactic nucleus(AGN)	活动星系核	活躍星系核
active galaxy	活动星系	活躍星系
active longitude	活动经度	活躍經度
active nest	活动穴	活躍穴
active optics	主动光学	主動光學
active prominence	活动日珥	活躍日珥, 活動日珥
active region	活动区	活躍區, 活動區
active star	活动星	活躍星
active sun	活动太阳	活躍太陽
active sunspot	活动太阳黑子	活躍太陽黑子
actual aperture	①实际孔径 ②实际口径	①實際孔徑 ②實際口徑
ADAF(=advection-dominated accretion flow)	径移占优吸积流	徑移占優吸積流
adaptive optics	自适应光学	自調光學
additional perturbation	附加摄动	附加攝動
adiabatic equilibrium	绝热平衡	絕熱平衡
adiabatic process	绝热过程	絕熱過程
adiabatic pulsation	绝热脉动	絕熱脈動
adjacent galaxy	邻近星系	鄰近星系
adjusting screw	校正螺旋	調整螺絲
admissible error	容许误差	容許誤差
Adonis	阿多尼斯(小行星2101号)	阿多尼斯(2101號小行星)
ADS(=Astrophysical Data System)	天体物理数据系统	天文物理資料系統
Advanced Liquid-mirror Probe for Astrophysics, Cosmology and Asteroids (ALPACA)	阿尔帕卡望远镜	阿爾帕卡望遠鏡
Advanced Technology Solar Telescope (ATST)	高新技术太阳望远镜	先進技術太陽望遠鏡
Advanced Technology Telescope(ATT)	高新技术望远镜	先進技術望遠鏡
Advanced X-ray Astrophysical Facility (AXAF)	高新X射线天体物理观测台	先進X光天文物理觀測台

英　文　名	大　陆　名	台　湾　名
advance of apsidal line	拱线进动	拱線運動
advance of Mercury's perihelion	水星近日点进动	水星近日點進動
advance of the periastron	近星点进动	近星點前移
advance of the perihelion	近日点进动	近日點前移
advection	径移	徑移
advection-dominated accretion flow（ADAF）	径移占优吸积流	徑移占優吸積流
A dwarf	A 型矮星	A 型矮星
A. E. (=astronomical ephemeris)	天文年历	天文年曆
aerolite	石陨星，石陨石	石質陨石
aerolith(=aerolite)	石陨星，石陨石	石質陨石
aeronomy	高层大气物理学	高層大氣物理學
aerosiderite	铁陨星，陨铁，铁陨石	陨鐵，鐵[質]陨石
aerosiderolite	铁石陨星，铁石陨石	石陨鐵，石[質]鐵陨石
afocal system	无焦系统	無焦系統
AFS(=①active filament system ②arch filament system)	①活动暗条系统 ②拱状暗条系统	①活躍暗條系統 ②拱狀暗條系統
afterglow	余辉	餘輝
AGB(=asymptotic giant branch)	渐近巨星支	漸近巨星支
AGB star	渐近支巨星，AGB 星	漸近支巨星
age dating	年龄测定	年齡測定
ageing star	老化星	老化星
A giant	A 型巨星	A 型巨星
AGK(=Astronomische Gesellschaft Katalog（德）)	AGK 星表	AG 星表
AGN(=active galactic nucleus)	活动星系核	活躍星系核
AIPS(=Astronomical Image Processing System)	天文图像处理系统	天文影像處理系統
Air Almanac(A. A.)	[美国]航空历书	[美國]航空曆書
airborne telescope	机载望远镜	機載望遠鏡
air mass	大气质量	大氣質量
Airy disk	艾里斑	艾瑞盤
Aitken	艾特肯环形山	艾肯環形山
AI Vel star	船帆 AI 型星	船帆 AI 型星
AJ(=Astronomical Journal)	天文学报	天文學報
AJB(=Astronomischer Jahresbericht(德))	天文年报	天文年報
albedo	反照率	反照率
Alfvén wave	阿尔文波	阿耳芬波

英 文 名	大 陆 名	台 湾 名
Algol	大陵五(英仙β)	大陵五,英仙[座]β [星]
Algols	大陵型星	大陵型星
Algol-type binary	大陵型双星	大陵型雙星
Algol-type [eclipsing] variable	大陵型[食]变星	大陵型[食]變星
Algol variable(=Algol-type [eclipsing] variable)	大陵型[食]变星	大陵型[食]變星
aliasing(=aliasing frequency)	混杂频率	假頻,假訊
aliasing frequency	混杂频率	假頻,假訊
alignment star	校准星	校準星
Allende meteorite	阿连德陨星	阿顏德隕石
allowable error(=admissible error)	容许误差	容許誤差
allowed orbit	容许轨道	容許軌道
allowed transition(=permitted transition)	容许跃迁	容許躍遷
ALMA(=Atacama Large Millimeter Array)	阿塔卡马大型毫米[/亚 毫米]波阵	阿塔卡瑪大型毫米[/次 毫米]波陣
Almagest	天文学大成	天文學大成
almanac	年历	[天文]年曆,曆書
almucantar(=altitude circle)	地平纬圈,平行圈	地平緯圈,等高圈
ALPACA(=Advanced Liquid-mirror Probe for Astrophysics, Cosmology and Asteroids)	阿尔帕卡望远镜	阿爾帕卡望遠鏡
Alphonsus	阿方索环形山	阿方索環形山
altazimuth	地平经纬仪	經緯儀
altazimuth mounting	地平装置	地平[式]裝置
altazimuth telescope	地平式望远镜	地平式望遠鏡
altimeter	测高仪	測高儀
altitude	地平纬度,高度	地平緯度,高度
altitude circle	地平纬圈,平行圈	地平緯圈,等高圈
aluminizing	镀铝	鍍鋁
amateur astronomer	天文爱好者	業餘天文學家,天文愛 好者
ambient temperature	环境温度	環境溫度
ambipolarity	双极性	雙極性
AMC(=Automatic Meridian Circle)	自动子午环	自動子午環
AM CVn binary	猎犬 AM 型双星	獵犬[座]AM 型雙星
AM CVn star	猎犬 AM 型星	獵犬[座]AM 型星
American Astronomical Society(AAS)	美国天文学会	美國天文學會

英　文　名	大　陆　名	台　湾　名
AM Her binary	武仙 AM 型[双]星	武仙 AM 型[雙]星
AM Her star(=AM Her binary)	武仙 AM 型[双]星	武仙 AM 型[雙]星
AMiBA(=Yuan Tseh Lee Array for Micro- wave Background Anisotropy)	李远哲宇宙背景辐射阵 列	李遠哲宇宙背景辐射陣 列
ammonia clock	氨钟	氨鐘
ammonia maser	氨微波激射器, 氨脉泽	氨邁射
Amor	阿莫尔(小行星1221号)	阿莫爾(1221號小行星)
Amor group	阿莫尔群	阿莫爾群
Amors	阿莫尔型小行星	阿莫爾型小行星
amphoteric chondrite	两性球粒陨石	兩性球粒隕石
anaberrational telescope	消像差望远镜	消像差望遠鏡
anabibazon	白道升交点	白道升交點
anastigmatism	消像散	消像散性
Andoyer variables	安多耶变量	安多耶變量
andrite	斜辉陨石	斜輝隕石
Anglo-Australian Telescope(AAT)	英澳望远镜	英澳望遠鏡
angrite	无球粒钛辉陨石	鈦輝無粒隕石
angular diameter	角直径	角徑
angular diameter-redshift relation	角径-红移关系	角徑-紅移關係
angular distance	角距离	角距[離]
angular resolution	角分辨率	角分辨率
angular separation	角间距	角距[離]
anisotropic cosmology	各向异性宇宙论	各向異性宇宙論
anisotropic universe	各向异性宇宙	各向異性宇宙
annihilation	湮灭	毀滅[作用]
annual aberration	周年光行差	周年光行差
annual epact	年闰余	年閏餘
annual equation	周年差	周年差
annual motion	周年运动	周年運動
annual parallax	周年视差	周年視差
annual proper motion	周年自行	年自行
Annual Review of Astronomy and Astro- physics(ARAA)	天文学和天体物理学年 评	天文學和天文物理學年 評
annular eclipse	环食	[日]環食
annular nebula	环状星云	環狀星雲
annular solar eclipse	日环食	日環食
annulus	环带	環帶
anomalistic month	近点月	近點月

英　文　名	大　陆　名	台　湾　名
anomalistic revolution	近点周	近點周
anomalistic year	近点年	近點年
anomalous tail	反常彗尾	反常彗尾
anomaly	近点角	近點角
anonymous galaxy	未名星系	無名星系
antalgol	逆大陵变星	逆大陵變星, 天琴[座] RR[型]變星
antapex	背点	背點
Antares	大火	大火
antenna array	天线阵	天線陣
Antennae	触须星系	觸鬚星系
antenna temperature	天线温度	天線溫度
anthropic principle	人择原理	人擇原理
anticenter region	反银心区	反銀心區
antigalaxy	反物质星系	反物質星系
antiglow	反日照	反日照
antijovian point	对木点	對木點
antimatter cosmology	反物质宇宙论	反物質宇宙論
antisolar point	对日点	對日點
antitail	逆向彗尾	逆向彗尾
antivertex	奔离点	奔離點
apastron(=apoastron)	远星点	遠星點
aperiodic comet	非周期彗星	非週期[性]彗星
aperture	①孔径 ②口径	①孔徑 ②口徑
aperture photometry	孔径测光	孔徑測光
aperture synthesis	综合孔径	孔徑合成
aperture synthesis radiotelescope	综合孔径射电望远镜	孔徑合成電波望遠鏡
apex	向点	向點
aphelic distance	远日点距	遠日點距
aphelion	远日点	遠日點
aphesperian	远金点	遠金[星]點
ApJ(=Astrophysical Journal)	天体物理学报	天文物理期刊
ApJL(=Astrophysical Journal Letters)	天体物理学报通信	天文物理期刊通訊
aplanatic lens	齐明透镜	齊明透鏡
aplanatic system	齐明系统	齊明系統
aplanatic telescope	齐明望远镜	齊明望遠鏡
aplanatism	齐明	齊明
APMS(=Automated Plate-Measuring	底片自动测量系统	底片自動測量系統

英　文　名	大　陆　名	台　湾　名
System)		
apoapsis	远点，远拱点	遠拱點
apoareon	远火点	遠火[星]點
apoastron	远星点	遠星點
apocenter	远心点	遠心點
apochromatism	复消色差	複消色差
apocronus	远土点	遠土[星]點
apocynthion(=ap[o]lune)	远月点	遠月點
apofocus	远主焦点	遠主焦點
apogalacticon	远银心点	遠銀心點
apogee	远地点	遠地點
apojove	远木点	遠木[星]點
Apollo	阿波罗(小行星1862号)	阿波羅(1862 號小行星)
Apollo asteroid(=Apollos)	阿波罗型小行星	阿波羅型小行星
Apollo group	阿波罗群	阿波羅群
Apollos	阿波罗型小行星	阿波羅型小行星
ap[o]lune	远月点	遠月點
apomartian(=apoareon)	远火点	遠火[星]點
apomercurian	远水点	遠水[星]點
apoplutonian	远冥[王]点	遠冥[王星]點
apoposeidon	远海[王]点	遠海[王星]點
aposaturnian(=apocronus)	远土点	遠土[星]點
aposelene(=ap[o]lune)	远月点	遠月點
apouranian(=apouranium)	远天[王]点	遠天[王星]點
apouranium	远天[王]点	遠天[王星]點
apparent altitude	①视地平纬度 ②视高度	①視地平緯度 ②視高度
apparent area	视面积	視面積
apparent binary	视双星	視雙星
apparent brightness	视亮度	視亮度
apparent declination	视赤纬	視赤緯
apparent diameter	视直径	視徑
apparent distance	视距离	視距[離]
apparent diurnal motion	周日视动	周日視動
apparent horizon	视地平	視地平
apparent libration	视天平动	視天平動
apparent magnitude	视星等	視星等
apparent motion	视运动	視[運]動

英　文　名	大　陆　名	台　湾　名
apparent noon	视正午	視正午
apparent orbit	视轨道	視軌道
apparent place(=apparent position)	视位置	視位[置]
apparent position	视位置	視位[置]
apparent right ascension	视赤经	視赤經
apparent sidereal time	真恒星时	視恆星時
apparent solar time	真太阳时, 视太阳时	視[太陽]時
apparent sun	视太阳	視太陽
apparent superluminal motion	视超光速运动	視超光速運動
apparent visual magnitude	视目视星等	視目視星等
apparent zenith distance	视天顶距	視天頂距
applied astronomy	应用天文学	應用天文學
appulse	最小角距	最小角距
apse(=apsis)	拱点	遠近[焦]點, 拱點
apsidal line	拱线	拱線
apsidal motion(=advance of apsidal line)	拱线进动	拱線運動
apsis	拱点	遠近[焦]點, 拱點
ApSS(=Astrophysics and Space Science)	天体物理和空间科学	天文物理和太空科學
Ap star	Ap 星	Ap 星, A 型特殊星
APT(=automatic photoelectric telescope)	自动光电测光望远镜	自動光電測光遠鏡
δ Aquarids	宝瓶 δ 流星群	寶瓶 δ 流星群
η Aquarids	宝瓶 η 流星群	寶瓶 η 流星群
ARAA(=Annual Review of Astronomy and Astrophysics)	天文学和天体物理学年评	天文學和天文物理學年評
archaeoastronomy	考古天文学	考古天文學
arch filament system(AFS)	拱状暗条系统	拱狀暗條系統
arcmin(=minute of arc)	角分	角分
arcsec(=second of arc)	角秒	角秒
areal velocity	面积速度	面積速度, 掠面速度
area-mass ratio	面质比	面質比
area photometry(=surface photometry)	面源测光	面源測光
Arecibo radio telescope	阿雷西博射电望远镜	阿雷西波電波望遠鏡
areocentric coordinate	火心坐标	火[星中]心坐標
areographic chart	火面图	火[星表]面圖
areographic coordinate	火面坐标	火[星表]面坐標
areography	火面学	火[星表]面學
areology	火星学	火星學
Argelander method	阿格兰德法, 光阶法	阿格蘭德法, 光階法

英　文　名	大　陆　名	台　湾　名
argon-potassium method	氩钾纪年法	氫鉀紀年法
argument of latitude	升交角距	升交角距
argument of periapsis	近点辐角	近點輻角
argument of pericenter	近心点辐角	近心點輻角
argument of perigee	近地点辐角	近地點輻角
Aristarchus	阿利斯塔克环形山	阿利斯塔克環形山
Arizona meteorite crater	亚利桑那陨星坑	亞利桑那隕石坑
armillary sphere	浑仪	渾儀
arm population	臂族	旋臂星族
artificial horizon	假地平	假地平
artificial satellite	人造卫星	人造衛星
artificial star(=fictitious star)	假星	假星
ascendant	星位	星位
ascending branch	上升支	上升部份
ascending node	升交点	升交點
ashen light	灰光	灰光
ASP(=Astronomical Society of the Paci- fic)	太平洋天文学会	太平洋天文學會
aspherical lens	非球面透镜	消球差透鏡
aspherical mirror	非球面镜	非球面鏡
assembly	聚	聚
assembly of five planets	五星连珠	五星連珠
association of galaxies	星系协	星系協
A star	A 型星	A 型星
asterism	[星]官	[星]官
asteroid	小行星	小行星
asteroidal dynamics	小行星动力学	小行星動力學
asteroid belt	小行星带	小行星帶
asteroid family	小行星族	小行星[家]族
asteroid group	小行星群	小行星群
asteroid-like comet	类小行星彗星	類小行星彗星
asteroid-like object	类小行星天体	類小行星天體
asteroseismology	星震学	星震學
astigmatism	像散	像散
Astraea	义神星(小行星 5 号)	義神星(5 號小行星)
astroarchaeology	天文考古学	天文考古學
Astro-B (=Tenma)	天马[X 射线天文卫星]	天馬[X 光天文衛星]
astrobiology	天体生物学	天文生物學

英　文　名	大　陆　名	台　湾　名
astrobleme	陨星撞迹	隕石撞跡
Astro-C（＝Ginga）	银河号［X 射线天文卫星］	銀河號 X 光天文衛星
astrochemistry	天体化学	天文化學
astrochronology	天体年代学	天文年代學
astroclimate	天文气候	天文氣候
astrodome	天文圆顶	［觀測］圓頂
astrodynamics	天文动力学	太空動力學
astrogeodesy	天文测地学	天文測地學
astrogeodynamics	天文地球动力学	天文地球動力學
astrogeography	天体地理学	天文地理學
astrogeology	天体地质学	天文地質學
astrogeophysics	天文地球物理学	天文地球物理學
astrograph	天体照相仪	天文照相儀
astrographic atlas（＝photographic chart）	照相星图	照相星圖
Astrographic Catalogue（AC）	照相天图星表	AC 星表
astrographic chart（＝photographic chart）	照相星图	照相星圖
astrolabe	①等高仪 ②星盘	①等高儀 ②星［象］盤
astrolithology（＝meteoritics）	陨星学，陨石学	隕石學
astrology	占星术	占星術
astrometeorology	天体气象学	天文氣象學
astrometric baseline	天体测量基线	天體測量基線
astrometric binary	天［体］测［量］双星	天體測量雙星
astrometric distance	天［体］测［量］距离	天體測量距離
astrometric orbit	天［体］测［量］轨道	天體測量軌道
astrometric place（＝astrometric position）	天体测量位置	天體測量位置
astrometric position	天体测量位置	天體測量位置
astrometry	天体测量学	天體測量學，測天學
astrometry satellite	天体测量卫星	天體測量衛星
astronaut	航天员，宇航员	太空人
astronautics	宇航学	宇［宙］航［行］學，太空航行學
astronavigation	天文导航	太空導航
astronomer	天文学家	天文學家
Astronomer Royal	皇家天文学家	皇家天文學家
astronomical aberration	天文光行差	天文光行差
astronomical almanac（＝astronomical ephemeris）	天文年历	天文年曆

英 文 名	大 陆 名	台 湾 名
Astronomical Chapter	天文志	天文誌
astronomical clock	天文钟	天文鐘
astronomical clock-tower	水运仪象台	水運儀象台
astronomical constant	天文常数	天文常數
astronomical constant system（=system of astronomical constants）	天文常数系统	天文常數系統
astronomical coordinate system	天文坐标系	天文坐標系統
astronomical data center	天文数据中心	天文資料中心
astronomical day	天文日	天文日
astronomical ephemeris（A. E.）	天文年历	天文年曆
astronomical geodesy（=astrogeodesy）	天文测地学	天文測地學
Astronomical Image Processing System（AIPS）	天文图像处理系统	天文影像處理系統
astronomical image reconstruction	天文图像重建	天文影像重建
astronomical instrument	天文仪器	天文儀器
Astronomical Journal（AJ）	天文学报	天文學報
astronomical latitude	天文纬度	天文緯度
astronomical longitude	天文经度	天文經度
astronomical meridian	①天文子午圈 ②天文子午线	①天文子午圈 ②天文子午線
[astronomical] observation	[天文]观测	[天文]觀測
[astronomical] observatory	①观象台 ②天文台	①觀象台 ②天文台
astronomical observatory	灵台	靈臺
astronomical optics	天文光学	天文光學
astronomical photography（=astrophotography）	天体照相学	天文照相學, 天體照相
astronomical photometry	天体测光	天體測光
astronomical plate	天文底片	天文底片
astronomical point	天文点	天文點
astronomical polarimetry	天体偏振测量	天體偏振測量[法]
astronomical reference system	天文参考系	天文參考系
astronomical refraction	大气折射	大氣折射
astronomical satellite	天文卫星	天文衛星
Astronomical Society of the Pacific（ASP）	太平洋天文学会	太平洋天文學會
astronomical spectrophotometry	天体分光光度测量	天體分光光度測量
astronomical spectroscopy（=astrospectroscopy）	天体光谱学	天體光譜學
astronomical telegram	天文电报	天文電報

英　文　名	大　陆　名	台　湾　名
astronomical telescope	天文望远镜	天文望遠鏡
astronomical time	天文时	天文時
astronomical time scale	天文时标	天文時標
astronomical triangle	天文三角形	定位三角形, 天文三角形
astronomical twilight	天文晨昏蒙影	天文曙暮光, 天文晨昏蒙影
astronomical unit（AU）	天文单位	天文單位
astronomical vertical	天文垂线	天文垂線
astronomical zenith	天文天顶	天文天頂
Astronomische Gesellschaft Katalog（德）（AGK）	AGK 星表	AG 星表
Astronomischer Jahresbericht（德）（AJB）	天文年报	天文年報
astronomy	天文学	天文學
Astronomy and Astrophysics（A&A）	天文学和天体物理学	天文學和天文物理學
Astronomy and Astrophysics Abstracts（AAA）	天文学和天体物理学文摘	天文學和天文物理學文摘
astrophotography	天体照相学	天文照相學, 天體照相
astrophotometry（ =astronomical photometry）	天体测光	天體測光
Astrophysical Data System（ADS）	天体物理数据系统	天文物理資料系統
Astrophysical Journal（ApJ）	天体物理学报	天文物理期刊
Astrophysical Journal Letters（ApJL）	天体物理学报通信	天文物理期刊通訊
astrophysical maser	天体物理微波激射器	天文物理邁射儀
astrophysical method	天体物理方法	天文物理方法
astrophysicist	天体物理学家	天文物理學家
astrophysics	天体物理学	天文物理學
Astrophysics and Space Science（ApSS）	天体物理和空间科学	天文物理和太空科學
astropolarimetry（ =astronomical polarimetry）	天体偏振测量	天體偏振測量［法］
astroscope	天文仪	天球儀, 星宿儀
astrospectrograph	天体摄谱仪	天體攝譜儀
astrospectrometry	天体分光测量	天體分光測量
astrospectroscopy	天体波谱学	天體波譜學
astrospectroscopy	天体光谱学	天體光譜學
A subdwarf	A 型亚矮星	A 型次矮星
A subgiant	A 型亚巨星	A 型次巨星
A supergiant	A 型超巨星	A 型超巨星

英 文 名	大 陆 名	台 湾 名
asymmetric drift	非对称流	非對稱流
asymptotic branch	渐近支	漸近支
asymptotic branch giant(=AGB star)	渐近支巨星, AGB 星	漸近支巨星
asymptotic giant branch(AGB)	渐近巨星支	漸近巨星支
asymptotic orbit	渐近轨道	漸近軌道
asymptotic solution	渐近解	漸近解
AT(=atomic time)	原子时	原子時
Atacama Large Millimeter Array(ALMA)	阿塔卡马大型毫米[/亚毫米]波阵	阿塔卡瑪大型毫米[/次毫米]波陣
ataxite	杂陨石	無紋隕鐵
ATCA(=Australia Telescope Compact Array)	澳大利亚望远镜致密阵	澳大利亞望遠鏡緻密陣
atmospheric absorption	大气吸收	大氣吸收
atmospheric agitation	大气抖动	大氣攪動
atmospheric dispersion	大气色散	大氣色散
atmospheric eclipse	大气食	大氣食
atmospheric extinction	大气消光	大氣消光
atmospheric noise	大气噪声	大氣雜訊
atmospheric optics	大气光学	大氣光學
atmospheric refraction(=astronomical refraction)	大气折射	大氣折射
atmospheric scattering	大气散射	大氣散射
atmospheric scintillation	大气闪烁	大氣閃爍
atmospheric seeing	大气视宁度	視相, 大氣寧靜度
atmospherics(=stray)	天电	天電
atmospheric tide	大气潮	大氣潮[汐]
atmospheric transparency	大气透明度	大氣透明度
atmospheric window	大气窗	大氣窗口
atomic clock	原子钟	原子鐘
atomic frequency standard	原子频标	原子頻標
atomic second	原子时秒	原子時秒
atomic time(AT)	原子时	原子時
atomic time standard	原子时标准	原子時標準
ATST(=Advanced Technology Solar Telescope)	高新技术太阳望远镜	先進技術太陽望遠鏡
ATT(=Advanced Technology Telescope)	高新技术望远镜	先進技術望遠鏡
attitude control	姿态控制	姿態控制
attitude parameter	姿态参数	姿態參數

英　文　名	大　陆　名	台　湾　名
A-type asteroid	A 型小行星	A 型小行星
AU(=astronomical unit)	天文单位	天文單位
aubrite	无球粒顽辉陨石	頑火無球隕石
Auger effect	俄歇效应	奧杰效應
aureole	日晕	日暈, 華蓋
aurora	极光	極光
aurora australis	南极光	南極光
aurora borealis	北极光	北極光
auroral line	极光谱线	極光譜線
ζ Aur star	御夫 ζ 型星	御夫[座] ζ 型星
auspicious star	瑞星	瑞星
Australia Telescope Compact Array (ATCA)	澳大利亚望远镜致密阵	澳大利亞望遠鏡緻密陣
australite	澳洲玻璃陨体	澳洲似曜石
auto-guider	自动导星装置	自動導星儀
auto-ionization	自电离	自游離
Automated Astronomical Positioning System(AAPS)	自动天文定位系统	自動天文定位系統
Automated Plate-Measuring System (APMS)	底片自动测量系统	底片自動測量系統
automatic celestial navigation(CAN)	自动天文导航	自動天文導航
automatic guiding	自动导星	自動導星
automatic measuring machine	自动量度仪	自動量度儀
Automatic Meridian Circle(AMC)	自动子午环	自動子午環
automatic photoelectric telescope(APT)	自动光电测光望远镜	自動光電測光望遠鏡
automatic tracking	自动跟踪	自動追蹤
automatic zenith tube	自动天顶筒	自動天頂筒
autumnal equinox	秋分点	秋分點
average brightness	平均亮度	平均亮度
average magnitude(=mean magnitude)	平均星等	平均星等
averaging method	平均法	平均法
aviation astronomy	航空天文学	航空天文學
AXAF(= Advanced X-ray Astrophysical Facility)	高新 X 射线天体物理观测台	先進 X 光天文物理觀測台
axial aberration	轴向像差	軸向像差
axion	轴子	軸子
axis of figure	形状轴	形狀軸
axisymmetric accretion	轴对称吸积	軸對稱吸積

英　文　名	大　陆　名	台　湾　名
azimuth	①地平经度 ②方位角	①地平經度 ②方位角
azimuth circle(②=vertical circle)	①方位圈 ②地平经圈，垂直圈	①方位圈 ②地平經圈
azimuth mounting(=altazimuth mounting)	地平装置	地平[式]装置
azimuth quadrant	地平象限仪	地平象限儀
azimuth telescope	方位仪	方位儀
Azure Dragon	苍龙	蒼龍

B

英　文　名	大　陆　名	台　湾　名
BAA(=British Astronomical Association)	英国天文协会	英國天文協會
Baade's window	巴德窗	巴德窗
Baade-Wesselink method	巴德-韦塞林克方法	巴德-韋塞林克方法
Babylonian calendar	巴比伦历	巴比倫曆
back focus	后焦点	後焦點
background brightness	背景亮度	背景亮度
background galaxy	背景星系	背景星系
background galaxy cluster	背景星系团	背景星系團
background noise	背景噪声	背景雜訊
background radiation	背景辐射	背景輻射
background star	背景星	背景星
backscatter	反向散射	後向散射
back wave	反向波	回波，反向波
Baily's beads	贝利珠	倍里珠
balloon astronomy	气球天文学	氣球天文學
balloon-borne astronomy	球载天文学	球載天文學
balloon-borne telescope	球载望远镜	球載望遠鏡
balloon telescope(=balloon-borne telescope)	球载望远镜	球載望遠鏡
Balmer continuum	巴耳末连续区	巴耳麥連續譜區
Balmer decrement	巴耳末减幅	巴耳麥減幅
Balmer discontinuity(=Balmer jump)	巴耳末跳跃	巴耳麥陡變
Balmer jump	巴耳末跳跃	巴耳麥陡變
Balmer limit	巴耳末系限	巴耳麥系限
Balmer line	巴耳末谱线	巴耳麥譜線
BAL quasar(=broad absorption-line qua-	宽吸收线类星体	寬吸收線類星體

英 文 名	大 陆 名	台 湾 名
sar)		
band	[谱]带	[譜]帶
bandpass	带通	帶通
bandwidth	带宽	[頻]帶寬[度]
band width(=bandwidth)	带宽	[頻]帶寬[度]
barium star	钡星	鋇星
barred galaxy	有棒星系	有棒星系
barred spiral galaxy(SB galaxy)	棒旋星系	棒旋星系
Barringer meteorite crater	巴林杰陨星坑	巴林杰隕石坑
barycenter	质心	引力中心, 質[量中]心
barycentric coordinate	质心坐标	質心坐標
barycentric coordinate time(TCB)	质心坐标时	質心坐標時
barycentric dynamical time(TDB)	质心力学时	質心力學時
baryon	重子	重子
baryonic dark matter	重子暗物质	重子暗物質
baryon star	重子星	重子星
baseline	基线	基線
basin [of the Moon]	[月面]盆地	[月面]盆地
Ba star(=barium star)	钡星	鋇星
Bayer constellation	拜尔星座	拜耳星座
Bayer name	拜尔星名	拜耳星名
B band	B 波段	B 波段
BC(=bolometric correction)	热改正	熱[星等]修正
BCDG(=blue compact dwarf galaxy)	蓝致密矮星系	藍緻密矮星系
BCG(=blue compact galaxy)	蓝致密星系	藍緻密星系
BD(=Bonner Durchmusterung(德))	波恩星表, BD 星表	波昂星表
BDS(=Burnham's1 General Catalogue of Double Stars)	伯纳姆双星总表	伯納姆雙星總表
beam antenna(=directional antenna)	定向天线	定向天線
beam aperture	波束孔径	波束孔徑
beam broadening	波束展宽	波束變寬
beamsplitter	光束分离器	光束分離器
beard	向阳彗尾	向陽彗尾
beat cepheid	拍频造父变星	差頻造父[型]變星
beat effect	拍频效应	拍頻效應
Becklin-Neugebauer object(BN object)	贝克林–诺伊格鲍尔天体, BN 天体	BN 天體
Be dwarf	Be 矮星	Be 矮星

英　文　名	大　陆　名	台　湾　名
beginning of lunation(=new moon)	朔，新月	朔，新月
beginning of morning twilight	晨光始	曙光始
beginning of partial eclipse	偏食始	偏食始
beginning of totality(=second contact)	食既，全食始	食既，第二切
beginning of year	岁首	歲首
Besselian date	贝塞尔日期	白塞耳日期
Besselian day number	贝塞尔日数	白塞耳日數
Besselian element	贝塞尔根数	白塞耳要素，白塞耳根數
Besselian star constant	贝塞尔恒星常数	白塞耳恆星常數
Besselian year	贝塞尔年	白塞耳年
Be star	Be 星	Be 型星，B 型發射[譜線]星
Bethe-Weizsäcker cycle	贝特-魏茨泽克循环	貝特-魏茨澤克循環
Be/X-ray binary	Be/X 射线双星	Be/X 光雙星
bias	①本底 ②偏差 ③偏向	①本底 ②偏差 ③偏向
bidimensional spectroscopy	二维分光法	二維分光法
Biela's comet	比拉彗星	比拉彗[星]
big bang cosmology	大爆炸宇宙论	大爆炸宇宙論，霹靂說
Big Dipper	北斗[七星]	北斗[七星]
big flare(=major flare)	大耀斑	大閃焰
BIH(=Bureau International de l'Heure（法）)	国际时间局	國際時間局
binarity	成双性	成雙性
binary asteroid	双小行星	雙小行星
binary cepheid	造父双星	造父雙星
binary collision	二体碰撞	二體碰撞
binary flare star	耀发双星	閃焰雙星
binary galaxy	双重星系	雙重星系
binary planet	双行星	雙行星
binary [radio] pulsar	脉冲双星，射电脉冲双星	脈衝雙星，電波脈衝雙星
binary [star]	双星	[物理]雙星
binary X-ray source	X 射线双星	X 光雙星
binding energy	结合能	結合能，束縛能
binoculars	双目望远镜	雙筒[望遠]鏡
bioastronomy	生物天文学	生物天文學
biosphere	生物圈	生物圈

英　文　名	大　陆　名	台　湾　名
bipolar galaxy	双极星系	雙極星系
bipolar jet	双极喷流	雙極噴流
bipolar nebula	双极星云	雙極星雲
bipolar planetary nebula	双极行星状星云	雙極行星狀星雲
bipolar sunspots	双极黑子	雙極黑子
bissextile	闰	閏
black drop	黑滴	黑滴
black dwarf	黑矮星	黑矮星
black hole	黑洞	黑洞
Black Tortoise	玄武	玄武
blanketing effect	覆盖效应	覆蓋效應
blast wave	爆震波	爆震波
blazar	耀变体	蝎虎 BL[型]類星體
blazarlike activity	耀变活动性	耀變活動性
blaze angle	闪耀角	炫耀角
blazed grating	定向光栅	炫耀光柵
blaze wavelength	闪耀波长	炫耀波長
BL Her star	武仙 BL 型星	武仙[座]BL 型星
blink comparator	闪视比较仪	閃視[比較]鏡
BL Lac[ertae] object	蝎虎天体	蝎虎 BL 天體
BLR(=broad-line region)	宽线区	寬線區
BLRG(=broad-line radio galaxy)	宽线射电星系	寬線電波星系
blue branch	蓝分支	藍分支
blue compact dwarf galaxy(BCDG)	蓝致密矮星系	藍緻密矮星系
blue compact galaxy(BCG)	蓝致密星系	藍緻密星系
blue dwarf	蓝矮星	藍矮星
blue galaxy	蓝星系	藍星系
blue giant	蓝巨星	藍巨星
blue horizontal branch	蓝水平支	藍水平支
blue magnitude	蓝星等	藍星等
blue shift	蓝移	藍[位]移
blue straggler	蓝离散星	藍掉隊星
blue supergiant	蓝超巨星	藍超巨星
B magnitude	B 星等	B 星等
BN object(=Becklin-Neugebauer object)	贝克林–诺伊格鲍尔天体, BN 天体	BN 天體
Bode's law	波得定则	波德定律
body-fixed coordinate system	地固坐标系	地固坐標系

英　文　名	大　陆　名	台　湾　名
body tide	固体潮	[物]體潮
Bohr magneton	玻尔磁子	波耳磁元
Bok globule	巴克球状体	包克雲球
bolide	火流星	火流星
bolometer	测辐射热计	輻射熱[測定]計
bolometric albedo	热反照率	熱反照率
bolometric correction(BC)	热改正	熱[星等]修正
bolometric light curve	热光变曲线	熱光變曲線
bolometric magnitude	热星等	熱星等
bolometric radiation	热辐射	總輻射,熱輻射
bolometric temperature	热温度	熱溫度
Bond	娄宿	婁宿
Bonner Durchmusterung(德)(BD)	波恩星表,BD 星表	波昂星表
λ Boo star	牧夫 λ 型星	牧夫[座] λ 型星
booster	助推器	助推器
Bose-Einstein statistics	玻色-爱因斯坦统计	玻色-愛因斯坦統計法
boson	玻色子	玻色子
Boss General Catalogue(GC)	博斯[总]星表,GC 星表	博斯星表
boundary layer	边界层	邊界層
bound-bound transition	束缚–束缚跃迁	束縛–束縛躍遷
bounded orbit	束缚轨道	束縛軌道
bound electron	束缚电子	束縛電子
bound-free absorption	束缚–自由吸收	束縛–自由吸收
bound-free transition	束缚–自由跃迁	束縛–自由躍遷
bow shock	弓形激波	弓形震波
bow-shock nebula	弓形激波星云	弓形震波星雲
Bp star(=peculiar B star)	B 型特殊星,Bp 星	B 型特殊星,Bp 星
Brackett series	布拉开线系	布拉克系
braking absorption	阻尼吸收	制動吸收
Brans-Dicke cosmology	布兰斯–迪克宇宙论	卜然斯–狄基宇宙論
bremsstrahlung	轫致辐射	制動輻射
bright band	亮带	亮帶
brightening	增亮	增亮
bright flocculus	亮谱斑	亮譜斑
bright giant	亮巨星	亮巨星
bright nebulosity	亮星云状物质	亮星雲
brightness	亮度	亮度

英 文 名	大 陆 名	台 湾 名
brightness coefficient	亮度系数	亮度係數
brightness distribution	亮度分布	亮度分佈
brightness temperature	亮温度	亮度溫度
brilliance	辉度	輝度
British Astronomical Association(BAA)	英国天文协会	英國天文協會
broad absorption-line quasar	宽吸收线类星体	寬吸收線類星體
broadband imaging	宽带成像	寬帶成像
broadband photometry	宽带测光	寬帶測光
broadening	致宽,展宽	致寬,展寬
broad-line radio galaxy(BLRG)	宽线射电星系	寬線電波星系
broad-line region(BLR)	宽线区	寬線區
broken transit [instrument]	折轴中星仪	折軸中星儀
Brooks comet	布鲁克斯彗星	布魯克斯彗星
broom star	帚星	帚星
brown dwarf	棕矮星	棕矮星
Brown lunar theory	布朗月离理论	布朗月離理論
B star	B 型星	B 型星
B subdwarf	B 型亚矮星	B 型次矮星
B supergiant	B 型超巨星	B 型超巨星
B-type asteroid	B 型小行星	B 型小行星
bulge(=nuclear bulge)	核球	核球
bulge X-ray source	核球 X 射线源	核球 X 光源
Bureau International de l'Heure(法)(BIH)	国际时间局	國際時間局
Burnham's General Catalogue of Double Stars(BDS)	伯纳姆双星总表	伯納姆雙星總表
burst	暴	爆發
burster	暴源	爆發源
butterfly diagram	蝴蝶图	蝴蝶圖
B-V color index	B–V 色指数	B–V 色指數
BY Dra [variable] star	天龙 BY 型[变]星	天龍[座]BY 型[變]星

C

英 文 名	大 陆 名	台 湾 名
C(=Cambridge Catalogue of Radio Sources)	剑桥射电源表	劍橋電波源表
calcium cloud	钙云	鈣雲

英　文　名	大　陆　名	台　湾　名
calcium flocculus	钙谱斑	鈣譜斑
calcium plage(=calcium flocculus)	钙谱斑	鈣譜斑
calcium prominence	钙日珥	鈣日珥
calcium star	钙星	鈣星
calendar	历	曆
calendar date	历日期	曆日期
calendar day	历日	曆日
calendar month	历月	曆月
calendar year	历年	曆年
calibration	定标	定標
calibration curve	定标曲线	定標曲線
calibration source	定标源	定標源
calibration star	定标星	定標星
Cambridge Catalogue of Radio Sources(C)	剑桥射电源表	劍橋電波源表
Cambridge Low-Frequency Synthesis Telescope(CLFST)	剑桥低频综合孔径望远镜	劍橋低頻孔徑綜合望遠鏡
Cambridge Optical Aperture Synthesis Telescope(COAST)	剑桥光学综合孔径望远镜	劍橋光學孔徑合成望遠鏡
Canada-France-Hawaii Telescope(CFHT)	CFH 望远镜	加法夏望遠鏡
canal [of Mars]	[火星]运河	[火星]運河
CAN(=automatic celestial navigation)	自动天文导航	自動天文導航
candle power	烛光	燭光
cannibalism	吞食	吞食
Canon der Finsternisse(德)	食典	日月食典
cap prominence	冠状日珥	冠狀日珥
Capricornids	摩羯流星群	摩羯流星群
capture	俘获	捕獲
capture hypothesis	俘获假说	捕獲假說
carbonaceous chondrite	碳粒陨星	碳粒隕石
carbon burning	碳燃烧	碳燃燒
carbon cycle	碳循环	碳循環
carbon detonation	碳爆炸	碳引爆
carbon dwarf	碳矮星	碳矮星
carbon flash	碳闪	碳閃
carbon-nitrogen cycle	碳氮循环	碳氮循環, CN 循環
carbon-nitrogen-oxygen cycle	碳氮氧循环	碳氮氧循環
carbon-poor star	贫碳星	貧碳星
carbon-rich star	富碳星	富碳星

英 文 名	大 陆 名	台 湾 名
carbon sequence [of Wolf-Rayet star]	碳序	[沃夫−瑞葉星]碳星序
carbon star	碳星	碳星
Car-Cyg arm	船底−天鹅臂	船底−天鵝臂
cardinal point	四方点	基點, 基本方位
Carina arm	船底臂	船底臂
Carrington coordinate	卡林顿坐标	卡林吞坐標
Carrington longitude	卡林顿经度	卡林吞經度
Carrington meridian	卡林顿子午圈	卡林吞子午圈
Carrington rotation number	卡林顿自转序	卡林吞自轉序
Carte du Ciel(法)	照相天图	照相天圖星表
carte synoptique(法)	日面综合图	日面綜合圖
CAS(=Chinese Astronomical Society)	中国天文学会	中國天文學會
cascade transition	级联跃迁	級聯躍遷
Cassegrain antenna	卡塞格林天线	卡塞格林天線
Cassegrain focus	卡塞格林焦点	卡塞格林焦點
Cassegrain reflector(=Cassegrain telescope)	卡塞格林望远镜	卡塞格林[式]望遠鏡
Cassegrain spectrograph	卡[塞格林]焦摄谱仪	卡塞格林焦攝譜儀
Cassegrain telescope	卡塞格林望远镜	卡塞格林[式]望遠鏡
Cassini	卡西尼号[土星探测器]	卡西尼號[土星探測器]
Cassini division	卡西尼环缝	卡西尼環縫
Cassini's law	卡西尼定律	卡西尼定律
γ Cas star	仙后 γ 型星	仙后[座] γ 型星
ρ Cas star	仙后 ρ 型星	仙后[座] ρ 型星
cataclysm	激变	激變
cataclysmic binary	激变双星	激變[雙]星
cataclysmic variable	激变变星	激變[變]星
catadioptric telescope	折反射望远镜	折反射望遠鏡
catalog astronomy	星表天文学	星表天文學
catalog equinox	星表分点	星表分點
catalog number	星表编号	星表編號
Catalogue of Bright Stars(=The Bright Star Catalogue)	亮星星表	亮星星表
Catalogue of Faint Stars	暗星[星]表	暗星表
Catalogue of Galaxies and Clusters of Galaxies(CGCG)	星系和星系团表	星系和星系團表
Catalogue of Nearby Stars	近星星表	近星星表
catarinite	镍铁陨星	鎳鐵隕石

英 文 名	大 陆 名	台 湾 名
catastrophic event	灾变事件	災變事件
catastrophic hypothesis	灾变说	災變說
catastrophic variable	灾变变星	災變變星
catena	环形山串	環形山串
C band	C 波段	C 波段
CCD(=charge-coupled device)	电荷耦合器件	電荷耦合元件
CCD astronomy	CCD 天文学	CCD 天文學
CCD camera	CCD 照相机	CCD 相機, 電荷耦合元件相機
CCD photometry	CCD 测光	CCD 測光
CCD spectrograph	CCD 摄谱仪	CCD 攝譜儀
CCRS(=conventional celestial reference system)	习用天球参考系	習用天球參考系
CD(=Cordoba Durchmusterung)	科尔多瓦巡天星表	科爾多瓦巡天星表
cD galaxy	cD 星系	cD 星系
CDM(=cold dark matter)	冷暗物质	冷暗物質
CE(=color excess)	色余	色餘
celestial body	天体	天體
celestial chart(=sky atlas)	天图	天圖
celestial coordinate system	天球坐标系	天球坐標系
celestial cycle	天周	天周
celestial ephemeris pole(CEP)	天球历书极	天球曆書極
celestial equator	天赤道	天[球]赤道
celestial globe	浑象	天球儀
celestial intermediate pole(CIP)	天球中间极	天球中間極
celestial latitude(=ecliptic latitude)	黄纬	黄緯
celestial longitude(=ecliptic longitude)	黄经	黄經
Celestial Market Enclosure	天市垣	天市垣
celestial mechanics	天体力学	天體力學
celestial meridian	天球子午圈	天球子午圈
celestial navigation(=astronavigation)	天文导航	太空導航
celestial object(=celestial body)	天体	天體
celestial perimeter parts	周天分	周天分
celestial pole	天极	天極
celestial sphere	①天球 ②天球仪	①天球 ②天球儀
celestial stem	天干	天干
Centaur	半人马型小行星	半人馬型小行星
ω Centauri	半人马 ω [球状星团]	半人馬 ω [球狀星團]

英 文 名	大 陆 名	台 湾 名
Centaurus arm	半人马臂	半人馬臂
Centaurus cluster	半人马星系团	半人馬星系團
center of activity	活动中心	活動中心
center of land	地中	地中
21 Centimeter Array(21CMA)	21 厘米射电[望远镜]阵	21 釐米電波望遠鏡陣
central configuration	中心构形	中心構形
central eclipse	中心食	中心食
central lobe	中心瓣	中心瓣
central meridian	中央子午线	中央子午圈
central overlap technique	中心重叠法	中心重叠法
central star	中央星	中央星
centurial year	世纪年	世紀年
CEP(=celestial ephemeris pole)	天球历书极	天球曆書極
cepheid distance	造父距离	造父距離
cepheid instability strip	造父变星不稳定带	造父變星不穩定帶
cepheid parallax	造父视差	造父視差
Cepheids	仙王流星群	仙王[座]流星群
cepheid [variable]	造父变星	造父變星
β Cep star	仙王 β 型星, 大犬 β 型星	仙王[座] β 型星
Cerenkov radiation	切连科夫辐射	契忍可夫輻射
Ceres	谷神星(小行星 1 号)	穀神星(1 號小行星)
cervit	微晶玻璃	微晶玻璃
cesium clock	铯钟	銫[原子]鐘
CETI(=communication with extraterrestrial intelligence)	地外智慧生物通信	地[球]外智慧生物通訊
CFHT(=Canada-France-Hawaii Telescope)	CFH 望远镜	加法夏望遠鏡
CGCG(=Catalogue of Galaxies and Clusters of Galaxies)	星系和星系团表	星系和星系團表
CGRO(=Compton γ-Ray Observatory)	康普顿 γ 射线天文台	康卜吞 γ 射線天文台
Chandler period	钱德勒周期	張德勒週期
Chandler wobble	钱德勒摆动	張德勒搖轉
Chandrasekhar limit	钱德拉塞卡极限	錢卓極限
Chandrasekhar-Schoenberg limit	钱德拉塞卡–申贝格极限	錢卓–荀伯極限
Chandra X-ray Observatory	钱德拉 X 射线天文台	錢卓 X 光天文台

英 文 名	大 陆 名	台 湾 名
Chang'e 1	嫦娥一号	嫦娥一號
chaotic cosmology	混沌宇宙论	混沌宇宙論
chaotic orbit	混沌轨道	混沌軌道
characteristic age	特征年龄	特徵年齡
characteristic time	特征时间	特徵時間
charge-coupled device（CCD）	电荷耦合器件	電荷耦合元件
Chariot	軫宿	軫宿
charon	冥卫一	冥[王]衛一，凱倫
chemical abundance	化学丰度	化學豐度
chemical evolution	化学演化	化學演化
Chinese Astronomical Society（CAS）	中国天文学会	中國天文學會
Chiron	喀戎(小行星 2060 号)	開朗(2060 號小行星)
Chiron-like object	类喀戎型天体	類開朗型天體
Chiron-type object	喀戎型天体	開朗型天體
chladnite	顽辉石陨星	頑火無球隕石
chondrite	球粒陨星	[球]粒隕石
chondrule	粒状体	[球]粒
chopping secondary mirror	斩波副镜	斬波副鏡
Christiansen Cross	克里斯琴森十字	克里斯琴森十字
chromatic aberration	色差	色差
chromium star	铬星	鉻星
chromosphere	色球	色球[層]
chromosphere-corona transition region	色球日冕过渡区	色球日冕過渡區
chromospheric ablation（=chromospheric evaporation）	色球蒸发	色球蒸發
chromospheric activity	色球活动	色球活動
chromospherically active star	色球活动星	色球活躍星
chromospheric condensation	色球压缩区	色球壓縮區，色球凝聚區
chromospheric evaporation	色球蒸发	色球蒸發
chromospheric line	色球谱线	色球譜線
chromospheric network	色球网络	色球網絡
chromospheric spicule	色球针状物	色球針狀體
chromospheric telescope	色球望远镜	色球望遠鏡
chronograph	记时仪	記時儀
chronology	年代学	紀年法，年代學
chronometer	时计	時計
chronometry	计时学	計時學

英　文　名	大　陆　名	台　湾　名
CH star	CH 星	CH 星
CI(=color index)	色指数	色指數
CIO(=conventional international origin)	国际协议原点	國際慣用[極]原點
CIP(=celestial intermediate pole)	天球中间极	天球中間極
circle of perpetual apparition(=upper circle)	恒显圈	恆顯圈
circle of perpetual occultation(=lower circle)	恒隐圈	恆隱圈
circle of right ascension	赤经圈	赤經圈
circular orbit	圆轨道	圓軌道
circular polarization	圆偏振	圓偏振
circular restricted three-body problem	圆型限制性三体问题	圓型設限三體問題
circular velocity	环绕速度, 圆周速度	圓周速度, 環繞速度
circulation(=toroidal current)	环流	環流
circumhorizontal arc	环地平弧	日承, 環地平弧
circumlunar flight	环月飞行	環月飛行
circumlunar orbit	环月轨道	環月軌道
circumlunar satellite	环月卫星	環月衛星
circumlunar space	月周空间	月周空間
circumplanetary orbit	环行星轨道	環行星軌道
circumpolar constellation	拱极星座	拱極星座
circumpolar region	拱极区	拱極區
circumpolar star	拱极星	拱極星
circumpolar zone(=circumpolar region)	拱极区	拱極區
circumsolar flight	环日飞行	環日飛行
circumsolar orbit	环日轨道	環日軌道
circumsolar trajectory (=circumsolar orbit)	环日轨道	環日軌道
circumstances of eclipse	交食概况	交食概況
circumstellar debris disk	星周尘盘	拱星塵盤
circumstellar disk	星周盘	拱星盤
circumstellar dust	星周尘	拱星塵
circumstellar dust disk(=circumstellar debris disk)	星周尘盘	拱星塵盤
circumstellar envelope	星周包层	拱星包層
circumstellar gas	星周气体	拱星氣體
circumstellar line	星周谱线	拱星譜線
circumstellar matter	星周物质	拱星物質

英　文　名	大　陆　名	台　湾　名
circumstellar nebula	星周云	拱星星雲
circumterrestrial orbit	环地轨道	環地軌道
circumzenithal arc	环天顶弧, 日载	日戴, 環天頂弧
civil day	民用日	民用日
civil time	民用时	民用時
civil twilight	民用晨昏蒙影	民用曙暮光, 民用晨昏蒙影
civil year	民用年	民用年
classical astronomy	经典天文学	古典天文學
classical cepheid	经典造父变星	古典造父變星
classical integral	经典积分	古典積分
classical nova	经典新星	經典新星
Classic of the Stars	星经	星經
classification criterion	分类判据	分類判據
Clementine	克莱芒蒂娜[月球探测器]	克萊芒蒂娜[月球探测器]
clepsydra	①漏壶 ②漏刻	①漏壺 ②漏刻
CLFST(=Cambridge Low-Frequency Synthesis Telescope)	剑桥低频综合孔径望远镜	劍橋低頻孔徑綜合望遠鏡
clock correction	时钟改正	鐘差, 時鐘校正[量]
clock error	钟差	鐘差
clock rate	钟速	鐘速
clockwise rotation theory	左旋说	左旋說
close binary [star]	密近双星	密近雙星
closed orbit	闭合轨道	閉合軌道
closed universe	闭宇宙	封閉宇宙
close encounter	密近交会	密近交會
closest approach	最接近态	最接近態
clumping	簇聚	簇聚
cluster cepheid	星团造父变星	星團造父變星
cluster galaxy	团星系	屬團星系
clustering	成团	成團
cluster member	①星团成员 ②星系团成员	①星團成員 ②星系團成員
cluster of galaxies (=galaxy cluster)	星系团	星系團
cluster parallax	星团视差, 星群视差	星團視差, 星群視差
cluster star	团星	屬團星
cluster variable	星团变星	星團變星

英　文　名	大　陆　名	台　湾　名
21CMA(＝21 Centimeter Array)	21 厘米射电[望远镜]阵	21 釐米電波望遠鏡陣
CMD(＝color-magnitude diagram)	颜色–星等图	顏色–星等圖
CME (＝coronal mass ejection)	日冕物质抛射	日冕物質噴發
CM Tau(＝supernova of 1054)	1054 超新星	1054 超新星
CNO cycle(＝carbon-nitrogen-oxygen cycle)	碳氮氧循环	碳氮氧循環
co-altitude	余高度	餘高度
COAST(＝Cambridge Optical Aperture Synthesis Telescope)	剑桥光学综合孔径望远镜	劍橋光學孔徑合成望遠鏡
coating	镀膜	鍍鏡膜
cobalt star	钴星	鈷星
COBE(＝Cosmic Background Explorer)	宇宙背景探测器	宇宙背景探測衛星
coelostat	定天镜	定天鏡
coherent scattering	相干散射	相干散射, 同調散射
colatitude	①余黄纬 ②余纬度	①餘黃緯 ②餘緯度
cold dark matter(CDM)	冷暗物质	冷暗物質
cold sky	无源天区	無源天區
collapsar	坍缩星	塌縮星
collapse	坍缩	塌縮
collapsing cloud	坍缩云	塌縮雲
colliding galaxy	碰撞星系	碰撞星系
collimating lens	准直透镜	準直透鏡
collimating telescope	准直望远镜	準直望遠鏡
collinear point	共线点	共線點
collisional broadening	碰撞致宽	碰撞致寬
collisional excitation	碰撞激发	碰撞激發
collisional ionization	碰撞电离	碰撞游離
collision parameter(＝impact parameter)	碰撞参数	碰撞參數
color-color diagram(＝two-color diagram)	两色图	兩色圖, 色[指數]–色[指數]圖
color contrast	色衬度	色對比
color correction	色改正	色改正
color distortion	色畸变	色畸變
color excess(CE)	色余	色餘
colorimetry	色度测量	色度測量
color index(CI)	色指数	色指數
color-luminosity diagram	颜色–光度图	顏色–光度圖

英　文　名	大　陆　名	台　湾　名
color-magnitude diagram(CMD)	颜色–星等图	顏色–星等圖
color temperature	色温度	色溫度
column abundance	柱丰度	柱豐度
column density	柱密度	柱密度
colure	分至圈	二分圈, 二至圈
coma(②=comatic aberration)	①彗发 ②彗差	①彗髮 ②彗差, 彗形像差
comatic aberration	彗差	彗差, 彗形像差
combined magnitude	合成星等	合成星等
comet	彗星	彗星
cometary astronomy	彗星天文学	彗星天文[學]
cometary dust	彗[星]尘[埃]	彗[星]塵[埃]
cometary flare	彗耀	彗耀
cometary gas	彗星气体	彗星氣體
cometary globule	彗形球状体	彗形球狀體
cometary halo	彗晕	彗暈
cometary head	彗头	彗頭
cometary ion	彗星离子	彗星離子
cometary nebula	彗状星云	彗狀星雲
cometary nucleus	彗核	彗核
cometary outburst	彗星爆发	彗星爆發
cometary pause	彗顶	彗頂
cometary tail	彗尾	彗尾
comet family	彗星族	彗星族
comet group	彗星群	彗星群
comet Hale-Bopp	海尔–波普彗星	海爾–波普彗星
comet halo(=cometary halo)	彗晕	彗暈
comet head(=cometary head)	彗头	彗頭
comet Hyakutake	百武彗星	百武彗星
cometography	彗星志	彗星誌
cometory plasma	彗星等离子体	彗星等離子體
comet Shoemaker-Levy 9	休梅克–利维 9 号彗星	舒梅克–李維 9 號彗星
comets of Jupiter family(=Jupiter's family of comets)	木[星]族彗[星]	木[星]族彗星
comet tail(=cometary tail)	彗尾	彗尾
commensurable orbit	通约轨道	通約軌道
commensurate orbit(=commensurable orbit)	通约轨道	通約軌道

英　文　名	大　陆　名	台　湾　名
Committee on Space Research(COSPAR)	空间研究委员会	太空研究委員會
common envelope	共有包层	共有包層
common-envelope evolution	共包层演化	共包層演化
common year	平年	平年
communication with extraterrestrial intelligence(CETI)	地外智慧生物通信	地[球]外智慧生物通訊
compact binary	致密双星	緻密雙星
compact cluster	致密星团	緻密星系團
compact flare	致密耀斑	緻密閃焰
compact galaxy	致密星系	緻密星系
compact HII region	致密电离氢区	緻密 HII區
compact object	致密天体	緻密天體
compact radio source	射电致密源	緻密[無線]電波源
compact star	致密星	緻密星
compact γ-ray source	致密 γ 射线源	緻密 γ 射線源
compact X-ray source	致密 X 射线源	緻密 X 光源
companion galaxy	伴星系	伴星系
companion star	伴星	伴星
comparative planetology	比较行星学	比較行星學
comparison spectrum	比较光谱	比較光譜
comparison star	比较星	比較星
compensated pendulum	补偿摆	補償擺
complex	复合体	複合體
complex group	复合群	複雜[黑子]群
component(②=component star)	①子源 ②子星	①子源 ②子星
τ-component	τ 分量	τ 分量
υ-component	υ 分量	υ 分量
component of the six cardinal points	六合仪	六合儀
component star	子星	子星
composite spectrum	复合光谱	複合光譜
composite-spectrum binary	复谱双星	複譜雙星
compound eyepiece	复合目镜	複合目鏡
compound lens	复合透镜	複合透鏡
Compton γ-Ray Observatory(CGRO)	康普顿 γ 射线天文台	康卜吞 γ 射線天文台
Compton scattering	康普顿散射	康卜吞散射
computational astrophysics	计算天体物理学	計算天體物理學
computational celestial mechanics	计算天体力学	計算天體力學
concave grating	凹面光栅	凹光栅

英　文　名	大　陆　名	台　湾　名
concave lens	凹透镜, 负透镜	凹透鏡
concave mirror	凹[面]镜	凹面鏡
concentration	聚集度	聚集度
Cone nebula	锥状星云	錐狀星雲
configuration	位形	位形
conjugate focus	共轭焦点	共軛焦點
conjunction	合	合
Connaissance des Temps(法)	法国天文年历	法國天文年曆
constellation	星座	星座
contact binary	相接双星	密接雙星
continuous spectrum	连续谱	連續[光]譜
continuum emission	连续谱发射	連續譜發射
contracting universe	收缩宇宙	收縮宇宙
convection	对流	對流
Convection, Rotation and Transits (COROT)	科罗[系外行星探测器]	科洛[系外行星探測器]
convection zone	对流区	對流帶
convective cell	对流元	對流元
convective overshooting	对流过冲	對流過沖
convective zone(=convection zone)	对流区	對流帶
conventional celestial reference system (CCRS)	习用天球参考系	習用天球參考系
conventional international origin(CIO)	国际协议原点	國際慣用[極]原點
conventional terrestrial reference system (CTRS)	习用地球参考系	習用地球參考系
convergent point	会聚点	匯聚點
convex lens	凸透镜	凸透鏡
cool component	冷子星	冷子星
cool dwarf	冷矮星	冷矮星
cooling flow galaxy	冷[却]流星系	冷卻流星系
cooling time	冷却时间	冷卻時間
cool star	冷星	冷星
coorbital satellite	共轨卫星	共軌衛星
coordinate direction	坐标方向	坐標方向
coordinated universal time(UTC)	协调世界时	協調世界時
coordinate measuring instrument	坐标量度仪	坐標量度儀
coordinate time	坐标时	坐標時
Copernican system	哥白尼体系	哥白尼體系

英　文　名	大　陆　名	台　湾　名
Copernicus	哥白尼卫星	哥白尼天文衛星
coplanar orbits	共面轨道	共面軌道
Cordoba Durchmusterung(CD)	科尔多瓦巡天星表	科爾多瓦巡天星表
core-halo galaxy	核晕星系	核–暈星系
corequake	核震	核震
corona	冕	冕
coronagraph	日冕仪	日冕儀
coronal activity	星冕活动	星冕活動
coronal arch	冕拱	冕拱
coronal bright point	日冕亮点	日冕亮點
coronal cavity	冕穴	冕穴
coronal condensation	日冕凝区	日冕凝聚物
coronal fan	冕扇	冕扇
coronal gas	星冕气体	星冕氣體
coronal helmet	冕盔	冕盔
coronal hole	冕洞	[日]冕洞
coronal loop	冕环	冕環
coronal mass ejection(CME)	日冕物质抛射	日冕物質噴發
coronal oscillation	日冕振动	日冕振動
coronal prominence	冕珥	冕珥
coronal rain	冕雨	冕雨
coronal ray	日冕射线	日冕射線
coronal streamer	冕流	日冕流
coronal transient	日冕瞬变	日冕瞬變
coronal wind	冕风	冕風
corona of galaxy(=galactic corona)	星系冕	星系冕
coronium	氜	氜
corotation	共转	共轉
corotation resonance	共转共振	共轉共振
COROT(=Convection, Rotation and Transits)	科罗[系外行星探测器]	科洛[系外行星探測器]
corrected area	改正面积	改正面積
correcting lens	改正透镜	修正透鏡
correcting plate	改正板	修正鏡片
correction to time signal	时号改正数	時號改正數
corrector	改正镜	改正鏡
correlation analysis	相关分析	相關分析
correlation function	相关函数	相關函數

英　文　名	大　陆　名	台　湾　名
corrugation	褶皱	褶皺
cosmic abundance	宇宙丰度	宇宙豐度
cosmic age	宇宙年龄	宇宙年齡
Cosmic Background Explorer(COBE)	宇宙背景探测器	宇宙背景探測衛星
cosmic background radiation	宇宙背景辐射	宇宙背景輻射
cosmic dust	宇宙尘	宇宙塵
cosmic mean density	宇宙平均密度	宇宙平均密度
cosmic microwave background radiation	[宇宙]微波背景辐射	[宇宙]微波背景輻射
cosmic string	宇宙弦	宇宙弦
cosmic void(=void)	巨洞	巨洞
cosmic year	宇宙年	宇宙年
cosmochronology	宇宙纪年学	宇宙紀年學
cosmogony	天体演化学	天文演化學
cosmography	宇宙志	宇宙誌
cosmological constant	宇宙[学]常数	宇宙常數
cosmological distance	宇宙学距离	宇宙距離
cosmological distance scale	宇宙学距离尺度	宇宙學距離尺度
cosmological model	宇宙学模型	宇宙模型
cosmological principle	宇宙学原理	宇宙論原則
cosmological redshift	宇宙学红移	宇宙紅位移
cosmological time scale	宇宙学时标	宇宙學時標
cosmology	宇宙学	宇宙學, 宇宙論
cosmonaut(=astronaut)	航天员, 宇航员	太空人
cosmonautics(=astronautics)	宇航学	宇[宙]航[行]學, 太空航行學
Cosmos	宇宙号[天文卫星]	宇宙號[天文衛星]
cosmos(=universe)	宇宙	宇宙
COSPAR(=Committee on Space Research)	空间研究委员会	太空研究委員會
coudé focus	折轴焦点	折軸焦點
coudé mounting	折轴装置	折軸裝置
coudé refractor(=elbow refractor)	折轴折射望远镜	折軸折射望遠鏡
coudé spectrograph	折轴摄谱仪	折軸攝譜儀
coudé telescope	折轴望远镜	折軸望遠鏡
counterbalance	平衡锤	平衡錘
counterclockwise rotation theory	右旋说	右旋說
counterglow(=Gegenschein(德))	对日照	對日照
counter-Jupiter	太岁, 岁阴	太歲, 歲陰

英　文　名	大　陆　名	台　湾　名
coupling	耦合	耦合
Cowell method	科威尔方法	科威爾方法
crater	环形山	環形山，[隕石]坑洞，火山口
crater floor	环形山底	坑洞底
cratering	陨击	隕擊
craterlet	小环形山	小坑洞
crescent moon(=waxing crescent)	蛾眉月	蛾眉月
critical density	临界密度	臨界密度
critical equipotential lobe	临界等位瓣	臨界等位瓣
critical equipotential surface	临界等位面	臨界等位面
critical inclination	临界倾角	臨界傾角
critical velocity	临界速度	臨界速度
crochet(法)	磁钩	磁鉤
cross antenna	十字天线	十字天線
cross-correlation function	互相关函数	互相關函數
cross-disperser	横向色散器	橫向色散器
cross hair	叉丝	十字絲，叉絲
crossing time	穿越时标	穿越時間
cross wire(=cross hair)	叉丝	十字絲，叉絲
crown glass	冕牌玻璃	冕牌玻璃
C-S star	强氰线星，C-S 型星	強氰線星，C-S 型星
CTRS(=conventional terrestrial reference system)	习用地球参考系	習用地球參考系
C-type asteroid	C 型小行星	C 型小行星
culmination	中天	中天
current sheet	电流片	電流片
curvature of field(=field curvature)	场曲	視野彎曲像差，[像]場[彎]曲
curvature of space	空间曲率	空間曲率
curvature of space-time	时空曲率	時空曲率
curved tail	弯曲彗尾	曲彗尾
curve of growth	生长曲线	生長曲線
curve of zero velocity(=zero velocity curve)	零速度线	零速度線
cusp	尖角	尖角，尖點
cycle-amplitude relation	周幅关系	周幅關係
Cyclops project	独眼神计划	獨眼神計畫

英 文 名	大 陆 名	台 湾 名
cyclotron radiation	回旋加速辐射	迴旋加速輻射
Cygnids	天鹅流星群	天鹅[座]流星群
cynthion orbit(=lunar orbit)	月球轨道	月球軌道

D

英 文 名	大 陆 名	台 湾 名
D abundance	氘丰度	氘豐度
Dactyl	艾卫	艾衛
daily mean	日平均	日平均
daily motion	日运动	周日運動
damped oscillation	阻尼振荡	阻尼振動, 阻尼振盪
damping broadening	阻尼致宽	阻尼致寬
damping radiation	阻尼辐射	阻尼輻射
Danjon astrolabe	丹容等高仪	丹容等高儀
DAO(=Dominion Astrophysical Observatory)	自治领天体物理台	自治領天文物理台
dark companion(=faint companion)	暗伴星	暗伴星
dark energy	暗能量	暗能[量]
dark halo	暗晕	暗暈
dark lane	暗带	暗帶
dark matter	暗物质	[黑]暗物質, 暗質
dark nebula	暗星云	暗星雲
Dark Shadow	暗虚	暗虚
Darwin Space Interferometer	达尔文空间干涉仪	達爾文太空干涉儀
database	数据库	資料庫
date line	日界线	日界線
dating	计年	定年
datum(=datum level)	基准面	基準面
datum level	基准面	基準面
Dawes limit	道斯极限	道斯極限
day	日	日
day glow	日辉	晝輝
daylight fireball	白昼火流星	白晝火流星
daylight saving time(=summer time)	夏令时	夏令時, 日光節約時間
day number	日数	日數
day of year	积日	積日
daytime meteor	白昼流星	白晝流星

英 文 名	大 陆 名	台 湾 名
db galaxy(=dumbbell galaxy)	哑铃状星系	啞鈴狀星系
DB white dwarf	DB 型白矮星	DB 型白矮星
DC white dwarf	DC 型白矮星	DC 型白矮星
deactivation constant	钝化常数	鈍化係數
decan	黄道十度分度	黃道十度分度
decans	旬星	旬星
deceleration parameter	减速因子	減速參數
declination	赤纬	赤緯
declination axis	赤纬轴	赤緯軸
declination circle	①赤纬度盘 ②赤纬圈	①赤緯度盤 ②赤緯圈
decline phase	下降阶段	下降階段
decolouration	消色	消色
decoupling epoch	退耦期	[物質−輻射]退耦時間
decrescent	亏月	虧月
deep-field observation	深场观测	深空觀測
deeply embedded infrared source(DEIS)	深埋红外源	深埋紅外源
DEep Near Infrared Survey of the South-ern Sky(DENIS)	南天近红外深度巡天	南天近紅外深度巡天
deep sky	深空	深空
deep-sky object	深空天体	深空天體
deep space(=deep sky)	深空	深空
Deep Space Network(DSN)	深空探测网	深空探測網
deferent	均轮	均輪
defining constant	定义常数	定義常數
definite designation	正式命名	正式命名
definitive orbit	既定轨道	既定軌道
definitive time	确定时	確定時
deflection of light	光线偏折	光線偏轉
dE galaxy(=dwarf elliptical galaxy)	矮椭圆星系	矮橢圓星系
degeneracy collapse	简并坍缩	簡併塌縮
degenerate dwarf	简并矮星	簡併矮星
degenerate gas	简并气体	簡併氣體
degenerate matter	简并物质	簡併物質
degenerate star	简并星	簡併星
degree of concentration	中心聚度	集中度
degree of polarization	偏振度	偏振度
DEIS(=deeply embedded infrared source)	深埋红外源	深埋紅外源
Delaunay variable	德洛奈变量	德洛內變數

英 文 名	大 陆 名	台 湾 名
delay signal	滞后信号	遲滯信號
delay time	时延	延遲時間
DENIS(=DEep Near Infrared Survey of the Southern Sky)	南天近红外深度巡天	南天近紅外深度巡天
dense interstellar dust cloud(DIDC)	稠密星际尘云	稠密星際塵雲
density arm	密度臂	密度臂
density evolution	密度演化	密度演化
density parameter	密度参数	密度参数, 封闭参数
density perturbation	密度扰动	密度擾動
density wave	密度波	密度波
density-wave theory	密度波理论	密度波理論
dependence method	依数法	依數法
dereddening	红化改正	紅化改正
descending branch	下降支	下降部份
descending node	降交点	降交點
de Sitter universe	德西特宇宙	德西特宇宙
detached binary	不接双星	分離雙星
detached system(=detached binary)	不接双星	分離雙星
detailed balancing	细致平衡	細緻平衡
detector	探测器	探測器, 偵測器
determinative star	距星	距星
detonating fireball	发声火流星	發聲火流星
de Vaucouleurs classification	德沃古勒分类	德沃古勒分類
dew-cap	露罩	露罩
2dF Galaxy Redshift Survey(2dFGRS)	2 度视场星系红移巡天	2 度視場星系紅移巡天
2dFGRS(=2dF Galaxy Redshift Survey)	2 度视场星系红移巡天	2 度視場星系紅移巡天
D galaxy	D 星系	D 星系
dial(②=sundial)	①度盘 ②日晷	①[刻]度盤 ②日晷, 日規
diamond antenna	菱形天线	菱形天線
diaphragm aperture	光阑孔径	光闌孔徑
DIB(=diffuse interstellar band)	弥漫星际带	彌漫星際帶
DIDC(=dense interstellar dust cloud)	稠密星际尘云	稠密星際塵雲
differential aberration	光行差较差	光行差較差
differential astrometry	较差天体测量	較差天體測量
differential atmosphere absorption	较差大气吸收	大氣吸收較差
differential correction	较差改正	較差改正
differential delay	较差时延	較差時延

英　文　名	大　陆　名	台　湾　名
differential flexure	较差弯沉	較差彎沉
differential Galactic rotation	银河系较差自转	銀河系較差自轉
differential observation	较差观测	較差觀測
differential photometry	较差测光	較差測光
differential refraction	较差折射	較差[大氣]折射
differential rotation	较差自转	較差自轉
differential star catalogue	较差星表	較差星表
diffraction disk	衍射圆面	繞射盤
diffraction limit	衍射极限	繞射限制
diffuse dwarf galaxy	弥漫矮星系	彌漫矮星系
diffuse interstellar band(DIB)	弥漫星际带	彌漫星際帶
diffuse matter	弥漫物质	彌漫物質
diffuse nebula	弥漫星云	彌漫星雲
diffuse X-ray background	弥漫 X 射线背景	彌漫 X 光背景
diffuse X-ray emission	弥漫 X 射线辐射	彌漫 X 光輻射
dI galaxy(=dwarf irregular galaxy)	矮不规则星系	矮不規則星系
digital sky survey	数字[化]巡天	數位巡天
dilatation effect	钟慢效应	鐘慢效應
diluted radiation	稀化辐射	稀化輻射
dilution factor	稀化因子	稀釋因子
dioptra(=sighting tube)	窥管, 望筒	窺管, 望筒
dipole antenna	偶极天线	偶極天線
dipole magnetic field	偶极磁场	偶極磁場
dipole radiation	偶极辐射	偶極輻射
Dipper	斗宿	斗宿
directional antenna	定向天线	定向天線
direction angle	方向角	方向角
direction-determining board	正方案	正方案
directive gain	定向增益	指向增益
direct motion	顺行	順行
direct orbit	顺行轨道	順行軌道
director of imperial bureau of astronomy observatory	钦天监监正	欽天監監正
direct stationary	顺留	順留
dirty-snowball model	脏雪球模型	髒雪球模型
disappearance	掩始	掩始
disappearance point	消失点	消失點
Discoverer	发现者号[科学卫星]	發現者號[科學衛星]

英 文 名	大 陆 名	台 湾 名
discrete band	分立谱带	分立譜帶
discrete energy state	分立能态	分立能態
discrete radio source	分立射电源	分立電波源
dish	碟形天线	碟[型天線]
disk cluster	盘族星团	盤族星團
disk galaxy	盘星系	盤星系
disk globular cluster	盘族球状星团	盤族球狀星團
disk-like structure	盘状结构	盤狀結構
disk population	盘族	[星系]盤[星]族
disk star	盘族恒星	[星系]盤族星
dispersion velocity	弥散速度	彌散速度
distance correction	里差	里差
distance determination	距离测定	距離測定
distance estimator	估距关系	估距關係
distance indicator	示距天体	示距天體
distance modulus	距离模数	距離模數
distance scale	距离尺度	距離尺度
distant encounter	远距交会	遠距交會
disturbance(=perturbation)	摄动	攝動, 微擾
disturbed body	受摄体	受攝體
disturbed coordinate	受摄坐标	受攝坐標
disturbed element	受摄根数	受攝要素, 受攝根數
disturbed galaxy	受扰星系	受擾星系
disturbed orbit	受摄轨道	受攝軌道
disturbed sun	扰动太阳	擾動太陽
disturbing body	摄动体	攝動體
disturbing function	摄动函数	攝動函數
disturbing galaxy	扰动星系	擾動星系
diurnal aberration	周日光行差	周日光行差
diurnal change	日变化	日變化
diurnal circle	周日圈	周日[平]圈
diurnal libration	周日天平动	周日天平動
diurnal motion	周日运动	周日運動
diurnal nutation	周日章动	周日章動
diurnal parallax	周日视差	周日視差
dome(③=astrodome)	①圆顶 ②圆顶室 ③天文圆顶	①圓頂 ②圓頂室 ③[觀測]圓頂
dome servo	圆顶随动	圓頂隨動

英　文　名	大　陆　名	台　湾　名
dominant galaxy	主星系	主星系
Dominion Astrophysical Observatory（DAO）	自治领天体物理台	自治領天文物理台
Donati's comet	多纳提彗星	多納提彗[星]
Doppler broadening	多普勒致宽	都卜勒致寬
Doppler effect	多普勒效应	都卜勒效應
Doppler gram	多普勒图	都卜勒圖
Doppler motion	多普勒运动	都卜勒運動
Doppler ranging	多普勒测距	都卜勒測距
Doppler shift	多普勒频移	都卜勒位移
dorsum	环形山脊	環形山脊
double astrograph	双筒天体照相仪	雙筒攝星儀
double cluster	双重星团	雙[重]星團
double cluster in Perseus	英仙双星团	英仙[座]雙星團
double galaxy(=binary galaxy)	双重星系	雙重星系
double-hour	辰	辰
double-line spectroscopic binary	双谱分光双星	複綫[分光]雙星
double meteor	双流星	雙流星
double-mode cepheid	双模造父变星	雙頻造父變星
double-mode pulsation	双模脉动	雙模脈動
double-mode RR Lyrae star	双模天琴 RR 型星	雙模天琴[座]RR 型星
double radio source	射电双源	雙電波源
double reversal	双重自食	雙重自食
double-ring galaxy	双环星系	雙環星系
double star(=binary [star])	双星	[物理]雙星
double system	双重天体系统	雙重天體系統
doublet	双重线	雙重線
DO white dwarf	DO 型白矮星	DO 型白矮星
DQ Her star	武仙 DQ 型星	武仙[座]DQ 型星
DQ white dwarf	DQ 型白矮星	DQ 型白矮星
draconic month(=nodical month)	交点月	交點月
draconic year(=nodical year)	交点年	交點年
D region	D 区	D 區
drift	漂移	①漂移 ②星移
drift scan	漂移扫描	漂移掃描
Dritter Fundamental Katalog(德)	第三基本星表, FK3 星表	第三基本星表, FK3 星表
driving clock	转仪钟	轉儀鐘

英　文　名	大　陆　名	台　湾　名
driving mechanism	转仪装置	轉儀裝置
driving system	驱动系统	驅動系統
DSN(=Deep Space Network)	深空探测网	深空探測網
D-type asteroid	D 型小行星	D 型小行星
dumbbell galaxy	哑铃状星系	啞鈴狀星系
duplicity	二重性	二重性
duration of annular phase	环食时间	環食時間
duration of pulse	脉冲宽度	脈衝寬度
duration of totality	食延, 全食时间	食延
Durchmusterung(德)	巡天星表	巡天星表
dusky belt	暗带	暗帶
dusky ring	暗环	暗環
dust cloud	尘云	塵雲
dust lane	尘埃带	塵埃帶
dustless galaxy	无尘星系	無塵星系
dust nebula	尘埃星云	塵埃星雲
dust storm	尘暴	塵暴
dust tail	尘埃彗尾	塵埃彗尾
dwarf carbon star(=carbon dwarf)	碳矮星	碳矮星
dwarf cepheid	矮造父变星	矮造父變星
dwarf elliptical galaxy	矮椭圆星系	矮橢圓星系
dwarf galaxy	矮星系	矮星系
dwarf irregular galaxy	矮不规则星系	矮不規則星系
dwarf nova	矮新星	矮新星
dwarf planet	矮行星	矮行星
dwarf sequence	矮星序	矮星序
dwarf spherical galaxy	矮球状星系	矮球狀星系
dwarf spheroidal galaxy	矮椭球星系	矮橢球星系
dwarf spiral galaxy	矮旋涡星系	矮螺旋星系
dwarf [star]	矮星	矮星
dynamical age	动力学年龄	動力學年齡
dynamical astronomy	动力天文学	動力天文學
dynamical cosmology	动力学宇宙学	動力學宇宙學
dynamical equilibrium	动力学平衡	動力學平衡
dynamical equinox	力学分点	力學分點
dynamical evolution	动力学演化	動力學演化
dynamical libration	力学天平动	力學天平動
dynamical mass	动力学质量	動力學質量

英　文　名	大　陆　名	台　湾　名
dynamical oblateness	力学扁率	動態扁率
dynamical parallax	力学视差	動力视差
dynamical reference system	动力学参考系	動力學參考系
dynamical relaxation	动力弛豫	動力鬆弛
dynamical stability	动力稳定性	動態穩[定]度
dynamical time	力学时	力學時
dynamical time-scale	力学时标	力學時標
dynamo theory	发电机理论	發電機理論
DZ white dwarf	DZ 型白矮星	DZ 型白矮星

E

英　文　名	大　陆　名	台　湾　名
early spectral type	早光谱型	早光譜型
early stage star	早期演化星	早期演化星
early-type cluster	早型星系团	早型星系團
early-type emission-line star	早型发射线星	早型發射線星
early-type galaxy	早型星系	早型星系
early-type spiral galaxy	早型旋涡星系	早型螺旋星系
early-type star	早型星	早型星
early universe	早期宇宙	早期宇宙
Earth	地球	地球
earth-approaching asteroid(=near-earth asteroid)	近地小行星	近地小行星
earth-approaching comet(=near-earth comet)	近地彗星	近地彗星
earth-approaching object(=near-earth object)	近地天体	近地天體
earth core	地核	地核
earth-crossing asteroid	越地小行星	越地小行星
earth-crossing comet	越地彗星	越地彗星
earth-crossing object	越地天体	越地天體
earth crust	地壳	地殼
Earth ellipsoid(=terrestrial ellipsoid)	地球椭球体	地球橢球體
earth-fixed coordinate system(=bodyfixed coordinate system)	地固坐标系	地固坐標系
earth-grazer	掠地小天体	掠地小天體
earth-grazing asteroid	掠地小行星	掠地小行星

英　文　名	大　陆　名	台　湾　名
earthly branch(=terrestrial branch)	地支	地支
earth magnetosphere	地球磁层	地球磁層
earth mantle	地幔	地函
earth-moon mass ratio	地月质量比	地月質量比
earth-moon space	地月空间	地月空間
earth-moon system	地月系统	地月系統
earth orientation parameters(EOP)	地球定向参数	地球定向參數
earth penumbra	地球半影	地球半影
earth pole	地极	地極
Earth Resources Technology Satellite （ERTS)	地球资源技术卫星	地球资源衛星
earth rotation parameter(ERP)	地球自转参数	地球自轉參數
earth shadow	地影	地影
earth shell(=earth crust)	地壳	地殼
earthshine	地照	地[球反]照,地暉
earth spheroid	地球扁球体	地球球形體
earth umbra	地球本影	地球本影
eastern elongation(②=greatest eastern elongation)	①东距角 ②东大距	①東距角 ②東大距
eastern quadrature	东方照	東方照
east point	东点	東方
ebb tide	落潮	落潮
eccentric anomaly	偏近点角	偏近點角
eccentric orbit	扁轨	扁軌
echelle grating	阶梯光栅	階梯光柵
echelon grating(= echelle grating)	阶梯光栅	階梯光柵
eclipse	①交食 ②食	①交食 ②食
eclipse boundary	食界	初界
eclipse cycle	食周	交食週期
eclipse depth	食深	食深
eclipsed star	被食星	被食星
eclipse duration	掩食时间	交食時間
eclipse limit	食限	食限
eclipse season	食季	食季
eclipse year	食年	食年,交點年
eclipsing binary	食双星	食雙星
eclipsing variable	食变星	食變星
eclipsing X-ray star	X 射线食变星	X 光食變星

英 文 名	大 陆 名	台 湾 名
ecliptic	黄道	黄道
ecliptic armillary sphere	黄道经纬仪	黄道經緯儀
ecliptic coordinate system	黄道坐标系	黄道坐標系
ecliptic latitude	黄纬	黄緯
ecliptic longitude	黄经	黄經
ecliptic plane	黄道面	黄道面
ecliptic pole[s]	黄极	黄極
ecliptic season(=eclipse season)	食季	食季
E component	E 成分	E 分量
E corona	E 冕	E 冕
Eddington limit	爱丁顿极限	艾丁吞極限
Eddington luminosity	爱丁顿光度	艾丁吞光度
edge effect	边缘效应	邊緣效應
edge-on galaxy	侧向星系	側向星系
edge-on object	侧向天体	側向天體
edge-on spiral galaxy	侧向旋涡星系	側向螺旋星系
Edinburgh(=Royal Observatory)	爱丁堡皇家天文台	愛丁堡皇家天文台
EEI(=Exo-Earth Imager)	系外类地行星成像器	系外類地行星成像器
E-ELT(=European Extremely Large Telescope)	欧洲超大望远镜	歐洲超大望遠鏡
effective aperture	有效孔径	有效口徑, 有效孔徑
effect of evolution	演化效应	演化效應
Effelsberg Radio Telescope	埃费尔斯贝格射电望远镜	埃費爾斯貝格電波望遠鏡
E galaxy(=elliptical galaxy)	椭圆星系	橢圓星系
egress	出凌	出凌, 終切
Egyptian calendar	埃及历	埃及曆
eigenfunction	本征函数	本徵函數
eigenvalue	本征值	本徵值
Einstein arc	爱因斯坦弧	愛因斯坦弧
Einstein cross	爱因斯坦十字	愛因斯坦十字
Einstein-de Sitter cosmological model	爱因斯坦-德西特宇宙模型	愛因斯坦-迪西特宇宙模型
Einstein-de Sitter universe	爱因斯坦-德西特宇宙	愛因斯坦-迪西特宇宙
Einstein Observatory(HEAO-2)	爱因斯坦天文台	愛因斯坦天文台
Einstein ring	爱因斯坦环	愛因斯坦環
elaborate equatorial armillary sphere	玑衡抚辰仪	璣衡撫辰儀
elastic collision	弹性碰撞	彈性碰撞

英　文　名	大　陆　名	台　湾　名
elbow refractor	折轴折射望远镜	折軸折射望遠鏡
electric current helicity	电流螺度	電流螺度
electron camera(=electronographic camera)	电子照相机	電子照相機
electron event	电子事件	電子事件
electron flare	电子耀斑	電子閃焰
electronographic camera	电子照相机	電子照相機
electron-positron annihilation	电子–正电子湮灭	電子–正電子湮滅
electron pressure	电子压	電子壓力
electrophotometer	光电光度计	光電光度計
electrostatic bremsstrahlung	静电轫致辐射	靜電制動輻射
element abundance	元素丰度	元素豐度
Elementary Astronomical Instrument	简平仪	簡平儀
element formation	元素形成	元素形成
element of eclipse	交食要素	交食要素
element of light variation	光变要素	光變要素
elevation angle	仰角	仰角
elevation axis	高度轴	高度軸
elimination date	灭日	滅日
Ellerman bomb	埃勒曼炸弹	埃勒曼炸彈
ellipsoidal binary	椭球双星	橢球雙星
ellipsoidal coordinates(=spheroidal coordinates)	椭球坐标	橢球坐標
ellipsoidal distribution of velocities	速度椭球分布	速度橢球分佈
ellipsoidal variable	椭球变星	橢球[狀]變星
elliptical(=elliptical galaxy)	椭圆星系	橢圓星系
elliptical galaxy	椭圆星系	橢圓星系
elliptical orbit	椭圆轨道	橢圓軌道
ellipticity	椭率	橢圓率
elliptic restricted three-body problem	椭圆型限制性三体问题	橢圓型限制性三體問題
elongation(②=greatest elongation)	①距角 ②大距	①距角 ②大距
elongation of circumpolar star	拱极星大距	拱極星大距
embedded cluster	内埋星团	內埋星團
emerging magnetic flux	浮现磁流	浮現磁流
emersion	复现	復明
EMF(=evolving magnetic feature)	演化磁特征	演化磁特徵
emission line	发射线	發射[譜]線
emission-line galaxy	发射线星系	發射線星系

英　文　名	大　陆　名	台　湾　名
emission-line nebula	发射线星云	發射線星雲
emission-line star	发射线星	發射線星
emission measure	发射量度	發射[計]量
emission nebula	发射星云	發射星雲
emission nebulosity	发射星云状物质	發射雲氣
emission spectrum	发射光谱	發射光譜
Encampment	室宿	室宿
Encke division	恩克环缝	恩克環縫
Encke's comet	恩克彗星	恩克彗[星]
encounter	交会	交會
encounter hypothesis	偶遇假说	偶遇假說
encounter-type orbit	交会型轨道	交會型軌道
end point(=disappearance point)	消失点	消失點
energy density	能量密度	能[量]密度
energy distribution	能量分布	能量分佈
energy spectrum	能谱	能譜
English mounting	英国式装置	英[國]式裝置
enhanced network	增强网络	增強網絡
entrance pupil	入射光瞳	入射[光]瞳
envelope	包层	包層, 外殼
envelope star(=shell star)	气壳星	氣殼星
EOP(=earth orientation parameters)	地球定向参数	地球定向參數
epact	闰余	元旦月齡
Ep galaxy	Ep 星系	Ep 星系
ephemeral [active] region	瞬现[活动]区	瞬現[活躍]區
ephemeris	①历表 ②星历表	①曆表 ②星曆表
ephemeris day	历书日	曆書日
ephemeris meridian	历书子午线	曆書子午線
ephemeris reference frame(ERF)	历书参考系	曆書參考系
ephemeris second	历书秒	曆書秒
ephemeris time	历书时	曆書時
epicycle	本轮	本輪, 周轉圓
epoch	历元	曆元
epoch of observation	观测历元	觀測曆元
equal altitude method	等高法	等高法
equation of light	光行时差	光[行時]差
equation of radiative transfer	辐射转移方程, 转移方程	辐射轉移方程

英　文　名	大　陆　名	台　湾　名
equation of state	物态方程	狀態方程
equation of the center	中心差	中心差
equation of the equinoxes	二分差	二分差
equation of time	时差	時差
equator	赤道	赤道
equatorial	赤道仪	赤道儀
equatorial armillary sphere	赤道经纬仪	赤道經緯儀
equatorial bulge	赤道隆起	赤道隆起[部份]
equatorial coordinate system	赤道坐标系	赤道坐標系
equatorial horizontal parallax	赤道地平视差	赤道地平視差
equatorial mounting	赤道装置	赤道[式]裝置
equatorial parallax	赤道视差	赤道視差
equatorial radius	赤道半径	赤道半徑
equatorial rotational velocity	赤道自转速度	赤道自轉速度
equatorial satellite	赤道卫星	赤道衛星
equatorial sundial	赤道日晷	赤道[式]日晷
equatorium	行星定位仪	行星定位儀
equator of date	瞬时赤道	瞬時赤道
equator of epoch	历元赤道	曆元赤道
equilateral triangle point	等边三角形点	等邊三角形點
equinoctial colure	二分圈	二分圈
equinoctial day(=sidereal day)	恒星日	恆星日
equinoctial points(=equinoxes)	二分点	二分點
equinoctial year	分至年	分至年
equinox	分点	分點
equinoxes	二分点	二分點
equipartition of kinetic energy	动能均分	動能均分
equipotential surface	等位面, 等势面	等勢面, 等位面
equivalent antenna	等效天线	等效天線
equivalent focal distance	等值焦距	等效焦距
equivalent focal length(=equivalent focal distance)	等值焦距	等效焦距
equivalent temperature	等效温度	等效溫度
equivalent width	等值宽度	等值寬度
era	纪元	紀元, 代, 時代
era divisor	纪法	紀法
erect image	正像	正像
E region	E 区	E 區

英 文 名	大 陆 名	台 湾 名
ERF(=ephemeris reference frame)	历书参考系	曆書參考系
ergoregion(=ergosphere)	能层	動圈,動區
ergosphere	能层	動圈,動區
Eris	阋神星	鬩神星
ERO(=extremely red object)	极红天体	極紅天體
Eros	爱神星(小行星433号)	愛神星(433號小行星)
ERP(=earth rotation parameter)	地球自转参数	地球自轉參數
error bar	误差棒	誤差棒
error box	误差框	誤差框
ERTS(=Earth Resources Technology Satellite)	地球资源技术卫星	地球資源衛星
eruptive arch	爆发拱	爆發拱
eruptive binary	爆发双星	爆發雙星
eruptive flare	爆发耀斑	爆發閃焰
eruptive galaxy	爆发星系	爆發星系
eruptive prominence	爆发日珥	爆發日珥
eruptive star	爆发星	爆發星
eruptive variable	爆发变星	爆發變星
ESA(=European Space Agency)	欧[洲]空[间]局	歐[洲]空[間]局
escape cone	逃逸锥	逃逸錐
escape velocity	逃逸速度	脫離速度
ESO(=European Southern Observatory)	欧南台	歐洲南天天文台
etalon frequency(=standard frequency)	标准频率	標準頻率
ethereal ring	薄环	薄環
E-type asteroid	E型小行星	E型小行星
Eugenia	香女星(小行星45号)	香女星(45號小行星)
Euler angle	欧拉角	歐拉角
Eulerian motion	欧拉运动	歐拉運動
European Extremely Large Telescope (EELT)	欧洲超大望远镜	歐洲超大望遠鏡
European Southern Observatory(ESO)	欧南台	歐洲南天天文台
European Space Agency(ESA)	欧[洲]空[间]局	歐[洲]空[間]局
European VLBI Network(EVN)	欧洲甚长基线干涉网	歐洲特長基線干涉網
European X-ray Observatory Satellite (=Exosat)	欧洲X射线天文卫星	歐洲X光天文衛星
EUV(=extreme ultraviolet)	极紫外	極紫外
EUV astronomy	极紫外天文学	極紫外天文學
EUVE(=Extreme Ultraviolet Explorer)	极紫外探测器	極紫外探測衛星

英　文　名	大　陆　名	台　湾　名
EVA（=extravehicular activity）	舱外活动	艙外活動
evection	出差	出差
evening star	昏星	昏星
evening twilight	暮光	暮光
event horizon	事件视界	［事件］视界
Evershed effect	埃弗谢德效应	埃弗謝德效應
EVN（=European VLBI Network）	欧洲甚长基线干涉网	歐洲特長基線干涉網
evolutionary age	演化年龄	演化年齡
evolutionary mass	演化质量	演化質量
evolutionary time-scale	演化时标	演化時標
evolutionary track	演化程	演化軌跡
evolved object	晚期演化天体	晚期演化天體
evolved star（=post-main-sequence star）	主序后星	主序後星
evolving magnetic feature（EMF）	演化磁特征	演化磁特徵
evolving object	早期演化天体	早期演化天體
exchange of mass	质量交换	質量交換
excitation temperature	激发温度	激發溫度
excited nebula	受激星云	受激星雲
excited object	受激天体	受激天體
excited star	受激星	受激星
exciting object	激发天体	激發天體
exciting star	激发星	激發星
exit pupil	出射光瞳	出射［光］瞳
ex-nova	爆后新星	爆後新星
exobiology	地外生物学	地［球］外生物學
exo-Earth	系外类地行星	［太陽］系外類地行星
Exo-Earth Imager（EEI）	系外类地行星成像器	系外類地行星成像器
exo-Jupiter	系外类木行星	［太陽］系外類木行星
exoplanet	系外行星	外星行星
exoplanet system	系外行星系	外星行星系
exoplanet transit	系外行星凌星	［太陽］系外行星凌星
Exosat	欧洲X射线天文卫星	歐洲X光天文衛星
exosphere	外大气层	外氣層
expanding arm	膨胀臂	擴張旋臂
expanding envelope	膨胀包层	膨脹包層
expanding universe	膨胀宇宙	膨脹宇宙
expansion age	膨胀年龄	膨脹［年］齡
expansion time-scale	膨胀时标	膨脹時標

英　文　名	大　陆　名	台　湾　名
experimental astronomy	实验天文学	實驗天文學
exploding galaxy(=eruptive galaxy)	爆发星系	爆發星系
exploding star(=eruptive star)	爆发星	爆發星
Explorer	探险者号[科学卫星]	探險者號[科學衛星]
explorer(=probe)	探测器	探測器
explosive galaxy(=eruptive galaxy)	爆发星系	爆發星系
explosive nucleosynthesis	爆发核合成	爆發核合成
explosive phase	爆发相	爆發相,爆發階段
explosive variable(=eruptive variable)	爆发变星	爆發變星
exponential spectrum	指数谱	指數譜
exposure time	曝光时间	曝光時間,露光時間
ex-supernova(=post-supernova)	爆后超新星	爆後超新星
extended atmosphere	厚大气	厚大氣
extended envelope	延伸包层	厚外殼,延伸包層
extended infrared source	红外展源	紅外[線]展源
extended object	延展天体	延展天體
extended photosphere	延伸光球	延伸光球
extended radio source	射电展源	非點[狀]電波源,廣延電波源
extended γ-ray source	γ射线展源	γ射線展源
extended source	展源	延展源,非點狀源
extended X-ray source	X射线展源	X光展源
Extension	张宿	張宿
exterior contact	外切	外切
exterior ingress	外初切	外初切
external galaxy	河外星系	河外星系
extinction	消光	消光
extinction coefficient	消光系数	消光係數
extinction curve	消光曲线	消光曲線
extrafocal image	焦外像	焦外像
extrafocal photometry	焦外测光	焦外光度測量,焦外測光
extragalactic astronomy	河外天文学	河外天文學
extragalactic background radiation	河外背景辐射	河外背景輻射
extragalactic nebula	河外星云	河外星雲
extragalactic nova	河外新星	河外新星
extragalactic radio source	河外射电源	河外電波源
extragalactic γ-ray source	河外γ射线源	河外γ射線源

英　文　名	大　陆　名	台　湾　名
extragalactic supernova	河外超新星	河外超新星
extragalactic system(=external galaxy)	河外星系	河外星系
extragalactic X-ray source	河外 X 射线源	河外 X 光源
extrasolar comet	[太阳]系外彗星	[太陽]系外彗星
extrasolar life	系外生命	[太陽]系外生命
extrasolar planet	系外行星	[太陽]系外行星
extrasolar planetary system	系外行星系	[太陽]系外行星系
extraterrestrial civilization	地外文明	地[球]外文明
extraterrestrial intelligence	地外智慧生物	地[球]外智慧生物
extraterrestrial life	地外生命	地[球]外生命
extravehicular activity(EVA)	舱外活动	艙外活動
extreme helium star	极端氦星	極端氦星
extremely red object(ERO)	极红天体	極紅天體
extreme metal-poor star	极贫金属星	極貧金屬星
extreme metal-rich star	极富金属星	極富金屬星
extreme population I	极端星族 I	極端星族 I
extreme population II	极端星族 II	極端第二星族
extreme ultraviolet(EUV, XUV)	极紫外	極紫外
Extreme Ultraviolet Explorer(EUVE)	极紫外探测器	極紫外探測衛星
extrinsic variable	外因变星	外因變星
eye and ear method	耳目法	耳目法
eyepiece	目镜	目鏡
eye relief	适瞳距	適瞳距

F

英　文　名	大　陆　名	台　湾　名
Fabry lens	法布里透镜	法布立透鏡
Fabry-Perot interferometer	法布里-珀罗干涉议	法布立-拍茗干涉計
face-on galaxy	正向星系	正向星系
face-on object	正向天体	正向天體
facula	光斑	光斑
facular granule	光斑米粒	光斑米粒
faint blue object	暗蓝天体	暗藍天體
faint companion	暗伴星	暗伴星
faint galaxy	暗星系	昏暗星系
fall(=setting)	落，没	落，没
false-colour image	假彩色像	假色像

英　文　名	大　陆　名	台　湾　名
fan jet	扇形喷流	扇形噴流
fan ray	扇形射线	扇狀射線
fan-shaped tail	扇状彗尾	扇狀彗尾
Faraday rotation	法拉第旋转	法拉第旋轉
Far-Infrared and Submillimeter Space Telescope(FIRST)	远红外和亚毫米波空间望远镜	遠紅外和次毫米波太空望遠鏡
far infrared(FIR)	远红外	遠紅外
far side of the Moon	月球背面	月球背面
far ultraviolet(FUV)	远紫外	遠紫外
Far Ultraviolet Space Explorer(FUSE)	远紫外空间探测器	遠紫外太空探測器
FAST(=Five-hundred-meter Aperture Spherical Radio Telescope)	500 米口径球面射电望远镜	500 米口徑球面電波望遠鏡
fast drift burst	快漂暴	速漂爆發
fast Fourier transform(FFT)	快速傅里叶变换	快速傅立葉變換
fast-moving star	快速星	快速星
fast nova	快新星	快新星
fast process	快过程, r 过程	中子快捕獲過程, r 過程
fast supernova	快超新星	快超新星
favorable opposition	大冲	大衝
F component	F 成分	F 分量
F corona	F 冕	F 冕
feeder	馈线	饋[電]源
Fermi [acceleration] mechanism	费米加速机制	費米[加速]機制
Fermi Gamma-ray Space Telescope (GLAST)	费米 γ 射线空间望远镜	費米 γ 射線太空望遠鏡
fermion	费米子	費米子
few-body problem	少体问题	少體問題
FFT(=fast Fourier transform)	快速傅里叶变换	快速傅立葉變換
FG Sagittae star	天箭 FG 型星	天箭[座]FG 型星
fiber optics	纤维光学	纖維光學
fiber-optic spectrograph	光纤摄谱仪	光纖攝譜儀
fiber-optic spectroscopy	光纤分光	光纖分光
fibril	小纤维	小纖維
fibrous nebula(=filamentary nebula)	纤维状星云	絲狀星雲
fictitious mean sun	假平太阳	假平太陽
fictitious star	假星	假星
fictitious sun	假太阳	假太陽

英　文　名	大　陆　名	台　湾　名
fictitious year	假年	假年
field correction	像场改正	像場改正
field curvature	场曲	視野彎曲像差,［像]場［彎]曲
field distortion	场畸变	場畸變
field division	分野	分野
field galaxy	场星系	視野星系, 視場星系
field lens	场透镜	像場［透]鏡
field of view	视场	視野
field star	场星	視野星
figure of the earth	地球形状	地球形狀
filamentary nebula	纤维状星云	絲狀星雲
filamentary structure	纤维状结构	纖維絲狀結構
filament channel	暗条沟	暗條溝
filament foot	暗条足	暗條足
filament［of chromosphere]	暗条,［色球]纤维	［色球]暗條,［色球]絲狀體
filament oscillation	暗条振动	暗條振動
filament sudden disappearance	暗条突逝	暗條突逝
filar micrometer	动丝测微计	動絲測微器
filigree	细链	細鏈
filled aperture	连续孔径	連續孔徑
filled-aperture radio telescope	连续孔径射电望远镜	連續孔徑電波望遠鏡
filter	滤波器	濾波器
final decline	终降	終降
final orbit	终轨	既定軌道
final rise	终升	終升
finder	寻星镜	尋星鏡
finderscope(=finder)	寻星镜	尋星鏡
finding chart	寻星图	尋星圖
fine-motion screw	微动螺旋	微調螺旋
fine mottle	细日芒	細日芒
fine structure	精细结构	精細結構
FIR(=far infrared)	远红外	遠紅外
fireball(=bolide)	火流星	火流星
FIRST(=Far-Infrared and Submillimeter Space Telescope)	远红外和亚毫米波空间望远镜	遠紅外和次毫米波太空望遠鏡
first-ascent giant branch	初升巨星支	初升巨星支

英 文 名	大 陆 名	台 湾 名
first contact	初亏，食始	初虧
first cosmic velocity	第一宇宙速度	第一宇宙速度
first giant branch(=first-ascent giant branch)	初升巨星支	初升巨星支
first quarter	上弦	上弦
five elements	五行	五行
Five-hundred-meter Aperture Spherical Radio Telescope(FAST)	500 米口径球面射电望远镜	500 米口徑球面電波望遠鏡
Five-Kilometre Telescope	五千米射电望远镜	五千米電波望遠鏡
FK(=Fundamental Katalog(德))	基本星表，FK 星表	基本星表，FK 星表
FK3(=Dritter Fundamental Katalog(德))	第三基本星表，FK3 星表	第三基本星表，FK3 星表
FK4(=Vierter Fundamental Katalog(德))	第四基本星表，FK4 星表	第四基本星表，FK4 星表
flare	①耀斑 ②耀发	①閃焰，耀斑 ②閃焰
flare kernel	耀斑核	閃焰核
flare puff	耀斑喷焰	閃焰噴焰
flare ribbon	耀斑带	閃焰亮條
flare star	耀星	[閃]焰星
flare surge	耀斑日浪	閃焰噴流
flare variable	耀发变星	突亮變星
flare wave	耀斑波	閃焰波
flash phase	[耀斑]闪相	閃光相
flash spectrum	闪光谱	閃光譜
flash star	闪星	閃星
flat field(=flat[fielding])	平场	平場
flat-field correction	平场改正	平場改正
flat[fielding]	平场	平場
flat-field photometry	平场测光	平場測光
flat space	平直空间	平坦空間
flat spectrum	平谱	平譜
flat-spectrum radio quasar	平谱射电类星体	平譜電波類星體
flat-spectrum source	平谱源	平譜源
flattening(=oblateness)	扁率	扁率
flexure	弯沉	彎沉
flexure of the tube	镜筒弯沉	鏡筒彎曲
flickering	闪变	閃變
flint glass	火石玻璃	火石玻璃

英　文　名	大　陆　名	台　湾　名
floating zenith telescope(FZT)	浮动天顶仪	浮動天頂儀
flocculus	谱斑	譜斑
Flora	花神星(小行星8号)	花神星(8號小行星)
fluorescent radiation	荧光辐射	螢光輻射
flux	流量	通量，流量
flux density	流量密度	通量密度
flux unit	流量单位	通量單位
flyby	飞掠	飛掠
flyby orbit	飞掠轨道	飛掠軌道
f-mode	f模，基本模	f模式，基本模
focal image	焦面像	焦面像
focal length	焦距	焦距
focal plane	焦面	焦[平]面
focal ratio	焦比	焦比
focal ratio degradation(FRD)	焦比衰退	焦比衰退
focal reducer	缩焦器	縮焦器
focus	焦点	焦點
focusing	调焦	調焦
focusing X-ray telescope	聚焦X射线望远镜	聚焦X光望遠鏡
following arm	曳臂	尾隨旋臂
following sunspot	后随黑子	尾隨黑子
forbidden line	禁线	禁[譜]線
forbidden transition	禁戒跃迁	禁制躍遷
forced absorption	受迫吸收	強迫吸收
forced emission	受迫发射	強迫發射
forced nutation	受迫章动	強迫章動
forced oscillation	受迫振荡	強迫振動，強迫振盪
forced transition	受迫跃迁	強迫躍遷
force-free [magnetic] field	无力[磁]场	無力磁場
force function	力函数	力函數
foreground galaxy	前景星系	前景星系
foreground galaxy cluster	前景星系团	前景星系團
foreground star	前景星	前景星
fork mounting	叉式装置	叉式裝置
Foucault knife-edge test	傅科刀口检验	富可刀口檢驗
Foucault pendulum	傅科摆	富可擺
four [celestial] images	四象	四象
four-color photometry	四色测光	四色測光

英　文　名	大　陆　名	台　湾　名
Fourier transform spectrometer(FTS)	①傅里叶变换分光仪 ②傅里叶变换频谱仪	①傅立葉變換分光儀 ②傅立葉變換頻譜儀
fourth cosmic velocity	第四宇宙速度	第四宇宙速度
fragmentation	碎裂	分裂
Fraunhofer line	夫琅禾费[谱]线	夫朗和斐[譜]線
FRD(=focal ratio degradation)	焦比衰退	焦比衰退
free-bound transition	自由–束缚跃迁	自由–束縛躍遷
free-free transition	自由–自由跃迁	自由態間躍遷
free nutation	自由章动	自由章動
F region	F 区	F 區
frequency domain	频域	頻域
frequency drift	频率漂移	頻率漂移
frequency scale	频标	頻標
Friedmann cosmological model	弗里德曼宇宙模型	弗里德曼宇宙模型
Friedmann universe	弗里德曼宇宙	弗里德曼宇宙
F star	F 型星	F 型星
FTS(=Fourier transform spectrometer)	①傅里叶变换分光仪 ②傅里叶变换频谱仪	①傅立葉變換分光儀 ②傅立葉變換頻譜儀
F-type asteroid	F 型小行星	F 型小行星
full moon	望, 满月	望, 滿月
full phase	满相	滿相
full width at half-maximum(FWHM)	半峰全宽	半峰全幅值
[fully] steerable radio telescope	全[可]动射电望远镜	全[可]動電波望遠鏡
fundamental astrometry	基本天体测量	基本天體測量[術]
fundamental astronomy	基本天文学	基本天文學
Fundamental Catalogue	基本星表	基本星表
fundamental circle	基圈	基本大圓
fundamental frequency	基频	基頻
Fundamental Katalog(德)(FK)	基本星表, FK 星表	基本星表, FK 星表
fundamental reference system	基本参考系	基本參考系
fundamental star	基本星	基本星
FUSE(=Far Ultraviolet Space Explorer)	远紫外空间探测器	遠紫外太空探測器
FUV(=far ultraviolet)	远紫外	遠紫外
f-value	f 值	f 值
FWHM(=full width at half-maximum)	半峰全宽	半峰全幅值
FZT(=floating zenith telescope)	浮动天顶仪	浮動天頂儀

G

英　文　名	大　陆　名	台　湾　名
galactic absorption	星系吸光	星系吸收
Galactic absorption	银河吸光	銀河吸收
Galactic anticenter	反银心方向	反銀心
galactic arm	星系臂	星系臂
Galactic astronomy	银河系天文学	銀河系天文學
galactic astronomy（ =galaxy astronomy）	星系天文学	星系天文學
galactic bar	星系棒	星系棒
galactic bridge	星系桥	星系橋
galactic bulge	星系核球	星系核球
Galactic bulge	银河核球	銀河核球
galactic cannibalism	星系吞食	星系吞食
Galactic center	银心	銀[河系中]心
Galactic center region	银心区	銀心區
Galactic circle	银道圈	銀道圈
galactic classification	星系分类	星系分類
Galactic cluster	银河星团	銀河星團
galactic collision	星系碰撞	星系碰撞
Galactic component	银河系子系	銀河系子系
Galactic concentration	银面聚度	銀[面]聚度
galactic coordinate system	银道坐标系	銀道坐標系
Galactic core（ =Galactic nucleus）	银核	銀核
galactic corona	星系冕	星系冕
Galactic corona	银冕	銀冕
Galactic disk	银盘	銀[河]盤[面]
galactic dynamics	星系动力学	星系動力學
Galactic dynamics	银河系动力学	銀河系動力學
galactic equator	银道	銀[河赤]道
galactic halo	星系晕	星系暈
Galactic halo	银晕	銀暈
Galactic halo population	银晕族	銀暈族
galactic kinematics	星系运动学	星系運動學
Galactic kinematics	银河系运动学	銀河系運動學
galactic latitude	银纬	銀緯

英　文　名	大　陆　名	台　湾　名
galactic longitude	银经	銀經
galactic merging(=merge of galaxy)	星系并合	星系併合
Galactic nebula	银河星云	銀河星雲
Galactic noise	银河噪声	銀河雜訊
Galactic nova	银河新星	銀河新星
galactic nucleus	星系核	星系核
Galactic nucleus	银核	銀核
Galactic orbit	银心轨道	銀心軌道
Galactic plane	银道面	銀河盤面
galactic pole	银极	銀極
Galactic radio spur	银河射电支	銀河電波支
galactic rotation	星系自转	星系自轉
Galactic rotation	银河系自转	銀河系自轉
galactic rotation curve	星系自转曲线	星系自轉曲線
Galactic rotation curve	银河系自转曲线	銀河系自轉曲線
galactic structure	星系结构	星系結構
Galactic structure	银河系结构	銀河系結構
Galactic subsystem	银河系次系	銀河系次系
Galactic supernova	银河超新星	銀河超新星
galactic wind	星系风	星系風
Galactic year	银河年	銀河年
Galactocentric concentration	银心聚度	銀心聚度
Galactocentric distance	银心距	銀心距
galaxy	星系	星系
Galaxy	银河系	銀河系
GALAXY(=General Automatic Luminosity and X Y Measuring Engine)	GALAXY[底片自动测量仪]	GALAXY[底片自動測量儀]
galaxy astronomy	星系天文学	星系天文學
galaxy cluster	星系团	星系團
galaxy clustering	星系成团	星系成團
galaxy count	星系计数	星系計數
galaxy evolution	星系演化	星系演化
Galaxy Evolution Explorer(GALEX)	星系演化探索者	星系演化探索者
galaxy formation	星系形成	星系形成
galaxy merging(=merge of galaxy)	星系并合	星系併合
GALEX(=Galaxy Evolution Explorer)	星系演化探索者	星系演化探索者
Galilean satellite	伽利略卫星	伽利略衛星
Galilean telescope	伽利略望远镜	伽利略式望遠鏡

英 文 名	大 陆 名	台 湾 名
Galileo [spacecraft]	伽利略[号]木星探测器	伽利略號[木星探測]太空船
gap of asteroids	小行星带隙	小行星帶隙
gas cloud	气体云	氣體雲
gas-dust cloud	气尘云	氣[體]塵[埃]雲
gas-dust complex	气尘复合体	氣塵複合體
gas-dust envelope	气尘包层	氣塵包層
gas-dust nebula	气尘星云	氣塵星雲
gas envelope	气体包层	氣體包層
gaseous disk	气体盘	氣體盤
gaseous emission nebula	气体发射星云	氣體發射星雲
gaseous nebula	气体星云	氣體星雲
gaseous train	气体余迹	氣體[流星]遺跡
gas nebula(=gaseous nebula)	气体星云	氣體星雲
gas-poor comet	贫气彗星	貧氣彗星
Gaspra	加斯普拉(小行星951号)	加斯普拉(951號小行星)
gas-rich asteroid	富气小行星	富氣小行星
gas-rich meteorite	富气陨星	富氣隕石
gas-rich satellite	富气卫星	富氣衛星
gas-to-dust ratio	气尘比	氣塵比
Gaunt factor	冈特因子	岡特因子
Gaussian gravitational constant	高斯引力常数	高斯[重力]常數
G band	G 波段	G 波段
GBT(=Green Bank [Radio] Telescope)	格林班克射电望远镜	格林班克電波望遠鏡
GC(=Boss General Catalogue)	博斯[总]星表, GC 星表	博斯星表
GCT(=Greenwich civil time)	格林尼治民用时	格林[威治]民用時
GCVS(=General Catalogue of Variable Stars)	变星总表	變星總表
GE(=greatest elongation)	大距	大距
Gegenschein(德)	对日照	對日照
Gemini Telescope	双子望远镜	雙子望遠鏡
general astronomy	普通天文学	普通天文學
general astrophysics	普通天体物理学	普通天文物理學
General Automatic Luminosity and X Y Measuring Engine(GALAXY)	GALAXY[底片自动测量仪]	GALAXY[底片自動測量儀]
General Catalogue of Variable Stars	变星总表	變星總表

英　文　名	大　陆　名	台　湾　名
（GCVS）		
generalized main sequence	广义主序	廣義主星序
general perturbation	普遍摄动	普遍攝動
general precession	总岁差	總歲差
general precession in longitude	黄经总岁差	黃經總歲差
Geneva photometric system	日内瓦测光系统	日内瓦测光系统
geoastrophysics	地球天体物理学	地球天文物理學
geocentric apparent motion	地心视动	地球視動
geocentric colatitude	地心余纬	地心餘緯
geocentric conjunction	地心合	地心合
geocentric coordinate	地心坐标	地球坐標
geocentric coordinate time（TCG）	地心坐标时	地心坐標時
geocentric distance	地心距离	地球距離
geocentric ephemeris	地心历表	地心曆表
geocentric horizon	地心地平	地心地平
geocentric latitude	地心纬度	地球緯度
geocentric longitude	地心经度	地球經度
geocentric orbit	地心轨道	地球軌道
geocentric parallax	地心视差	地球視差
geocentric position	地心位置	地心位置
geocentric radiant	地心辐射点	地球輻射點
geocentric system	地心体系	地球[宇宙]體系
geocentric zenith	地心天顶	地心天頂
geochemistry	地球化学	地球化學
geocorona	地冕	地冕
geodesic	测地线	短程線, 大地線
geodesic coordinates	测地坐标	测地坐標
geodesic nutation（=geodetic nutation）	测地章动	测地章動
geodesic precession（=geodetic precession）	测地岁差	测地歲差
geodesy	大地测量学	大地测量學
geodetic astronomy	大地天文学	测地天文學
geodetic coordinate	大地坐标	测地坐標
geodetic latitude	大地纬度	测地緯度
geodetic longitude	大地经度	测地經度
geodetic nutation	测地章动	测地章動
geodetic precession	测地岁差	测地歲差
geodetic satellite	测地卫星	测地衛星
geodetic zenith	大地天顶	大地天頂

英 文 名	大 陆 名	台 湾 名
geodynamics	地球动力学	地球動力學
geographic coordinate	地理坐标	地理坐標
Geographos	地理星(小行星1620号)	地理星(1620號小行星)
geoid	大地水准面	大地水準面
geological age	地质年龄	地質年齡
geological dating	地质计年	地質計年
geological time scale	地质时标	地質時標
geomagnetic declination	地磁偏角	地磁偏角
geomagnetic inclination	地磁倾角	地磁傾角
geomagnetic pole	地磁极	地磁極
geomagnetic storm	地磁暴	地磁暴
geomagnetic tail	地磁尾	地磁尾
geomagnetism(=terrestrial magnetism)	地磁	地磁
geometric libration	几何天平动	幾何天平動
geometric variable	几何变星	幾何變星
geophysics	地球物理学	地球物理學
GEOS(=Geostationary Orbit Satellite)	地球同步轨道卫星	地球同步軌道衛星
geospace(=terrestrial space)	近地空间	地球空間
geosphere	陆圈	陸圈
geostationary orbit	地球同步轨道	地球同步軌道
Geostationary Orbit Satellite(GEOS)	地球同步轨道卫星	地球同步軌道衛星
geostationary satellite	地球同步卫星	地球同步衛星
geosynchronous orbit(=geostationary orbit)	地球同步轨道	地球同步軌道
geosynchronous satellite(=geostationary satellite)	地球同步卫星	地球同步衛星
German mounting	德国式装置	德式裝置
Geschichte des Fixsternhimmels(德) (GFH)	星空史	星空史
Geschichte und Literatur des Lichtwechsels der Veränderlichen Sterne(德) (GuL)	变星光变史和文献	變星光變史和文獻
g-factor	g 因子	g 因子
GFH(=Geschichte des Fixsternhimmels (德))	星空史	星空史
gf-value	加权振子强度	加權振子強度
G giant	G 型巨星	G 型巨星
Ghost	鬼宿	鬼宿
ghost image	鬼像	鬼影

英　文　名	大　陆　名	台　湾　名
ghost line	鬼线	鬼線
Giacobini comet	贾科比尼彗星	賈科比尼彗星
Giacobinids	贾科比尼流星群	賈科比尼流星群
Giacobini-Zinner comet	贾科比尼-津纳彗星	賈科比尼-金納彗星
giant branch	巨星支	巨星支
giant elliptical galaxy	巨椭圆星系	巨橢圓星系
giant galaxy	巨星系	巨星系
giant granulation	巨米粒组织	巨米粒組織
giant granule	巨米粒	巨米粒
giant impact hypothesis	大碰撞假说	大碰撞假說
Giant Magellan Telescope(GMT)	巨麦[哲伦望远]镜	巨麥[哲倫望遠]鏡
giant maximum	巨极大	巨極大
Giant Meterwave Radio Telescope(GMRT)	巨型米波射电望远镜	巨型米波電波望遠鏡
giant minimum	巨极小	巨極小
giant molecular cloud(GMC)	巨分子云	巨分子雲
giant planet	巨行星	巨行星
giant pulse	巨脉冲	巨脈衝
giant radio galaxy	巨射电星系	巨電波星系
giant spiral galaxy	巨旋涡星系	巨螺旋星系
giant [star]	巨星	巨星
gibbous moon	凸月	凸月
Ginga	银河号[X射线天文卫星]	銀河號X光天文衛星
Giotto	乔托号[行星际探测器]	喬陶號[太空船]
glancing incidence telescope	掠入成像望远镜	掠入成像望遠鏡
glass-ceramic(=cervit)	微晶玻璃	微晶玻璃
GLAST(=Fermi Gamma-ray Space Telescope)	费米γ射线空间望远镜	費米γ射线太空望遠鏡
glitch	自转突变	頻率突變
glitch activity	自转突变活动	自轉突變活動
Global Oscillation Network Group(GONG)	全球[太阳]振荡监测网	全球[太陽]振盪監測網
Global Positioning System(GPS)	全球定位系统	全球定位系統
global time synchronization	全球时间同步	全球時間同步
globular cluster	球状星团	球狀星團
globular galaxy(=spherical galaxy)	球状星系	球狀星系
globule	球状体	雲球
GMC(=giant molecular cloud)	巨分子云	巨分子雲
GMN(=Greenwich mean noon)	格林尼治平午	格林[威治]平午

英　文　名	大　陆　名	台　湾　名
g-mode	g 模	g 模式
GMRT(=Giant Meterwave Radio Telescope)	巨型米波射电望远镜	巨型米波電波望遠鏡
GMST(=Greenwich mean sidereal time)	格林尼治平恒星时	格林[威治]平恆星時
GMT(=①Giant Magellan Telescope ②Greenwich mean time)	①巨麦[哲伦望远]镜 ②格林尼治平时	①巨麥[哲倫望遠]鏡 ②格林[威治]平時
gnomon	①表 ②圭表	①表 ②日圭, 圭表
gnomon shadow template	圭	圭
Goddard Space Flight Center(GSFC)	戈达德航天中心	哥達德太空飛行中心
GONG(=Global Oscillation Network Group)	全球[太阳]振荡监测网	全球[太陽]振盪監測網
Gould Belt	古德带	古德帶
GPS(=Global Positioning System)	全球定位系统	全球定位系統
gradual burst	缓慢暴	缓慢爆發
gradual phase	缓变相	缓變相
graduated circle	刻度盘	刻度盤
graduation error	刻度误差	刻度誤差
Granat	石榴号[高能天文卫星]	石榴號[高能天文衛星]
grand design	宏观图像	宏觀圖像
grand historian	太史令	太史令
grand unified theory(GUT)	大统一理论	大統一理論
Gran Telescopio CANARIAS(GTC)	加那利大型望远镜	加那利大型望遠鏡
granulation	米粒组织	米粒組織
granule	米粒	米粒
grating	光栅	光柵
grating spectrograph	光栅摄谱仪	光柵攝譜儀
gravitational astronomy	引力天文学	重力天文學
gravitational binary	引力双星	重力雙星
gravitational bremsstrahlung	引力轫致辐射	重力制動輻射
gravitational clustering	引力成团	重力成團
gravitational collapse	引力坍缩	重力塌縮
gravitational condensation	引力凝聚	重力凝聚
gravitational constant	引力常数	重力常數
gravitational contraction	引力收缩	重力收縮
gravitational deflection	引力偏折, 引力弯曲	重力彎曲, 重力偏折
gravitational differentiation	引力分异	重力分化
gravitational displacement	引力位移	重力位移
gravitational field	引力场	重力場

英 文 名	大 陆 名	台 湾 名
gravitational instability	引力不稳定性	重力不穩定[性]
gravitational lens	引力透镜	重力透鏡
gravitational lens effect(=gravitational lensing)	引力透镜效应	重力透鏡效應
gravitational lensing	引力透镜效应	重力透鏡效應
gravitational mass	引力质量	重力質量
gravitational microlens	微引力透镜	微重力透鏡
gravitational micro-lensing	微引力透镜效应	微重力透鏡效應
gravitational paradox	引力佯谬	重力佯謬
gravitational radiation	引力辐射	重力輻射
gravitational radius	引力半径	重力半徑
gravitational redshift	引力红移	重力紅[位]移
gravitational synchrotron radiation	引力同步加速辐射	重力同步[加速]輻射
gravitational tide	引力潮	重力潮
gravitational wave	引力波	重力波
gravitational wave astronomy	引力波天文学	重力波天文學
gravitational wave telescope	引力波望远镜	重力波望遠鏡
gravitino	引力微子	重力微子
graviton	引力子	重力子
gravity	重力	重力
gravity driving clock	重力转仪钟	重力轉儀鍾
grazing eclipse	掠食	掠食
grazing incidence	掠射	掠射
grazing incidence spectrograph	掠射摄谱仪	掠射攝譜儀
grazing incidence telescope	掠射望远镜	掠射望遠鏡
grazing occultation	掠掩	掠掩
GRB(=γ-ray burster)	γ射线暴源	γ射線爆發源
great attractor	巨引力源	巨重力源
great circle	大圆	大圓
Great Dark Spot	大暗斑	大暗斑
greatest eastern elongation	东大距	東大距
greatest elongation(GE)	大距	大距
greatest western elongation	西大距	西大距
great inequality(=equation of the center)	中心差	中心差
Great Nebula of Orion	猎户大星云	獵戶[座]大星雲
Great Red Spot(GRS)	大红斑	大紅斑
Great sequence	大序	大星序
Great square of Pegasus	飞马[大]四边形	飛馬四邊形

英　文　名	大　陆　名	台　湾　名
great star	景星	景星
Great Wall	巨壁	長城
Great White Spot	大白斑	大白斑
great year	大年	大年
Greek group	希腊群	希臘群
Green Bank [Radio] Telescope(GBT)	格林班克射电望远镜	格林班克電波望遠鏡
green flash	绿闪	綠閃光
greenhouse effect	温室效应	溫室效應
Greenwich apparent noon	格林尼治视午	格林[威治]視午
Greenwich apparent sidereal time	格林尼治视恒星时	格林[威治]視恆星時
Greenwich apparent time	格林尼治视时	格林[威治]視時
Greenwich civil time(GCT)	格林尼治民用时	格林[威治]民用時
Greenwich mean noon(GMN)	格林尼治平午	格林[威治]平午
Greenwich mean sidereal time(GMST)	格林尼治平恒星时	格林[威治]平恆星時
Greenwich mean time(GMT)	格林尼治平时	格林[威治]平時
Greenwich meridian	格林尼治子午线	格林[威治]子午線
Greenwich sidereal date(GSD)	格林尼治恒星日期	格林[威治]恆星日期
Greenwich sidereal time(GST)	格林尼治恒星时	格林[威治]恆星時
Gregorian calendar	格里历	格里曆
Gregorian telescope	格里高利望远镜	格里望遠鏡
Gregorian year	格里年	格里年
grens	透镜棱栅	透鏡稜柵
grey atmosphere	灰大气	灰[色]大氣
Grey Dragon(=Azure Dragon)	苍龙	蒼龍
grey hole	灰洞	灰洞
grid	格栅	格柵,視柵
Grigg-Skjellerup comet	格里格–斯基勒鲁普彗星	格里格–斯基勒鲁普彗星
grism	棱栅	稜柵
Groombridge's Catalogue of Circumpolar Stars	格鲁姆布里奇拱极星表	格鲁姆布里奇拱極星表
ground-based astronomy	地面天文学,地基天文学	地面天文學
ground-based observation	地基观测	地基觀測
ground-based observatory	地基天文台	地基天文台
ground-based telescope	地基望远镜	地基望遠鏡
ground station	地面站	地面站
ground wave propagation	地波传播	地波傳播

英　文　名	大　陆　名	台　湾　名
group of galaxies	星系群	星系群
group parallax(=cluster parallax)	星团视差, 星群视差	星團視差, 星群視差
group velocity	群速度	[波]群速[度]
growth curve(=curve of growth)	生长曲线	生長曲線
GRS(=Great Red Spot)	大红斑	大紅斑
GSC(=Guide Star Catalogue)	GSC 导星星表	GSC 導星星表
GSD(=Greenwich sidereal date)	格林尼治恒星日期	格林[威治]恆星日期
GSFC(=Goddard Space Flight Center)	戈达德航天中心	哥達德太空飛行中心
GST(=Greenwich sidereal time)	格林尼治恒星时	格林[威治]恆星時
G star	G 型星	G 型星
G subdwarf	G 型亚矮星	G 型次矮星
G subgiant	G 型亚巨星	G 型次巨星
G supergiant	G 型超巨星	G 型超巨星
GTC(=Gran Telescopio CANARIAS)	加那利大型望远镜	加那利大型望遠鏡
G-type asteroid	G 型小行星	G 型小行星
guest star	客星	客星
guidance	制导	導引
guide meridian	参考子午线	參考子午線
guider(=①guiding device ②guiding telescope)	①导星装置 ②导星镜	①導星裝置 ②導星鏡
guide star(=guiding star)	引导星	引導星
Guide Star Catalogue(GSC)	GSC 导星星表	GSC 導星星表
guide telescope(=guiding telescope)	导星镜	導星鏡
guiding	导星	導星
guiding device	导星装置	導星裝置
guiding error	导星误差	導星誤差
guiding microscope	导星测微镜	導星測微鏡
guiding star	引导星	引導星
guiding telescope	导星镜	導星鏡
guillotine factor	截断因子	截斷因子
GuL(=Geschichte und Literatur des Lichtwechsels der Veränderlichen Sterne (德))	变星光变史和文献	變星光變史和文獻
GUT(=grand unified theory)	大统一理论	大统一理論
GW Vir star	室女 GW 型星	室女[座]GW 型星
gyromagnetic radiation	磁回转辐射	磁迴轉輻射
gyro-synchrotron radiation	回旋同步加速辐射	迴旋同步加速輻射

H

英　文　名	大　陆　名	台　湾　名
HA(=hour angle)	时角	時角
habitability	适居性	適居性，可居住性
habitable planet	适居行星	適居行星
habitable zone	适居区	適居區
H abundance(=hydrogen abundance)	氢丰度	氫豐度
hadron	强子	強子
hadron era	强子期	強子時代
Hakucho	天鹅[X 射线天文卫星]	天鵝[X 光天文衛星]
HALCA (=Highly Advanced Laboratory for Communication and Astronomy)	哈尔卡实验室	哈爾卡實驗室
Hale Observatories	海尔天文台	海爾天文台
Hale telescope	海尔望远镜	海爾望遠鏡
half-power beamwidth(HPBW)	半功率束宽	半功率束寬
half width	半宽	半寬
Halley's comet	哈雷彗星	哈雷彗星
halo	晕	暈
halo dwarf	晕族矮星	暈族矮星
halo globular cluster	晕族球状星团	暈族球狀星團
halo population	晕族	[銀]暈星族
halo star	晕族星	[銀]暈族星
halo-tail structure	晕–尾结构	暈–尾結構
Hamburg variable(HBV)	汉堡天文台变星	漢堡天文台變星
h and χ Persei(=double cluster in Perseus)	英仙双星团	英仙[座]雙星團
hard binary	硬双星	硬雙星
Hard X-ray Modulation Telescope(HXMT)	硬 X 射线调制望远镜	硬 X 光調制望遠鏡
Harmonia	谐神星(小行星 40 号)	諧神星(40 號小行星)
Haro galaxy	阿罗星系	哈羅星系
Harvard classification	哈佛分类	哈佛分類法
Harvard College Observatory(HCO)	哈佛天文台	哈佛天文台
Harvard Photometry(HP)	哈佛恒星测光表	哈佛恆星測光表
Harvard pulsar	哈佛天文台脉冲星	哈佛天文台脈衝星
Harvard Region	哈佛选区	哈佛天區

英 文 名	大 陆 名	台 湾 名
Harvard-Smithsonian Reference Atmosphere	哈佛–史密松参考大气	哈佛–史密松参考大氣
harvest moon	获月	穫月
Haumea	妊神星	妊神星
Haviland meteorite crater	哈维兰陨星坑	哈威蘭隕石坑
Hawking radiation	霍金辐射	霍金輻射
Hayashi limit	林忠四郎极限	林[忠四郎]極限
Hayashi line	林忠四郎线	林忠四郎線
Hayashi track	林忠四郎轨迹	林[忠四郎]軌跡
HBV(=Hamburg variable)	汉堡天文台变星	漢堡天文台變星
HⅠcloud	中性氢云	中性氫雲
HⅡcloud	电离氢云	氫離子雲
HCO(=Harvard College Observatory)	哈佛天文台	哈佛天文台
H-component	H 分量	H 分量
HD Catalogue(=Henry Draper Catalogue)	德雷伯星表, HD 星表	HD 星表
HDE(=Henry Draper Extension)	德雷伯星表补编, HD 星表补编	HD 星表補編
HDF (=Hubble Deep Field)	哈勃深场	哈柏深空區
He abundance(=helium abundance)	氦丰度	氦豐度
head-on collision	正面碰撞	[對]正碰撞
head-tail galaxy	头尾星系	首尾星系
head-tail structure	头尾结构	首尾結構
HEAO(=High Energy Astronomical Observatory)	高能天文台	高能天文衛星
HEAO-2(=Einstein Observatory)	爱因斯坦天文台	愛因斯坦天文台
Heart	心宿	心宿
heat index(H. I.)	热指数	熱指數
heavenly stem(=celestial stem)	天干	天干
heavy element star	重元素星	重元素星
heavy-metal star	重金属星	重金屬星
Hebe	韶神星(小行星 6 号)	韶神星(6 號小行星)
heliacal cycle	太阳周	太陽周
heliacal rising	晨出, 偕日升	偕日升
heliacal setting	夕没, 偕日落	夕没, 偕日降
helicity	螺度	螺度
heliocentric angle	日心角	日心角
heliocentric coordinate	日心坐标	日心坐標
heliocentric coordinate network	日面坐标网	日面坐標網

英　文　名	大　陆　名	台　湾　名
heliocentric correction	日心改正	日心改正
heliocentric distance	日心距[离]	日心距離
heliocentric ephemeris	日心历表	日心曆表
heliocentric gravitational constant	日心引力常数	日心引力常數
heliocentric Julian date(HJD)	日心儒略日	日心儒略日
heliocentric latitude	日心纬度	日心緯度
heliocentric longitude	日心经度	日心經度
heliocentric parallax	日心视差	日心視差
heliocentric phenomena	日心天象	日心天象
heliocentric position	日心位置	日心位置
heliocentric radial velocity	日心视向速度	日心視向速度
heliocentric system	日心体系	日心[宇宙]體系
heliocentric theory	日心说	日心[學]說
heliogeophysics	太阳地球物理学	太陽地球物理[學]
heliographic chart	日面图	日面圖
heliographic coordinate	日面坐标	日面坐標
heliographic latitude(=heliolatitude)	日面纬度	日面緯度
heliographic longitude(=heliolongitude)	日面经度	日面經度
heliolatitude	日面纬度	日面緯度
heliolongitude	日面经度	日面經度
heliomagnetosphere	日球磁层	日球磁層
heliopause	日球层顶	日球層頂
helioseismology	日震学	日震學
heliosphere	日球层	太陽圈,日光層
heliostat	定日镜	定日鏡
helium abundance(He abundance)	氦丰度	氦豐度
helium burning	氦燃烧	氦燃燒
helium core	氦核	氦核
helium flash	氦闪	氦閃
helium main-sequence	氦主序	氦主序
helium-poor star	贫氦星	貧氦星
helium-rich core	富氦核	富氦核
helium-rich star	富氦星	富氦星
helium star	氦星	氦星
helium-strong star	强氦星	強氦星
helium-weak star	弱氦星	弱氦星
helium white dwarf	氦白矮星	氦白矮星
Helmholtz contraction	亥姆霍兹收缩	亥姆霍茲收縮

英 文 名	大 陆 名	台 湾 名
hemisphere	半球	半球
Henbury meteorite crater	亨布里陨星坑	亨布里陨石坑
Hénon-Helies model	埃农–海利斯模型	埃農–海利斯模型
Henry Draper Catalogue(HD Catalogue)	德雷伯星表, HD 星表	HD 星表
Henry Draper Extension(HDE)	德雷伯星表补编, HD 星表补编	HD 星表補編
HEOS(=highly eccentric orbit satellite)	大偏心轨道卫星	大偏心軌道衛星
Herbig Ae/Be star	赫比格 Ae/Be 型星	赫比格 Ae/Be 型星
Herbig-Haro nebula	HH 星云	赫比格–哈羅星雲, HH 星雲
Herbig-Haro object	赫比格–阿罗天体, HH 天体	赫比格–哈羅天體, HH 天體
Hercules X-1	武仙 X-1	武仙[座]X-1
Herculina	大力神星(小行星 532 号)	大力神星(532 號小行星)
Herschelian telescope	赫歇尔型望远镜	赫歇耳[式]望遠鏡
Herschel infrared space telescope	赫歇尔红外空间望远镜	赫歇耳紅外[線]太空望遠鏡
Herschel-Rigollet comet	赫歇尔–里格雷彗星	赫歇耳–里格雷彗星
Hertzsprung gap	赫氏空隙	赫氏空隙
Hertzsprung-Russell diagram	赫罗图, HR 图	赫羅圖, HR 圖
Hesperus	长庚星	長庚星
HET(=Hobby-Eberly Telescope)	霍比–埃伯利望远镜	哈比–艾柏利望遠鏡
HETE(=High Energy Transient Explorer)	高能暂现源探测器	高能瞬變源探測器
heterochromatic magnitude	混色星等	混色星等
heterochromatic photometry	混色测光	多色測光術
Hevelius formation	赫维留结构	赫維留結構
hexahedrite	六面体陨铁	六面體[式]隕鐵
HII galaxy	电离氢星系	氫離子星系
HH nebula(=Herbig-Haro nebula	HH 星云	赫比格–哈羅星雲, HH 星雲
HH object(=Herbig-Haro object)	赫比格–阿罗天体, HH 天体	赫比格–哈羅天體, HH 天體
H.I. (=heat index)	热指数	熱指數
Hidalgo	希达尔戈(小行星 944 号)	希達戈(944 號小行星)
hidden companion	①隐伴天体 ②隐伴星	①隱伴天體 ②隱伴星
hidden mass	隐质量	隱質量

英　文　名	大　陆　名	台　湾　名
hidden matter	隐物质	隱物質
hierarchical clustering	等级式成团	階式成團
hierarchical model	等级式模型	階式模型
hierarchical structure	等级式结构	階式結構
hierarchical universe	等级式宇宙	階式宇宙
hierarchic cosmology	等级式宇宙论	階式宇宙論
high altitude orbit	高轨道	高軌道
high altitude station	高山观测站	高山觀測站
high dispersion spectroscopy	高色散分光	高色散分光
high dispersion spectrum	高色散光谱	高色散光譜
high-earth orbit	远地轨道	遠地軌道
High Energy Astronomical Observatory （HEAO）	高能天文台	高能天文衛星
high energy astronomy	高能天文学	高能天文學
high energy astrophysics	高能天体物理学	高能天文物理學
High Energy Transient Explorer（HETE）	高能暂现源探测器	高能瞬變源探測器
higher apse（=apoastron）	远星点	遠星點
high-latitude flare	高纬[度]耀斑	高緯[度]閃焰
high-latitude spot	高纬[度]黑子	高緯黑子
high-luminosity star	高光度[恒]星	高光度[恆]星
Highly Advanced Laboratory for Communication and Astronomy（HALCA）	哈尔卡实验室	哈爾卡實驗室
highly eccentric orbit satellite（HEOS）	大偏心轨道卫星	大偏心軌道衛星
highly evolved object	演化晚期天体	演化晚期天體
highly evolved star	演化晚期星	演化晚期星
highly polarized quasar（HPQ）	高偏振类星体	高偏振類星體
high magnetic arcade（HMA）	高磁拱	高磁拱
high-mass star（=massive star）	大质量星	大質量恆星，重恆星
high-metallicity cluster	①高金属丰度星团 ②高金属丰度星系团	①高金屬豐庲星團 ②高金屬豐度星系團
High Precision Parallax Collecting Satellite	依巴谷卫星	依巴谷衛星
high redshift	高红移	高紅移
high-speed photometer	高速光度计	高速光度計
high-speed photometry	高速测光	高速測光
high-speed spectroscopy	高速分光	高速分光
high-velocity cloud（HVC）	高速云	高速雲
high-velocity star	高速星	高速星

英　文　名	大　陆　名	台　湾　名
high water	大潮	大潮
high-z object	高红移天体	高紅移天體
Hilda	希尔达(小行星153号)	希耳達(153號小行星)
Hilda group [of asteroids]	希尔达群	希耳達群小行星
Hill-Brown theory	希尔–布朗理论	希耳–布朗理論
Hill element	希尔根数	希耳根數
Hill problem	希尔问题	希耳問題
Hill stability	希尔稳定性	希耳穩定性
Hinotori	火鸟[太阳探测器]	火鳥[太陽探測器]
H⁻ ion (=negative hydrogen ion)	负氢离子	負氫離子
Hipparcos (=High Precision Parallax Collecting Satellite)	依巴谷卫星	依巴谷衛星
Hipparcos Catalogue	依巴谷星表	依巴谷星表
Hipparcos-Tycho Catalogue	依巴谷–第谷星表	依巴谷–第谷星表
Hirayama family	平山族	平山[家族]分類
history of astronomy	天文学史	天文學史
HJD (=heliocentric Julian date)	日心儒略日	日心儒略日
H line	H线	H線
HMA (=high magnetic arcade)	高磁拱	高磁拱
H magnitude	H星等	H星等
Hoba meteorite	霍巴陨星	霍巴隕鐵
Hobby-Eberly Telescope (HET)	霍比–埃伯利望远镜	哈比–艾柏利望遠鏡
Hohmann transfer orbit	霍曼转移轨道	霍曼轉移軌道
Holmberg radius	霍姆伯格半径	洪伯半徑
holmium star	钬星	鈥星
homochromatic photometry	同色测光	同色測光
homogeneous atmosphere	均匀大气	均質大氣
homogeneous universe	均匀宇宙	均質宇宙
homologous flare	相似耀斑	相似閃焰
homologous gaseous sphere	同模气体球	同模氣體球
homologous radio burst	同系射电暴	同調電波爆發
homosphere	匀质大气	匀質大氣
honeycomb mirror	蜂窝式反射镜	蜂巢式反射鏡
horizon	①地平圈 ②视界	①地平 ②視界
horizon circle	地平经仪	地平經儀
horizon coordinate system (=horizontal coordinate system)	地平坐标系	地平坐標系
horizon dip	地平俯角	地平俯角

英　文　名	大　陆　名	台　湾　名
horizon of the universe	宇宙视界	宇宙視界
horizontal axis	水平轴	水平軸
horizontal branch	水平支	水平分支
horizontal circle	①地平圈 ②水平度盘	①地平圈 ②水平度盤
horizontal coordinate	地平坐标	地平坐標
horizontal coordinate system	地平坐标系	地平坐標系
horizontal meridian circle(=horizontal transit circle)	水平子午环	水平[式]子午環
horizontal mounting	地平式装置	地平[式]裝置
horizontal parallax	地平视差	地平視差
horizontal plane	①地平面 ②水平面	①地平面 ②水平面
horizontal solar telescope	水平式太阳望远镜	水平[式]太陽望遠鏡
horizontal sundial	地平式日晷	水平[式]日晷
horizontal telescope	水平式望远镜	水平[式]望遠鏡
horizontal thread	横丝	橫絲
horizontal transit circle	水平子午环	水平[式]子午環
horizontal transit instrument	地平式中星仪	地平[式]中星儀
horizontal zenith telescope	地平式天顶仪	水平[式]天頂儀
Horn	角宿	角宿
horn antenna	喇叭天线	喇叭[形]天線
horologe(=chronometer)	时计	時計
horoscope	天宫图	天宮圖
horseshoe mounting	马蹄式装置	馬蹄式裝置
horseshoe orbit	马蹄形轨道	馬蹄形軌道
host galaxy	寄主星系	宿主星系
hot big bang	热大爆炸	熱大爆炸
hot component	热子星	熱子星
hot dark matter	热暗物质	熱暗物質
hot spot	热斑	熱斑
hot star	热星	熱星
hour	小时	小時
hour angle(HA)	时角	時角
hour-angle axis	赤经轴,时角轴	赤經軸
hour circle	①时圈 ②赤经度盘 ③时角度盘	時圈
hour glass(=sand clock)	沙漏	沙漏[鐘]
hour mark(=time signal)	时号	時號
house(=sign)	宫	宮

英 文 名	大 陆 名	台 湾 名
Hoyle-Narlikar cosmology	霍伊尔-纳利卡宇宙学	霍伊耳-纳里卡宇宙學
HP(=Harvard Photometry)	哈佛恒星测光表	哈佛恆星測光表
HPBW(=half-power beamwidth)	半功率束宽	半功率束寬
Hα photometry	Hα 测光	Hα 測光
HPQ(=highly polarized quasar)	高偏振类星体	高偏振類星體
HR diagram(=Hertzsprang-Russell diagram)	赫罗图, HR 图	赫羅圖, HR 圖
HI region	中性氢区	H I 區, 氢原子區
HII region	电离氢区	H II 區, 氢離子區
Hα spectroscopy	Hα 分光	Hα 分光
HST(=Hubble Space Telescope)	哈勃空间望远镜	哈柏太空望遠鏡
Hα survey	Hα 巡天	Hα 巡天
HS variable star(=Hubble-Sandage variable star)	哈勃-桑德奇型变星, HS 型变星	哈柏-桑德奇型變星, HS 型變星
Hubble age	哈勃年龄	哈柏年龄
Hubble classification [of galaxies]	哈勃[星系]分类	哈柏星系分類
Hubble constant	哈勃常数	哈柏常數
Hubble Deep Field(HDF)	哈勃深场	哈柏深空區
Hubble diagram	哈勃图	哈柏圖
Hubble distance	哈勃距离	哈柏距離
Hubble flow	哈勃流	哈柏流
Hubble law	哈勃定律	哈柏定律
Hubble parameter	哈勃参数	哈柏參數
Hubble radius	哈勃半径	哈柏半徑
Hubble relation	哈勃关系	哈柏關係
Hubble-Sandage variable star	哈勃-桑德奇型变星, HS 型变星	哈柏-桑德奇型變星, HS 型變星
Hubble sequence	哈勃序列	哈柏序列
Hubble Space Telescope(HST)	哈勃空间望远镜	哈柏太空望遠鏡
Hubble stage	哈勃分类参数	哈柏分類參數
Hubble time	哈勃时间	哈柏時間
Hubble Ultra Deep Field(HUDF)	哈勃极深场	哈柏極深空區
HUDF(=Hubble Ultra Deep Field)	哈勃极深场	哈柏極深空區
Hulse-Taylor pulsar	赫尔斯-泰勒脉冲星	赫爾斯-泰勒脈衝星
human eye	肉眼	肉眼
human space flight	载人空间飞行	载人太空飛行
Humason-Zwicky star(HZ star)	赫马森-兹威基星, HZ 星	哈馬遜-兹威基星, HZ 星

英 文 名	大 陆 名	台 湾 名
hump cepheid	驼峰造父变星	拱峰造父變星
Hungaria group	匈牙利群	匈牙利群
Huygens eyepiece	惠更斯目镜	惠更斯目鏡
Huygens probe	惠更斯号[探测器]	惠更斯號[探測器]
HVC(=high-velocity cloud)	高速云	高速雲
HXMT(=Hard X-ray Modulation Telescope)	硬 X 射线调制望远镜	硬 X 光調制望遠鏡
Hyades	毕星团	畢宿星團
Hyades supercluster	毕宿超星团	畢宿超星團
hybrid-chromosphere star	混合色球星	混合色球星
hybrid star	混合大气星	混合大氣星
hybrid telescope	混合式望远镜	混合式望遠鏡
Hydra-Centaurus supercluster	长蛇–半人马超星系团	長蛇–半人馬超星系團
hydrodynamic time scale	流体动力时标	流體動力時標
hydrogen abundance	氢丰度	氫豐度
hydrogen burning	氢燃烧	氫燃燒
hydrogen clock	氢钟	氫[原子]鐘
hydrogen cloud	氢云	氫雲
hydrogen corona	氢冕	氫冕
hydrogen cycle	氢循环	氫循環
hydrogen-deficient carbon star	贫氢富碳星	貧氫富碳星
hydrogen-deficient star	贫氢星	貧氫恆星
hydrogen flocculus	氢谱斑	氫譜斑
hydrogen halo	氢晕	氫暈
hydrogen line	氢线	氫線
hydrogen main sequence	氢主序	氫主序
hydrogen maser	氢微波激射	氫邁射
hydrogen-metal ratio	氢–金属比	氫–金屬比
hydrogen nebula	氢星云	氫星雲
hydrogenous atmosphere	氢型大气	氫型大氣
hydrogen-poor star(=hydrogen-deficient star)	贫氢星	貧氫恆星
hydrogen prominence	氢日珥	氫日珥
hydrogen recombination	氢复合	氫複合
hydrogen star	氢星	氫星
hydrosphere	水圈	水圈
hydroxyl maser	羟基微波激射	羟基邁射
hydroxyl radical	羟基	羟基

英　文　名	大　陆　名	台　湾　名
hyperbolic comet	双曲线轨道彗星	雙曲線[軌道]彗星
hyperbolic orbit	双曲线轨道	雙曲線軌道
hyperbolic space	双曲空间	雙曲空間
hyperboloid mirror	双曲面反射镜	雙曲面反射鏡
hypergalaxy（=supergalaxy）	超星系	超星系
hypergiant［star］	特超巨星	特超巨星
hypergranulation（=supergranulation）	超米粒组织	超米粒組織
hypergranule（=supergranule）	超米粒	超米粒組織
hypernova	特超新星	特超新星
hyperon star	超子星	超子星
hypersensitization（=sensitization）	敏化	增感，敏化
HZ star（=Humason-Zwicky star）	赫马森–兹威基星，HZ星	哈馬遜–茲威基星，HZ星

I

英　文　名	大　陆　名	台　湾　名
IAG（=International Association of Geodesy）	国际测地协会	國際測地協會
IAGC（=International Association of Geochemistry and Cosmochemistry）	国际地球化学和宇宙化学协会	國際地球化學和宇宙化學協會
IASY（=International Active Sun Year）	国际活动太阳年	國際活動太陽年
IAT（=International Atomic Time）	国际原子时	國際原子時
IAU（=International Astronomical Union）	国际天文学联合会	國際天文聯合會
IAUC（=IAU Circular）	IAU 快报	IAU 快報
IAU Circular（IAUC）	IAU 快报	IAU 快報
IAU galactic coordinate system	IAU 银道坐标系	IAU 銀道坐標系
IAU system of astronomical constants	IAU 天文常数系统	IAU 天文常數系統
IBVS（=Information Bulletin on Variable Stars）	变星快报	變星快報
IC（=Index Catalogue）	星云星团新总表续编	索引星表，IC 星表
Icarus	伊卡鲁斯（小行星 1566号）	伊卡若斯（1566 號小行星）
ICE（=①International Cometary Explorer ②inverse Compton effect）	①国际彗星探测器 ②逆康普顿效应	①國際彗星探測器 ②逆康卜吞效應
ICRF（=International Celestial Reference Frame）	国际天球参考架	國際天球參考坐標

英　文　名	大　陆　名	台　湾　名
ICRS(=International Celestial Reference System)	国际天球参考系	國際天球參考系
ICSO(=international coordinated solar observations)	国际太阳联合观测	國際太陽聯合觀測
icy conglomerate model	冰态团块模型	冰凍團塊模型
Ida	艾达(小行星243号)	艾達(243號小行星)
ideal coordinate	理想坐标	理想坐標
identification	证认	識別
identification chart	证认图	識別圖
identified flying object(IFO)	已证认飞行物	已鑑定飛行物
IDS(=image-dissector scanner)	析像扫描器	析像掃描器
IERS(=International Earth Rotation Service)	国际地球自转服务	國際地球自轉服務
IFO(=identified flying object)	已证认飞行物	已鑑定飛行物
IGY(=International Geophysical Year)	国际地球物理年	國際地球物理年
Ikeya-Seki comet	池谷–关彗星	池谷–關[氏]彗星
illuminated hemisphere	照亮半球	受亮半球
ILS(=International Latitude Service)	国际纬度服务	國際緯度服務處
image amplifier	像增强器	像加強器
image converter	变像管	變像管
image derotator	像消转器	像消轉器
image-dissector scanner(IDS)	析像扫描器	析像掃描器
image distortion	图像畸变	影像扭曲
image field	像场	像場
image photometry	成像测光	成像測光
image processing	图像处理	影像處理
image reconstruction	图像重建	影像重建
image restoration	图像复原	影像復原
image sharping	星像增锐	星像增銳
image slicer	星像切分器	像切分儀
image synthesis	图像综合	影像合成
image tube	像管	電子[像]管
imaginary axis	虚轴	虛軸
I magnitude	I 星等	I 星等
Imbrium Basin	雨海盆地	雨海盆地
IMF(=initial mass function)	初始质量函数	初始質量[分佈]函數
immersion(=disappearance)	掩始	掩始
impact broadening(=collisional broade-	碰撞致宽	碰撞致寬

英　文　名	大　陆　名	台　湾　名
ning)		
impact crater	陨击坑	隕擊坑
impact ionization(=collisional ionization)	碰撞电离	碰撞游離
impact parameter	碰撞参数	碰撞參數
imperial astronomer(=grand historian)	太史令	太史令
imperial bureau of astronomy	钦天监	欽天監
imperial observatory	司天监	司天監
impersonal astrolabe	超人差等高仪	超人差等高儀
impersonal micrometer	超人差测微计	超人差測微計
implosion	暴缩	暴縮
importance of a flare	耀斑级别	閃焰級別
impulsive burst	脉冲暴	脈衝爆發
impulsive phase	脉冲相	脈衝相
incidental prominence	偶现日珥	偶現日珥
incident angle	入射角	入射角
inclination	倾角	交角, 傾角
incoming trajectory	进入轨道	進入軌道
incommensurability	不可通约性	不可通約[性]
increscent(=waxing moon)	盈月	盈月
independent day number	独立日数	獨立日數
Index Catalogue(IC)	星云星团新总表续编	索引星表, IC 星表
indiction	小纪	小紀
individual error(=personal equation)	人差	人[為]差, 個人誤差
induced emission(=forced emission)	受迫发射	強迫發射, 誘發發射
induced recombination	受迫复合	誘發復合
induced transition	受迫跃迁	誘發躍遷
inertial coordinate system	惯性坐标系	慣性坐標系
inertial reference system	惯性参考系	慣性參考系
inertial time	惯性时	慣性時
infall	见落陨星	見落隕星
inferior conjunction	下合	下合
inferior planet	内行星, 地内行星	地内行星
inflation	暴胀	暴脹
inflationary cosmological model	暴胀宇宙模型	暴脹宇宙模型
inflationary era	暴胀期	暴脹期
inflationary universe	暴胀宇宙	暴脹宇宙
Information Bulletin on Variable Stars (IBVS)	变星快报	變星快報

英　文　名	大　陆　名	台　湾　名
Infrared Astronomical Satellite(IRAS)	红外天文卫星	紅外[線]天文衛星
infrared astronomy	红外天文学	紅外[線]天文學
infrared corona	红外冕	紅外[線]冕
infrared counterpart	红外对应体	紅外對應體
infrared excess	红外超	紅外超量
infrared-excess object	红外超天体	紅外超量天體
infrared galaxy	红外星系	紅外[線]星系
infrared helioseismology	红外日震学	紅外[線]日震學
infrared magnitude	红外星等	紅外[線]星等
infrared object	红外天体	紅外[線]天體
infrared photometry	红外测光	紅外測光
infrared radiation	红外辐射	紅外[線]輻射
infrared source	红外源	紅外[線]源
Infrared Space Observatory(ISO)	红外空间天文台	紅外[線]太空天文台
infrared spectroscopy	红外分光	紅外分光
infrared star	红外星	紅外[線]星
infrared sun	红外太阳	紅外[線]太阳
infrared telescope	红外望远镜	紅外[線]望遠鏡
Infrared Telescope in Space(IRTS)	红外空间望远镜	紅外[線]太空望遠鏡
infrared window	红外窗口	紅外窗口
ingress	入凌	初切
initial earth	初始地球	初始地球
initial luminosity function	初始光度函数	初始光度函數
initial main sequence	初始主序	初始主序
initial main-sequence star	初始主序星	初始主序星
initial mass function(IMF)	初始质量函数	初始質量[分佈]函數
inner coma	内彗发	內彗髮
inner core	内核	內核
inner corona	内冕	內日冕
inner Lagrangian point	内拉格朗日点	內拉格朗日點
inner planet	带内行星	內行星
inner solar system	内太阳系	內太陽系
instantaneous element	瞬时根数	瞬時根數
instantaneous latitude	瞬时纬度	瞬時緯度
instantaneous longitude	瞬时经度	瞬時經度
instantaneous pole	瞬时极	瞬時極
instrumental broadening	仪器致宽	儀器致寬
instrumental constant	仪器常数	儀器常數

英　文　名	大　陆　名	台　湾　名
instrumental contour	仪器轮廓	儀器輪廓
instrumental error	仪器误差	儀器[誤]差
instrumental profile(=instrumental contour)	仪器轮廓	儀器輪廓
instrument for solar and lunar eclipses	日月食仪	日月食儀
INT(=Isaac Newton Telescope)	牛顿望远镜	牛頓望遠鏡
INTEGRAL(=International Gamma Ray Astrophysics Laboratory)	国际γ射线天体物理实验室	國際γ射線天文物理實驗室
integrated brightness	累积亮度	累積亮度
integrated magnitude	累积星等	累積星等
integration time	积分时间	積分時間
intensified CCD	增强 CCD	增強 CCD
intensity interferometer	强度干涉仪	強度干涉儀
intensity interferometry	强度干涉测量	強度干涉測量
interacting binary	互作用双星	互作用雙星
interacting galaxy	互作用星系	互作用星系
interarm object	臂际天体	臂際天體
interarm star	臂际星	臂際星
intercalary cycle	闰周	閏周
intercalary month	闰月	閏月
intercalation	置闰	置閏
intercloud gas	云际气体	[星]雲際氣體
intercloud matter	云际物质	雲際物質
intercloud object	云际天体	雲際天體
intercluster matter	星系团际物质	星系團際物質
Intercosmos	国际宇宙号[天文卫星]	國際宇宙號[天文衛星]
interference filter	①干涉滤波器 ②干涉滤光片	①干涉濾波器 ②干涉濾[光]鏡
interferometric binary	干涉双星	干涉雙星
intergalactic absorption	星系际吸收	星系際吸收
intergalactic bridge	星系际桥	星系際橋
intergalactic cloud	星系际云	星系際雲
intergalactic dust	星系际尘埃	星系際塵埃
intergalactic extinction	星系际消光	星系際消光
intergalactic gas	星系际气体	星系際氣體
intergalactic matter	星系际物质	星系際物質
intergalactic medium	星系际介质	星系際介質
intergalactic space	星系际空间	星系際空間

英 文 名	大 陆 名	台 湾 名
interloper	窜入星	竄入星
intermediate band photometry	中带测光	中帶測光
intermediate component	中介子系	中介子系
intermediate coupling	中介耦合	居間耦合
intermediate-mass star	中等质量恒星	中等質量恆星
intermediate orbit	中间轨道	中間軌道
intermediate polar	中介偏振星	中介偏振星
intermediate population	中介星族	中介星族
intermediate subsystem	中介次系	中介次系
International Active Sun Year(IASY)	国际活动太阳年	國際活動太陽年
International Association of Geochemistry and Cosmochemistry(IAGC)	国际地球化学和宇宙化学协会	國際地球化學和宇宙化學協會
International Association of Geodesy(IAG)	国际测地协会	國際測地協會
International Astronomical Union(IAU, UAI)	国际天文学联合会	國際天文聯合會
International Atomic Time(IAT, TAI)	国际原子时	國際原子時
International Celestial Reference Frame (ICRF)	国际天球参考架	國際天球參考坐標
International Celestial Reference System (ICRS)	国际天球参考系	國際天球參考系
International Cometary Explorer(ICE)	国际彗星探测器	國際彗星探測器
international coordinated solar observations (ICSO)	国际太阳联合观测	國際太陽聯合觀測
international date line	国际变日线	國際換日線
International Earth Rotation Service(IERS)	国际地球自转服务	國際地球自轉服務
International Gamma Ray Astrophysics Laboratory(INTEGRAL)	国际γ射线天体物理实验室	國際γ射線天文物理實驗室
International Geophysical Year(IGY)	国际地球物理年	國際地球物理年
International Latitude Service(ILS)	国际纬度服务	國際緯度服務處
International Latitude Station	国际纬度站	國際緯度站
International Polar Motion Service(IPMS)	国际极移服务	國際極移服務處
International Quiet Sun Year(IQSY)	国际宁静太阳年	國際寧靜太陽年
International Solar and Terrestrial Service (ISTS)	国际日地服务	國際日地服務
International Space Station(ISS)	国际空间站	國際太空站
international system of units(SI)	国际单位制	國際單位制
International Terrestrial Reference Frame (ITRF)	国际地球参考架	國際地球參考坐標

英　文　名	大　陆　名	台　湾　名
International Terrestrial Reference System（ITRS）	国际地球参考系	國際地球參考系
International Ultraviolet Explorer（IUE）	国际紫外探测器	國際紫外探測器
International Union of Amateur Astronomers（IUAA）	国际天文爱好者联合会	國際天文愛好者聯合會
International Union of Geodesy and Geophysics（IUGG）	国际测地和地球物理联合会	國際測地和地球物理聯合會
International Union of Radio Science（URSI）	国际无线电科学联合会	國際無線電科學聯合會
interplanetary absorption	行星际吸收	行星際吸收
interplanetary dust	行星际尘埃	行星際塵埃
interplanetary flight	行星际飞行	行星際飛行
interplanetary gas	行星际气体	行星際氣體
interplanetary magnetic field	行星际磁场	行星際磁場
interplanetary matter	行星际物质	行星際物質
interplanetary medium	行星际介质	行星際介質
interplanetary probe	行星际探测器	行星際探測器
interplanetary scintillation	行星际闪烁	行星際閃爍
interplanetary space	行星际空间	行星際空間
interstellar absorption	星际吸收	星際吸收
interstellar absorption line	星际吸收线	星際吸收線
interstellar cloud	星际云	星際雲
interstellar dust	星际尘埃	星際塵埃
interstellar dust cloud	星际尘云	星際塵雲
interstellar extinction	星际消光	星際消光
interstellar gas	星际气体	星際氣體
interstellar gas-dust cloud	星际气体尘埃云	星際氣體塵埃雲
interstellar line	星际谱线	星際[譜]線
interstellar magnetic field	星际磁场	星際磁場
interstellar matter（ISM）（=interstellar medium）	星际介质，星际物质	星際介質，星際物質
interstellar medium（ISM）	星际介质，星际物质	星際介質，星際物質
interstellar molecular cloud	星际分子云	星際分子雲
interstellar molecule	星际分子	星際分子
interstellar parallax	星际视差	星際視差
interstellar reddening	星际红化	星際紅化
interstellar scintillation	星际闪烁	星際閃爍
interstellar space	星际空间	[恆]星際空間

英 文 名	大 陆 名	台 湾 名
intervening galaxy	居间星系	居間星系
intracluster gas	星系团内气体	星系團內氣體
intracluster medium	星系团内介质	星系團內介質
intra-Mercurial planet	水内行星	水內行星
intranetwork [magnetic] field	网络内[磁]场	網路內[磁]場
intrinsic brightness	内禀亮度	內稟光度, 本身光度
intrinsic redshift	内禀红移	內稟紅移
intrinsic variable	内因变星	內因變星
invariable plane	不变平面	不變平面
inverse Compton effect(ICE)	逆康普顿效应	逆康卜吞效應
invisible companion(=hidden companion)	隐伴星	隱伴星
invisible matter	不可见物质	不可見物質
ionization temperature	电离温度	游離溫度
ionosphere	电离层	游離層
ion tail(=plasma tail)	离子彗尾	離子彗尾
IPMS(=International Polar Motion Service)	国际极移服务	國際極移服務處
IQSY(=International Quiet Sun Year)	国际宁静太阳年	國際寧靜太陽年
IRAS(=Infrared Astronomical Satellite)	红外天文卫星	紅外[線]天文衛星
IRC source	IRC 源	IRC 源
Irene	司宁星(小行星14号)	司寧星(14號小行星)
Iris	①虹神号[科学卫星] ②虹神星(小行星7号)	①虹神號[科學衛星] ②虹神星(7號小行星)
iris aperture	可变孔径	可變孔徑
iris diaphragm photometer(=iris photometer)	光瞳光度计	光瞳光度計
iris photometer	光瞳光度计	光瞳光度計
iron meteorite(=aerosiderite)	铁陨星, 陨铁, 铁陨石	陨鐵, 鐵[質]陨石
iron star	铁星	鐵星
irregular cluster of galaxies	不规则星系团	不規則星系團
irregular galaxy	不规则星系	不規則星系
irregular orbit(=chaotic orbit)	混沌轨道	混沌軌道
irregular satellite	不规则卫星	不規則衛星
irregular variable	不规则变星	不規則變星
IRTS(=Infrared Telescope in Space)	红外空间望远镜	紅外[線]太空望遠鏡
Isaac Newton Telescope(INT)	牛顿望远镜	牛頓望遠鏡
isentropic	等熵线	等熵線

英 文 名	大 陆 名	台 湾 名
Isis	育神星(小行星42号)	育神星(42號小行星)
islamic calendar(=Muhammedan calendar)	回历	回曆
island universe	岛宇宙	島宇宙
ISM(=interstellar medium, interstellar matter)	星际介质, 星际物质	星際介質, 星際物質
ISO(=Infrared Space Observatory)	红外空间天文台	紅外[線]太空天文台
isochron(=isochrone)	等龄线	等時線
isochrone	等龄线	等時線
isodynamic line	等力线	等力線
isolated galaxy	孤立星系	孤立星系
isolated star	孤立星	孤立星
isolating integral	孤立积分	孤立積分
isophote	等照度线	等光強線
isophotometry	等光度测量	等光度測量
isothermal equilibrium	等温平衡	等溫平衡
isotope age	同位素年龄	同位素年齡
isotopic abundance	同位素丰度	同位素豐度
isotopic dating	同位素纪年	同位素定年
isotropic distribution	各向同性分布	各向同性分佈
isotropic universe	各向同性宇宙	各向同性宇宙
ISS(=International Space Station)	国际空间站	國際太空站
ISTS(=International Solar and Terrestrial Service)	国际日地服务	國際日地服務
iterative method	迭代法	疊代漸近法
ITRF(=International Terrestrial Reference Frame)	国际地球参考架	國際地球參考坐標
ITRS(=International Terrestrial Reference System)	国际地球参考系	國際地球參考系
IUAA(=International Union of Amateur Astronomers)	国际天文爱好者联合会	國際天文愛好者聯合會
IUE(= International Ultraviolet Explorer)	国际紫外探测器	國際紫外探測器
IUGG(=International Union of Geodesy and Geophysics)	国际测地和地球物理联合会	國際測地和地球物理聯合會

J

英　文　名	大　陆　名	台　湾　名
Jacobi ellipsoid	雅可比椭球	亞可比橢圓體
Jacobi integral	雅可比积分	亞可比積分
Jacobus Kapteyn Telescope(JKT)	卡普坦望远镜	卡普坦望遠鏡
James Clerk Maxwell Telescope(JCMT)	麦克斯韦[亚毫米波]望远镜	馬克斯威[次毫米波]望遠鏡
James Webb Space Telescope(JWST)	韦布空间望远镜	韋柏太空望遠鏡
jansky	央	顏[斯基]
JCMT(=James Clerk Maxwell Telescope)	麦克斯韦[亚毫米波]望远镜	馬克斯威[次毫米波]望遠鏡
JD(=Julian date)	儒略日期	儒略日期
Jeans criterion	金斯判据	金斯判據
Jeans instability	金斯不稳定性	金斯不穩定性
Jeans length	金斯长度	金斯長度
Jeans mass	金斯质量	金斯質量
Jeans wavelength	金斯波长	金斯波長
JED(=Julian ephemeris date)	儒略历书日期	儒略曆書日期
jet	喷流	噴流
jet galaxy	喷流星系	噴流星系
Jet Propulsion Laboratory(JPL)	喷气推进实验室	噴射推進實驗室
Jewish calendar	犹太历	猶太曆
Jiling meteorite	吉林陨星	吉林隕石
JKT(=Jacobus Kapteyn Telescope)	卡普坦望远镜	卡普坦望遠鏡
J magnitude	J星等	J星等
Jodrell Bank Pulsar(JP)	焦德雷班克脉冲星	焦德雷班克脈衝星
Johnson-Morgan photometry	约翰逊-摩根测光	強生-摩根測光
Johnson-Morgan system	约翰逊-摩根系统	強生-摩根系統
Johnson Space Center(JSC)	约翰逊空间中心	詹森太空中心
Joint Organization of Solar Observation (JOSO)	JOSO[太阳联合观测组织]	JOSO[太陽聯合觀測組織]
JOSO(=Joint Organization of Solar Observation)	JOSO[太阳联合观测组织]	JOSO[太陽聯合觀測組織]
Jovian atmosphere	木星大气	木星大氣
Jovian burst	木星暴	木星暴

英 文 名	大 陆 名	台 湾 名
Jovian family(=Jupiter's family)	木族	木族
Jovian magnetosphere	木星磁层	木星磁層
Jovian planet	类木行星	類木行星
Jovian radiation belt	木星辐射带	木星輻射帶
Jovian ring(=Jupiter's ring)	木星环	木星環
Jovian ringlet(=Jupiter's ringlet)	木星细环	木星細環
Jovian satellite	木卫	木[星]衛[星]
jovicentric coordinate	木心坐标	木星[中心]坐標
jovicentric orbit	木心轨道	木心軌道
jovigraphic coordinate	木面坐标	木[星表]面坐標
JP(=①Jodrell Bank Pulsar ②Julian period)	①焦德雷班克脉冲星 ②儒略周期	①焦德雷班克脈衝星 ②儒略週期
JPL(=Jet Propulsion Laboratory)	喷气推进实验室	噴射推進實驗室
JSC(=Johnson Space Center)	约翰逊空间中心	詹森太空中心
J-type star	J型星	J型星
Julian calendar	儒略历	儒略曆
Julian century	儒略世纪	儒略世紀
Julian date(JD)	儒略日期	儒略日期
Julian day	儒略日	儒略日
Julian day calendar	儒略日历	儒略日曆
Julian day number	儒略日数	儒略日數
Julian ephemeris date(JED)	儒略历书日期	儒略曆書日期
Julian epoch	儒略历元	儒略曆元
Julian era	儒略纪元	儒略紀元
Julian period(JP)	儒略周期	儒略週期
Julian year	儒略年	儒略年
June Lyrids	六月天琴流星群	六月天琴[座]流星雨
Juno	婚神星(小行星3号)	婚神星(3號小行星)
Jupiter	①木星 ②岁星	①木星 ②歲星
Jupiter-crossing asteroid	越木小行星	越木小行星
Jupiter cycle	岁星纪年	歲星紀年
Jupiter's asteroid family	木族小行星	木族小行星
Jupiter's family	木族	木族
Jupiter's family of comets	木[星]族彗[星]	木[星]族彗星
Jupiter's ring	木星环	木星環
Jupiter's ringlet	木星细环	木星細環
Jupiter's satellite(=Jovian satellite)	木卫	木[星]衛[星]
JWST(=James Webb Space Telescope)	韦布空间望远镜	韋柏太空望遠鏡

英 文 名	大 陆 名	台 湾 名
Jy(=jansky)	央	颜[斯基]

K

英 文 名	大 陆 名	台 湾 名
Kant-Laplace nebular theory	康德–拉普拉斯星云说	康得–拉普拉斯星雲說
KAO(=Kuiper Air-borne Observatory)	柯伊伯机载天文台	古柏機載天文台
Kapteyn Selected Area	卡普坦选区	卡普坦選區
K band	K 波段	K 波段
KBO(=Kuiper-belt object)	柯伊伯带天体	古柏帶天體
K component	K 成分	K 分量
K corona	K 冕	K 日冕, 連續[光譜]日冕
K-correction	K 改正	K 修正
K dwarf	K 型矮星	K 型矮星
Keck I Telescope	凯克 I 望远镜	凱克 I 望遠鏡
Keck II Telescope	凯克 II 望远镜	凱克 II 望遠鏡
K-effect	K 效应	K 效應
Kelvin-Helmholtz contraction	开尔文–亥姆霍兹收缩	克耳文–亥姆霍茲收縮
Kelvin-Helmholtz instability	开尔文–亥姆霍兹不稳定性	克耳文–亥姆霍茲不穩定性
Kelvin-Helmholtz time scale	开尔文–亥姆霍兹时标	克耳文–亥姆霍茲時標
Kennedy Space Center(KSC)	肯尼迪空间中心	甘迺迪太空中心
Keplerian disk	开普勒盘	克卜勒盤
Keplerian motion	开普勒运动	克卜勒運動
Keplerian telescope	开普勒望远镜	克卜勒[式折射]望遠鏡
Kepler motion(=Keplerian motion)	开普勒运动	克卜勒運動
Kepler orbit	开普勒轨道	克卜勒軌道
Kepler's equation	开普勒方程	克卜勒方程
Kepler's law	开普勒定律	克卜勒定律
Kepler's supernova	开普勒超新星	克卜勒超新星
Kerr black hole	克尔黑洞	克而黑洞
Ketu	计都	計都
K giant	K 型巨星	K 型巨星
kiloparsec	千秒差距	千秒差距
Kimura term	木村项	Z 項, 木村項
kinematical reference system	运动学参考系	運動學參考系
kinematic cosmology	运动学宇宙学	運動宇宙論

英　文　名	大　陆　名	台　湾　名
kinematic parallax	运动学视差	運動學視差
kinetic temperature	运动温度	運動溫度
Kirkwood gap	柯克伍德空隙	柯克伍德空隙
Kitt Peak National Observatory (KPNO)	基特峰国家天文台	基特峰國家天文台
Kleinmann-Low nebula	KL 星云	克來曼–樓星雲, KL 星雲
Kleinmann-Low object	KL 天体	克來曼–樓天體, KL 天體
K line	K 线	K 線
KL nebula (= Kleinmann-Low nebula)	KL 星云	克來曼–樓星雲, KL 星雲
KL object (= Kleinmann-Low object)	KL 天体	克來曼–樓天體, KL 天體
K magnitude	K 星等	K 星等
knife-edge test	刀口检验	刀口測試
Kohoutek comet	科胡特克彗星	科胡特克彗星
Koronis family	科罗尼斯族	科朗尼斯族
Kozai resonance	古在共振	古在共振
kpc (= kiloparsec)	千秒差距	千秒差距
3kpc arm (= three-kiloparsec arm)	三千秒差距臂	三千秒差距臂
KPNO (= Kitt Peak National Observatory)	基特峰国家天文台	基特峰國家天文台
Kramers opacity	克拉莫不透明度	克瑞馬不透明度
Kreutz group [of comets]	克罗伊兹群	克羅伊茲群
Kreutz sungrazer	克罗伊兹掠日彗星	克羅伊茲掠日彗星
KSC (= Kennedy Space Center)	肯尼迪空间中心	甘迺迪太空中心
K star	K 型星	K 型星
K-term	K 项	K 項
Ku band	Ku 波段	Ku 波段
Kuiper Air-borne Observatory (KAO)	柯伊伯机载天文台	古柏機載天文台
Kuiper belt	柯伊伯带	古柏帶
Kuiper-belt object (KBO)	柯伊伯带天体	古柏帶天體
Kuiper-Edgeworth belt	柯伊伯–埃奇沃思带	古柏–埃奇沃思带

L

英　文　名	大　陆　名	台　湾　名
Lacertid (= BL Lac[ertae] object)	蝎虎天体	蝎虎 BL 天體
Lacework nebula	花边星云	花邊星雲

英 文 名	大 陆 名	台 湾 名
lacus	[月]湖	[月]湖
Lacus Autumni	秋湖	秋湖
Lacus Mortis	死湖	死湖
Lacus Veris	春湖	春湖
Laetitia	喜神星(小行星39号)	喜神星(39號小行星)
Lagrange's planetary equation	拉格朗日行星运动方程	拉格朗日行星運動方程
Lagrangian point	拉格朗日点	拉格朗日點
LAMA(=Large Liquid-Aperture Mirror Array)	大口径液[态]镜[面]阵	大口徑液[態]鏡[面]陣
LAMOST(=Large Sky Area Multi-Object Fibre Spectroscopic Telescope)	大天区面积多目标光纤光谱望远镜	大天區面積多目標光纖光譜望遠鏡
Landau damping	朗道阻尼	蘭道阻尼
Laplace coefficient	拉普拉斯系数	拉普拉斯係數
Laplace's nebular hypothesis	拉普拉斯星云假说	拉普拉斯星雲假說
Laplace transform	拉普拉斯变换	拉普拉斯變換
Laplace vector	拉普拉斯矢量	拉普拉斯向量
Large Binocular Telescope(LBT)	大双筒望远镜	大雙筒望遠鏡
Large Liquid-Aperture Mirror Array (LAMA)	大口径液[态]镜[面]阵	大口徑液[態]鏡[面]陣
large number hypothesis	大数假说	大數假說
large scale structure	大尺度结构	大尺度結構
large scale structure of the universe	宇宙大尺度结构	宇宙大尺度結構
Large Sky Area Multi-Object Fiber Spectroscopic Telescope(LAMOST)	大天区面积多目标光纤光谱望远镜	大天區面積多目標光纖光譜望遠鏡
Large Synoptic Survey Telescope(LSST)	大口径全天巡视望远镜	大口徑全天巡視望遠鏡
Larmor precession	拉莫尔进动	拉莫進動
laser geodimeter	激光测距仪	雷射測距儀
laser guided adaptive optics	激光引导自适应光学	雷射引導自適應光學
laser guide star	激光引导星	雷射引導星
laser ranging	激光测距	雷射測距
last contact	复圆,食终	復圓
last quarter	下弦	下弦
lateral chromatic aberration	横向色差	側向色差
lateral flexure	横向弯曲	側彎曲
late-type galaxy	晚型星系	晚型星系
late-type star	晚型星	晚型星
late-type variable	晚型变星	晚型變星
latitude	纬度	緯度

英　文　名	大　陆　名	台　湾　名
latitude circle	①黄纬圈 ②纬[度]圈	①黃緯圈 ②緯[度]圈
latitude of exposure	曝光时限	曝光範圍
latitude service	纬度服务	緯度服務
latitude variation	纬度变化	緯度變化
launch window	发射窗	發射窗口
law of area	面积定律	面積定律
law of universal gravitation	万有引力定律	萬有引力定律
LBA(=Long Baseline Array)	长基线[望远镜]阵	長基線[望遠鏡]陣
L band	L 波段	L 波段
LBI(=long baseline interferometry)	长基线干涉测量	長基線干涉測量
LBT(=Large Binocular Telescope)	大双筒望远镜	大雙筒望遠鏡
LBV(=luminous blue variable)	高光度蓝变星	亮藍變星
leading arm	导臂	前導旋臂
leading sunspot	前导黑子	先導黑子, 前導黑子
leap day	闰日	閏日
leap month	闰月	閏月
leap second	闰秒	閏秒
leap year	闰年	閏年
least square fitting	最小二乘拟合	最小平方擬合
legal time	法定时	法定時
Legs	奎宿	奎宿
LEM(=lunar excursion module)	登月舱	登月艙
Lemaitre cosmological model	勒梅特宇宙模型	勒麥特宇宙模型
length of exposure	曝光时长	曝光時長
lensing	透镜效应	透鏡效應
lensing galaxy	引力透镜星系	重力透鏡星系
lenticular galaxy	透镜状星系, S0 型星系	透鏡狀星系, S0 星系
LEO(=low earth orbit)	近地轨道	近地軌道
lepton era	轻子期	輕子時代
level(②=levelling instrument)	①水准 ②水准仪	①水準 ②水準儀, 水準器
level-I civilization	I 级文明	I 級文明
level-II civilization	II 级文明	II 級文明
level-III civilization	III 级文明	III 級文明
levelling instrument	水准仪	水準儀, 水準器
level surface	水准面	水準面
Leverrier ring	勒威耶环	勒威耶環
LHA(=local hour-angle)	地方时角	地方時角

英　文　名	大　陆　名	台　湾　名
Li abundance(=lithium abundance)	锂丰度	鋰豐度
libration	①秤动 ②天平动	天平動
libration in latitude	纬天平动	緯[度]天平動
libration in longitude	经天平动	經[度]天平動
libration point	秤动点	天平動點
Lick Observatory	利克天文台	利克天文台
life-bearing planet	有生命行星	有生命行星
light curve	光变曲线	光變曲線
light element abundance	轻元素丰度	輕元素豐度
light equation(=equation of light)	光行时差	光[行時]差
[light] filter	滤光片	濾[光]鏡
light gathering power	聚光本领	聚光率
light period(=period of light variation)	光变周期	光變週期
light pollution	光污染	光害, 光污染
light second	光秒	光秒
light time	光行时	光行時
light year(l. y.)	光年	光年
limb brightening	临边增亮	臨邊增亮
limb darkening	临边昏暗	周邊減光, 臨邊昏暗
limb flare	边缘耀斑	邊緣閃焰
limiting apparent magnitude	极限视星等	極限視星等
limiting exposure	极限曝光时间	極限曝光時間
limiting magnitude	极限星等	極限星等
limiting photographic magnitude	极限照相星等	極限照相星等
limiting resolution	极限分辨率	極限分辨率
Lindblad resonance	林德布拉德共振	林達博共振
line absorption	线吸收	線吸收
linear correlation	线性相关	線性相關
linear diameter	线直径	線直徑
linear dispersion	线色散度	線色散度
linear polarization	线偏振	線偏振
line blanketing	谱线覆盖	譜線覆蓋
line blocking(=line blanketing)	谱线覆盖	譜線覆蓋
line broadening	谱线变宽	譜線致寬
line contour(=line profile)	谱线轮廓	譜線輪廓
line core	线心	[譜]線[中]心
line displacement	谱线位移	譜線位移
line formation	谱线形成	譜線形成

英 文 名	大 陆 名	台 湾 名
line identification	谱线证认	譜線識別
line of sight	视线	視線
line of sight velocity(= radial velocity)	视向速度	視向速度
line profile	谱线轮廓	譜線輪廓
LINER(= low ionization nuclear emission region)	低电离星系核	低電離星系核
line splitting	谱线分裂	譜線分裂
line strength	谱线强度	譜線強度
line width	线宽	[譜]線寬[度]
line wing	线翼	[譜]線翼
Liouville theorem	刘维尔定理	劉維定理
liquid mirrow telescope	液[态]镜[面]望远镜	液[態]鏡[面]望遠鏡
Li star(= lithium star)	锂星	鋰星
lithium abundance(Li abundance)	锂丰度	鋰豐度
lithium star	锂星	鋰星
lithosiderite	石铁陨星, 石铁陨石	石隕鐵
lithosphere	岩石圈	岩石圈
LLR(= lunar laser ranging)	激光测月	月球雷射測距
L magnitude	L 星等	L 星等
LMT(= local mean time)	地方平时	地方平時
local apparent time	地方视时	地方視時
local arm	近域旋臂	本域旋臂
local civil time	地方民用时	地方民用時
Local Cluster of galaxies	本星系团	本星系團
local galaxy	局域星系	本地星系
Local Group [of galaxies]	本星系群	本星系群
local hour-angle(LHA)	地方时角	地方時角
local inertial system	局域惯性系	本地慣性系
local mean time(LMT)	地方平时	地方平時
local meridian	①地方子午圈 ②地方子午线	①地方子午圈 ②地方子午線
local reference system	局域参考系	本地參考系
local sidereal time(LST)	地方恒星时	地方恆星時
local standard of rest(LSR)	本地静止标准	本地靜止標準
local star	局域恒星	本地恆星
local [stellar] system	局域恒星系统	本星團
Local Supercluster	本超星系团	本超星系團
local thermodynamic equilibrium(LTE)	局部热动平衡	局部熱力平衡

英　文　名	大　陆　名	台　湾　名
local time(LT)	地方时	地方時
local true time	地方真时	地方真時
Long Baseline Array(LBA)	长基线[望远镜]阵	長基線[望遠鏡]陣
long baseline interferometry(LBI)	长基线干涉测量	長基線干涉測量
long-focus photographic astrometry	长焦距照相天体测量	長焦距照相天體測量
longitude	经度	經度
longitude circle	黄经圈	黃經圈
longitude of ascending node	升交点经度	升交點黃經
longitudinal[magnetic]field	纵[向磁]场	縱向場
long-lived spot	长寿黑子	長壽黑子
long period cepheid	长周期造父变星	長週期造父變星
long period comet	长周期彗星	長週期彗星
long period perturbation	长周期摄动	長週期攝動
long period variable	长周期变星	長週期變星
long-slit spectroscopy	长缝分光	長縫分光
long-term forecast	长期预报	長期預報
long-term stability	长期稳定性	長期穩定[度]
loop nebula	圈状星云	圈狀星雲
loop prominence	环状日珥	圈狀日珥
lord of the ascendant	首座星	首座星
Lorentz transformation	洛伦兹变换	勞侖茲變換
loss cone	损失锥	損失錐
Lovell Radio Telescope	洛弗尔射电望远镜	洛弗爾電波望遠鏡
low altitude satellite	低高度卫星	低高度衛星
low earth orbit(=near-earth orbit)	近地轨道	近地軌道
Lowell's band	洛厄尔带	羅威爾帶
lower circle	恒隐圈	恆隱圈
lower culmination	下中天	下中天
lower limb	下边缘	下邊緣
lower transit(=lower culmination)	下中天	下中天
low ionization nuclear emission region (LINER)	低电离星系核	低電離星系核
low luminosity star	低光度星	低光度星
low-mass star	小质量星	低質量星
low metallicity cluster[of galaxies]	低金属丰度星系团	低金屬豐度星系團
low metallicity cluster[of stars]	低金属丰度星团	低金屬豐度星團
low redshift galaxy	低红移星系	低紅移星系
low redshift quasar	低红移类星体	低紅移類星體

英 文 名	大 陆 名	台 湾 名
low surface-brightness galaxy	低面亮度星系, LSB 星系	低面亮度星系, LSB 星系
LRV(=lunar roving vehicle)	月球车	月面車
LSB galaxy(=low surface-brightness galaxy)	低面亮度星系, LSB 星系	低面亮度星系, LSB 星系
LSR (=local standard of rest)	本地静止标准	本地靜止標準
LSST(=Large Synoptic Survey Telescope)	大口径全天巡视望远镜	大口徑全天巡視望遠鏡
LST(=local sidereal time)	地方恒星时	地方恆星時
LT(=local time)	地方时	地方時
LTE(=local thermodynamic equilibrium)	局部热动平衡	局部熱力平衡
lucid star	肉眼可见星	肉眼可見星
Lucifer(=Phospherus)	启明星	啟明星
Lulin Observatory	鹿林天文台	鹿林天文台
luminosity	光度	光度
luminosity class	光度级	光度級
luminosity curve	光度曲线	光度曲線
luminosity distance	光度距离	光度距離
luminosity evolution	光度演化	光度演化
luminosity function	光度函数	光度函數
luminosity mass	光度质量	光度質量
luminosity paradox	光度佯谬	光度佯謬
luminosity parallax	光度视差	光度視差
luminous blue variable(LBV)	高光度蓝变星	亮藍變星
luminous diffuse nebula	亮弥漫星云	亮彌漫星雲
luminous dust nebula	亮尘埃星云	亮塵埃星雲
luminous giant(=bright giant)	亮巨星	亮巨星
luminous mass	发光质量	亮物質
luminous nebula	亮星云	光星雲
luminous star(=high-luminosity star)	高光度[恒]星	高光度[恆]星
Luna	月球号[月球探测器]	月球號[月球探測器]
Lunar and Planetary Laboratory	月球和行星实验室	月球和行星實驗室
lunar-based astronomy	月基天文学	月基天文學
lunar calendar	阴历	陰曆
lunar crater	①月面环形山 ②月面陨击坑	①月面環形山 ②月面隕坑
lunar cycle	太阴周	太陰周, 默冬章
lunar day	太阴日	太陰日
lunar dial(=moondial)	月晷	月晷

英　文　名	大　陆　名	台　湾　名
lunar eclipse	月食	月食
lunar ecliptic limit	月食限	月食限
lunar equation	月离，月行差	月行差
lunar excursion module(LEM)	登月舱	登月艙
lunar geology	月质学	月質學
lunarite	月陆	月陸
lunarium	月球运行仪	月球運行儀
lunar lander	登月飞行器	登月飛行器
lunar laser ranging(LLR)	激光测月	月球雷射測距
[lunar] lodge(=[lunar] mansion)	宿	宿
lunar lodge degree	入宿度	入宿度
[lunar] mansion	宿	宿
lunar month(=synodic month)	朔望月，太阴月	朔望月，太陰月
lunar occultation	月掩星	月掩星
lunar orbit	月球轨道	月球軌道
lunar orbiter	环月飞行器	環月衛星，環月太空船
lunar orbit rendezvous	绕月会合	繞月會合
lunar parallax	月球视差	月球視差
lunar phase(=phase of the moon)	月相	月相
lunar probe	月球探测器	月球探測器
Lunar Prospector	月球勘探者[号]	月球探勘者號
lunar rays	月面辐射纹	輻射紋
lunar rock	月岩	月岩
lunar roving vehicle(LRV)	月球车	月面車
lunar satellite	月球卫星	月球衛星
lunar seismology	月震学	月震學
lunar space	近月空间	近月空間
lunar theory	月离理论	月球運動說
lunar tide	月潮	月潮
lunar topography	月志学	月面學
lunar year	太阴年	太陰年
lunation numerator	朔实	朔實
Lunik	卢尼克[月球探测器]	探月衛星
lunisolar calendar	阴阳历	陰陽[合]曆
lunisolar nutation	日月章动	日月章動
lunisolar perturbation	日月摄动	日月攝動
lunisolar precession	日月岁差	日月歲差
lunisolar year	阴阳年	陰陽年

英　文　名	大　陆　名	台　湾　名
luni-solar year(=lunisolar year)	阴阳年	陰陽年
l. y. (=light year)	光年	光年
Ly-α forest	莱曼 α 丛	來曼 α 叢
Lyman break galaxy	莱曼断裂星系, LBF 星系	來曼斷裂星系
Lyman-α forest(=Ly-α forest)	莱曼 α 丛	來曼 α 叢
Lyman-α galaxy	莱曼 α 星系	來曼 α 星系
Lyman series	莱曼系	來曼系
Lyot filter	利奥滤光器	利奥濾鏡
β Lyr-type variable	天琴 β 型变星	天琴[座] β 型變星

M

英　文　名	大　陆　名	台　湾　名
M45(=Pleiades)	昴星团	昴宿星團
MACHO(=massive compact halo object)	大质量致密晕天体	大質量緻密暈天體
macrolensing effect	巨引力透镜效应	巨重力透鏡效應
mag(=magnitude)	星等	星等
Magellan	麦哲伦号[金星探测器]	麥哲倫號[金星探測器]
Magellanic Stream	麦哲伦流	麥哲倫流
magnetic activity	磁活动性	磁活動
magnetic annihilation	磁湮灭	磁湮滅
magnetic arc	磁弧	磁弧
magnetic arm	磁臂	磁臂
magnetic binary	磁双星	磁雙星
magnetic braking	磁阻尼	磁阻尼
magnetic bremsstrahlung	磁轫致辐射	磁制動輻射
magnetic cancellation	磁对消	磁對消
magnetic canopy	磁蓬	磁蓬
magnetic cataclysmic binary	磁激变双星	磁激變雙星
magnetic cataclysmic variable	磁激变变星	磁激變變星
magnetic cell	磁胞	磁胞
magnetic cloud	磁云	磁雲
magnetic coupling	磁耦合	磁耦合
[magnetic] dip	磁倾角	磁傾角
magnetic dipole radiation	磁偶极辐射	磁偶極輻射
magnetic disturbance	磁扰	磁擾
magnetic element	磁元	磁元

英　文　名	大　陆　名	台　湾　名
magnetic equator	磁赤道	磁赤道
magnetic field	磁场	磁場
magnetic flux	磁流[量]	磁流[量]
magnetic flux tube	磁流管	磁流管
magnetic helicity	磁螺度	磁螺度
magnetic knot	磁结	磁結
magnetic loop	磁环	磁環
magnetic meridian	磁子午线	磁子午線
magnetic monopole	磁单极	磁單極
[magnetic] neutral line	[磁]中性线	[磁]中性線
magnetic pole	磁极	磁極
magnetic reconnection	磁重联	磁重聯
magnetic rope	磁绳	磁繩
[magnetic] separator	[磁拓扑]界线	[磁拓撲]界線
[magnetic] separatrix	[磁拓扑]界面	[磁拓撲]界面
magnetic shear	磁[场]剪切	磁[場]剪切
magnetic sheath	磁鞘	磁鞘
magnetic shell	磁壳	磁殼
magnetic star	磁星	磁星
magnetic storm	磁暴	磁暴
magnetic tongue	磁舌	磁舌
magnetic trap	磁阱	磁阱
magnetic twist	磁[场]扭绞	磁[場]扭絞
magnetic variable	磁变星	磁變星
magnetogram	磁图	磁[場]強[度]圖
magnetograph	磁像仪	磁[場]強[度]計
magnetoheliograph	太阳磁像仪	太陽磁[場]強[度]計
magnetohydrodynamics(MHD)	磁流力学	磁流體[動]力學
magnetopause	磁层顶	磁層頂
magnetosphere	磁层	磁層
magnetospheric tail(=magnetotail)	磁尾	磁尾
magnetotail	磁尾	磁尾
magnitude	星等	星等
magnitude difference	星等差	星等差
magnitude equation(=magnitude difference)	星等差	星等差
magnitude of eclipse	食分	食分
magnitude scale	星等标	星等標[度]

英　文　名	大　陆　名	台　湾　名
magnitude-spectral type diagram	星等–光谱型图	星等–光譜型圖
Maid	女宿	女宿
main asteroid belt	小行星主带	主小行星帶
main-belt asteroid	主带小行星	主帶小行星
main lobe	主瓣	主瓣
main maximum(=primary maximum)	主极大	主極大
main minimum(=primary minimum)	主极小	主極小
main resonance	主共振	主共振
main sequence	主序	主星序
main-sequence fitting	主序拟合	主序擬合
main sequence star	主序星	主序星
major axis	长轴	長軸
major flare	大耀斑	大閃焰
Makemake	鸟神星	鳥神星
Maksutov telescope	马克苏托夫望远镜	馬克蘇托夫望遠鏡
manganese star	锰星	錳星
manned flight	载人飞行	載人飛行
manned rocket	载人火箭	人馭火箭
manned spacecraft	载人飞船	載人飛船
manned vehicle	载人飞行器	載人飛行器
mantle	幔	函
many body problem	多体问题	多體問題
mare	[月]海	[月]海
M area(=M region)	M 区	M 區
Mare Anguis	蛇海	蛇海
Mare Australe	南海	南海
marebase	[月]海底	[月]海
Mare Cognitum	知海	知海
Mare Humboldtianum	洪堡海	洪堡海
Mare Ingenii	智海	智海
Mare Marginis	界海	界海
Mare Moscoviense	莫斯科海	莫斯科海
Mare Orientale	东海	東海
Mare Smythii	史密斯海	史密斯海
Mare Spumans	泡海	泡海
Mariner	水手号[行星际探测器]	水手號[太空船]
Markarian galaxy	马卡良星系	馬氏型星系
Markarian object	马卡良天体	馬卡良天體

英　文　名	大　陆　名	台　湾　名
Mars	①火星 ②荧惑	①火星 ②荧惑
Mars-crossing asteroid	越火小行星	越火小行星
Mars Pathfinder	火星探路者号	火星拓荒者號
Martian atmosphere	火星大气	火星大氣
Martian dust storm	火星尘暴	火星塵暴
Martian satellite	火卫	火衛
mascon	质量瘤	重力異常區
maser source	微波激射源，脉泽源	邁射源
maser star	微波激射星，脉泽星	邁射星
2MASS(=Two Micron All Sky Survey)	2 微米全天巡视	2 微米全天巡視
mass concentration(=mascon)	质量瘤	重力異常區
mass function	质量函数	質量函數
mass-gaining star	增质量星	增質量星
massive black hole	大质量黑洞	大質量黑洞
massive compact halo object(MACHO)	大质量致密晕天体	大質量緻密暈天體
massive galaxy	大质量星系	大質量星系
massive star	大质量星	大質量恆星，重恆星
massive X-ray binary(MXRB)	大质量 X 射线双星	大質量 X 光雙星
mass-losing star	损质量星	損質量星
mass loss	质量损失	質量損失
mass-loss rate	质量损失率	質量損失率
mass-luminosity relation	质光关系	質光關係
mass-radius relation	质量半径关系	質量–半徑關係
mass-temperature relation	质温关系	質量–溫度關係
mass-to-luminosity ratio	质光比	質光比
material arm	物质臂	物質臂
matter-antimatter cosmology	物质–反物质宇宙论	物質–反物質宇宙論
matter dominated era	物质占优期	物質主導期
matter dominated universe	物质占优宇宙	物質主導宇宙
matter era	物质期	物質時代
Maunder minimum	蒙德极小期	芒得極小期
maximum eclipse	最大食分	最大食分
maximum of eclipse(=middle of eclipse)	食甚	食甚
maximum tide	高潮	高潮
Maxwell distribution	麦克斯韦分布	馬克斯威分佈
Maxwell equation	麦克斯韦方程	馬克斯威方程
Mayan astronomy	玛雅天文学	馬雅天文學
MBR(=microwave background radiation)	微波背景辐射	微波背景輻射

英　文　名	大　陆　名	台　湾　名
MCAO(=multi-congugate adaptive optics)	多重共轭自适应光学	多重共軛自適應光學
McDonald Observatory	麦克唐纳天文台	麥克唐納天文台
MCG(=Morphological Catalogue of Galaxies)	星系形态表	星系形態表
McMath-Pierce Telescope	麦克马斯–皮尔斯望远镜	麥克馬斯–皮爾斯望遠鏡
M dwarf	M 型矮星	M 型矮星
mean absolute magnitude	平均绝对星等	平均絕對星等
mean anomaly	平近点角	平近點角
mean daily motion	平均日运动	平均周日運動
mean day	平日	平日
mean declination	平赤纬	平赤緯
mean ecliptic	平黄道	平黃道
mean element	平根数	平根數
mean epoch	平均历元	平均曆元
mean equator	平赤道	平赤道
mean equinox	平春分点	平春分點
mean free path	平均自由程	平均無礙[路]程
mean magnitude	平均星等	平均星等
mean midnight	平子夜	平子夜
mean motion	平均运动	平均運動
mean motion resonance	平运动共振	平運動共振
mean noon	平正午	平正午
mean obliquity	平黄赤交角	平均黃赤交角
mean parallax	平均视差	平均視差
mean place(=mean position)	平位置	平位置
mean pole	平极	平極
mean position	平位置	平位置
mean right ascension	平赤经	平赤經
mean sidereal time	平恒星时	平恆星時
mean solar day	平太阳日	平太陽日
mean solar time	平太阳时, 平时	平[太陽]時
mean sun	平太阳	平太陽
mear solar year	平太阳年	平太陽年
measuring accuracy	测量精度	測量精度
measuring error	测量误差	測量誤差
measuring microscope	测微显微镜	測微鏡
median magnitude	中位星等	中位星等

英　文　名	大　陆　名	台　湾　名
median orbital element	平均轨道根数	平均軌道要素, 平均軌道根數
megalithic astronomy	巨石天文学	巨石天文學
megamaser	巨微波激射, 巨脉泽	巨邁射
megaparsec	兆秒差距	百萬秒差距
member galaxy	成员星系	成員星系
member star	成员星	成員星
meniscus	弯月形透镜	彎月形[透鏡]
meniscus telescope	弯月形镜望远镜	彎月形[透鏡]望遠鏡
Mercury	①辰星 ②水星	①辰星 ②水星
mercury-manganese star	汞锰星	汞錳星
merge of galaxy	星系并合	星系併合
merging	并合	併合
merging galaxy	并合星系	併合星系
merging star	并合恒星	併合恆星
meridian	①子午圈 ②子午线	①子午圈 ②子午線
meridian astronomy	子午天文学	子午天文學
meridian catalogue	子午星表	子午星表
meridian circle	子午环	子午環
meridian instrument	子午仪	中星儀
meridian mark	子午标	子午[線]標
meridian observation	①中天观测 ②子午观测	①中天觀測 ②子午觀測
meridian plane	子午面	子午面
[meridian] transit(=culmination)	中天	中天
meridian zenith distance	子午天顶距	[過]子午圈天頂距
MERLIN(=Multi-Element Radio Linked Interferometer Network)	默林[多元射电联合干涉网]	梅林[多元電波聯合干涉網]
mesogranulation	中米粒组织	中米粒組織
mesogranule	中米粒	中米粒
mesopause	中间层顶	中氣層頂
Mesopotamian astronomy	美索不达米亚天文学	美索不達米亞天文學
mesosiderite	中陨铁	中隕鐵
mesosphere	中间层	中氣層
Messier Catalogue	梅西叶星云星团表	梅西耳星表
Messier number	梅西叶编号	梅西耳編號
Messier object	梅西叶天体	梅西耳天體
Me star	Me 型星	Me 型星
metagalaxy	总星系	總銀河系

英　文　名	大　陆　名	台　湾　名
metal abundance	金属丰度	金屬豐度
metal-deficient star(=metal-poor star)	贫金属星	貧金屬星
metallicity	金属度	金屬度
metallic-line star	金属线星, Am 星	金屬[譜]線星
metal-poor cluster	贫金属星团	貧金屬星團
metal-poor object	贫金属天体	貧金屬天體
metal-poor star	贫金属星	貧金屬星
metal-rich cluster	富金属星团	富金屬星團
metal-rich object	富金属天体	富金屬天體
metal-rich star	富金属星	富金屬星
metastable state	亚稳态	暫穩態
meteor	流星	流星
meteor astronomy	流星天文学	流星天文學
meteor echo	流星回波	流星回波
meteoric apex	流星向点	流星向點
meteoric body(=meteoroid)	流星体	流星體
meteoric dust	流星尘	流星塵
meteor[ic] stream	流星群	流星群
meteoric swarm(=meteor shower)	流星雨	流星雨
meteorite	陨星, 陨石	陨石
meteorite astronomy	陨星天文学	陨石天文學
meteorite crater	陨星坑	陨石坑
meteorite dust	陨星尘	陨石塵
meteorite impact(=cratering)	陨击	陨擊
meteorite matter	陨星物质	陨石物質
meteorite shower	陨星雨	陨石雨
meteoritics	陨星学, 陨石学	陨石學
meteoroid	流星体	流星體
meteoroid dust(=meteorite dust)	陨星尘	陨石塵
meteor patrol	流星巡天	流星巡天
meteor shower	流星雨	流星雨
meteor trail	流星余迹	流星餘跡
meter-wave burst	米波暴	米波爆發
method of coincidence	切拍法	切拍法
method of contiguity	偕日法	偕日法
method of surface of section	截面法	截面法
Metonic cycle	默冬章	默冬章, 太陰周
Me variable	Me 型变星	Me 型變星

英　文　名	大　陆　名	台　湾　名
M giant	M 型巨星	M 型巨星
MHD(=magnetohydrodynamics)	磁流力学	磁流體[動]力學
Mice	双鼠星系	雙鼠星系
Michelson stellar interferometer	迈克耳孙恒星干涉仪	邁克爾孫恆星干涉儀
microarcsec astrometry	微角秒天体测量	微角秒天體測量
microflare	微耀斑	微閃焰
microgravitational lens(=gravitational microlens)	微引力透镜	微重力透鏡
microgravity	微重力	微重力
microlens(=gravitational microlens)	微引力透镜	微重力透鏡
microlensing galaxy	微引力透镜星系	微重力透鏡星系
micrometeor	微流星	微流星
micrometeorite	微陨星	微隕石
micrometeoritic dust	微陨星尘	微隕石塵
micrometeoroid	微流星体	微流星體
micrometer	测微计	測微計,測微器
microphotometer	显微光度计	測微光度計
microsecond	微秒	微秒
microsecond pulsar	微秒脉冲星	微秒脈衝星
microwave background radiation(MBR)	微波背景辐射	微波背景輻射
microwave burst	微波暴	微波爆發
middle corona	中冕	中[日]冕
middle of eclipse	食甚	食甚
mid-infrared	中红外	中紅外
midnight	子夜	子夜
Milky Way	银河	銀河
Milky Way galaxy(=Galaxy)	银河系	銀河系
millennium	千年纪	千年紀
Milli-Meter Array(MMA)	毫米波[射电望远镜]阵	毫米波[電波望遠鏡]陣
millimeter-wave astronomy	毫米波天文学	毫米波天文學
millimeter-wave telescope	毫米波望远镜	毫米波望遠鏡
millisecond	毫秒	毫秒
millisecond pulsar	毫秒脉冲星	毫秒脈衝星
Mills Cross	米尔斯十字	密耳式十字天線陣
mini black-hole	小黑洞	小黑洞
mini-moon	微型卫星	小月亮
Minkowski space	闵可夫斯基空间	明氏空間
Minkowski world	闵可夫斯基宇宙	明氏宇宙

英　文　名	大　陆　名	台　湾　名
minor axis	短轴	短軸
minor planet(=asteroid)	小行星	小行星
minor-planet family(=asteroid family)	小行星族	小行星[家]族
minute of arc	角分	角分
minute of time	时分	時分
5-minute oscillation	5 分钟振荡	5 分[鐘]振盪
160-minute oscillation	160 分钟振荡	160 分[鐘]振盪
Mira [Ceti] variable	蒭藁变星	鯨魚[座]o[型]變星, 米拉[型]變星
Mira star	蒭藁型星	蒭藁[增二]型星, 米拉 型星
Mira-type star(=Mira star)	蒭藁型星	蒭藁[增二]型星, 米拉 型星
mirror	反射镜	反射鏡
mirror cell	镜室	鏡室
missing mass	短缺质量	無蹤質量
mixed perturbation	混合摄动	混合攝動
mixing length theory	混合长理论	混合長度理論
MJD(=modified Julian date)	简化儒略日期	約簡儒略日
MK classification(=Morgan-Keenan clas- sification)	MK 光谱分类	MK 光譜分類
MKK classification(=Morgan-Keenan- Kellman classification)	MKK 光谱分类	MKK 光譜分類
MK luminosity class(=Morgan-Keenan luminosity class)	MK 光度级	MK 光度級
M-L relation(=mass-luminosity relation)	质光关系	質光關係
MMA(=Milli-Meter Array)	毫米波[射电望远镜]阵	毫米波[電波望遠鏡]陣
M magnitude	M 星等	M 星等
MMT(=multi-mirror telescope)	多镜面望远镜	多面鏡望遠鏡
MNRAS(=Monthly Notices of the Royal Astronomical Society)	皇家天文学会月刊	皇家天文學會月刊
MOAO(=multi-object adaptive optics)	多目标自适应光学	多目標自適應光學
mock moon	幻月	幻月
mock sun	幻日	幻日
model atmosphere	模型大气	大氣模型
modified Julian date(MJD)	简化儒略日期	約簡儒略日
molecular astronomy	分子天文学	分子天文學
molecular clock	分子钟	分子鐘

英　文　名	大　陆　名	台　湾　名
molecular cloud	分子云	分子雲
Molonglo pulsar(MP)	莫隆格勒脉冲星	莫隆格勒脈衝星
monochromatic filter	①单色滤光片 ②单色滤光器	①單色濾[光]鏡 ②單色濾光器
monochromatic image	单色像	單色像
mons	山	山系
Mons La Hire	拉希尔山	拉希爾山
Mons Ruemker	吕姆克尔山	呂姆克爾山
montes	山脉	山脈
Montes Alpes	阿尔卑斯山脉	阿爾卑斯山脈
Montes Carpates	喀尔巴阡山脉	喀爾巴仟山脈
Montes Cordillera	科迪勒拉山脉	科迪勒拉山脈
Montes Haemus	海玛斯山脉	海瑪斯山脈
Montes Jura	侏罗山	侏羅山
Montes Riphaeus	里菲山脉	里菲山脈
Montes Rook	卢克山脉	盧克山脈
month	月	月
monthly epact	月闰余	月閏餘
Monthly Notices of the Royal Astronomical Society(MNRAS)	皇家天文学会月刊	皇家天文學會月刊
monthly nutation	周月章动	周月章動
moon	太阴	太陰
Moon	月球, 月亮	月球
moondial	月晷	月晷
moon enters penumbra	半影月食始	半影月食始
moon enters umbra	本影月食始	初虧
moon leaves penumbra	半影月食终	半影月食終
moon leaves umbra	本影月食终	復圓
moonlet	微型卫星	小衛星
moonquake	月震	月震
moon's age	月龄	月齡
moon seismograph	月震仪	月震儀
moonset	月没	月沒
moon's nine-fold path	九道	九道
moon's path	白道	白道
Morgan-Keenan classification	MK 光谱分类	MK 光譜分類
Morgan-Keenan-Kellman classification	MKK 光谱分类	MKK 光譜分類
Morgan-Keenan luminosity class	MK 光度级	MK 光度級

英　文　名	大　陆　名	台　湾　名
Morgan's classification〔of galaxies〕	摩根星系分类	摩根星系分類
morning star	晨星	晨星
morphological astronomy	形态天文学	形態天文學
Morphological Catalogue of Galaxies（MCG）	星系形态表	星系形態表
mosaic mirror telescope	镶嵌镜面望远镜	鑲嵌鏡面望遠鏡
mottle	日芒	日芒,日斑
mounted standard instrument	座正仪	座正儀
mounting of telescope	望远镜机架	望遠鏡裝置
Mount Palimar Observatory（＝Palomar Observatory）	帕洛玛天文台	帕洛瑪天文台
Mount Stromlo Observatory	斯特朗洛山天文台	斯特朗洛山天文台
Mount Wilson Catalogue of Early Type Emission Stars（MWC）	威尔逊山早型发射线星表	威爾遜山早型發射線星表
Mount Wilson Observatory	威尔逊山天文台	威爾遜山天文台
moustache	胡须	鬍鬚
Mouth	觜宿	觜宿
movable antenna	可移动天线	可移動天線
movable sighting set	四游仪	四遊儀
movable telescope	可移动望远镜	可移動望遠鏡
moving cluster	移动星团	移動星團
moving cluster parallax	移动星团视差	移動星團視差
moving group	移动星群	移動星群
moving magnetic feature	运动磁结构	運動磁結構
MP（＝Molonglo pulsar）	莫隆格勒脉冲星	莫隆格勒脈衝星
Mpc（＝megaparsec）	兆秒差距	百萬秒差距
M region	M 区	M 區
M star	M 型星	M 型星
M subdwarf	M 型亚矮星	M 型次矮星
M subgiant	M 型亚巨星	M 型次巨星
M supergiant	M 型超巨星	M 型超巨星
M-type asteroid	M 型小行星	M 型小行星
Muhammedan calendar	回历	回曆
multiband photometry	多波段测光	多波段測光
multichannel photometer	多通道光度计	多通道光度計
multichannel solar telescope	多通道太阳望远镜	多通道太陽望遠鏡
multichannel spectrometer	多通道分光仪	多通道分光儀
multicolor photometry	多色测光	多色測光

英　文　名	大　陆　名	台　湾　名
multi-conjugate adaptive optics(MCAO)	多重共轭自适应光学	多重共軛自適應光學
Multi-Element Radio Linked Interferometer Network(MERLIN)	默林[多元射电联合干涉网]	梅林[多元電波聯合干涉網]
multi-mirror telescope(MMT)	多镜面望远镜	多面鏡望遠鏡
multi-object adaptive optics(MOAO)	多目标自适应光学	多目標自適應光學
multi-object spectrograph	多天体摄谱仪	多天體攝譜儀
multi-periodic variable	多重周期变星	多重週期變星
multiple galaxy	多重星系	多重星系
multiple redshift	多重红移	多重紅移
multiple star	聚星	聚星, 多重星
multiple tail	多重彗尾	多重彗尾
multi-slit spectrograph	多缝摄谱仪	多縫攝譜儀
multi-wavelength astronomy	多波段天文学	多波段天文學
multi-wavelength survey	多波段巡天	多波段巡天
mural circle	墙仪	牆儀
mural quadrant	墙象限仪	牆象限儀
M variable	M 型变星	M 型變星
MWC(=Mount Wilson Catalogue of Early Type Emission Stars)	威尔逊山早型发射线星表	威爾遜山早型發射線星表
MXRB(=massive X-ray binary)	大质量 X 射线双星	大質量 X 光雙星

N

英　文　名	大　陆　名	台　湾　名
nadir	天底	天底
nadir distance	天底距	天底距
naked-eye observation	肉眼观测	肉眼觀測
naked T Tauri star	显露金牛 T 型星	顯露金牛[座]T 型星
nanoflare	纳耀斑, 纤耀斑	奈閃焰
nanosecond	纳秒	奈秒, 毫微秒
NAOC(=National Astronomical Observatories of China)	国家天文台	國家天文台
narrow-band photometry	窄带测光	窄帶測光
narrow-line radio galaxy(NLRG)	窄线射电星系	窄線電波星系
narrow-line region(NLR)	窄线区	窄線區
NASA(=National Aeronautics and Space Administration)	美国[国家]航天局	美國[國家]航太總署
NASA Infrared Telescope Facility	[美国]航天局红外望远	NASA 紅外望遠鏡

英　文　名	大　陆　名	台　湾　名
（［NASA］IRTF）	镜	
［NASA］IRTF（=NASA Infrared Tele- scope Facility）	［美国］航天局红外望远 镜	NASA 紅外望遠鏡
Nasmyth focus	内氏焦点	内氏焦點
Nasmyth spectrograph	内史密斯摄谱仪	内史密斯攝譜儀
National Aeronautics and Space Adminis- tration（NASA）	美国［国家］航天局	美國［國家］航太總署
National Astronomical Observatories of China（NAOC）	国家天文台	國家天文台
National New Technology Telescope （NNTT）	美国新技术望远镜	美國新技術望遠鏡
National Optical Astronomy Observatory （NOAO）	［美国］国家光学天文台	［美國］國家光學天文台
National Radio Astronomy Observatory （NRAO）	［美国］国家射电天文台	［美國］國家電波天文台
National Solar Observatory（NSO）	［美国］国家太阳观测台	［美國］國家太陽觀測台
natural broadening	自然致宽	自然致寬
natural direction	自然方向	自然方向
natural satellite	天然卫星	天然衛星
natural tetrad	自然基	自然基
nautical almanac	航海天文历	航海［曆］書
nautical astronomy	航海天文学	航海天文學
Navagrāha	九执历	九執曆
navigation star	导航星	導航星
n-body problem	n 体问题	n 體問題
n-body simulation	n 体模拟	n 體模擬
NEA（=near-earth asteroid）	近地小行星	近地小行星
NEAR（=near-earth asteroid rendezvous）	近地小行星探测器	近地小行星探測器
nearby galaxy	近邻星系	鄰近星系
near-circular orbit	近圆轨道	近圓軌道
near-contact binary	近相接双星	近相接雙星
near-earth asteroid（NEA）	近地小行星	近地小行星
near-earth asteroid rendezvous（NEAR）	近地小行星探测器	近地小行星探測器
near-earth comet	近地彗星	近地彗星
near-earth object（NEO）	近地天体	近地天體
near-earth orbit	近地轨道	近地軌道
near side of the Moon	月球正面	月球正面
nebula	星云	星雲

英　文　名	大　陆　名	台　湾　名
nebular envelope	星云包层	星雲狀外殼
nebular hypothesis	星云假说	星雲假說
nebular line	星云谱线	星雲[譜]線
nebular spectrograph	星云摄谱仪	星雲攝譜儀
nebular stage	星云阶段	星雲階段
nebular variable	星云变星	星雲變星
nebulium	氜	氜
nebulosity	星云状物质	星雲狀物質
nebulous envelope	星云状包层	星雲狀包層
Neck	亢宿	亢宿
negative absorption	负吸收	負吸收
negative hydrogen ion	负氢离子	負氫離子
negative leap second	负闰秒	負閏秒
NEO(=near-earth object)	近地天体	近地天體
neon nova	氖新星	氖新星
Neptune	海王星	海王星
Neptune's ring	海王星环	海王星環
Neptune's satellite(=Neptunian satellite)	海卫	海[王]衛
Neptunian ring(=Neptune's ring)	海王星环	海王星環
Neptunian satellite	海卫	海[王]衛
Nestor	内斯托(小行星 659 号)	內斯托(659 號小行星)
Net	毕宿	畢宿
network [magnetic] field	网络[磁]场	網狀[磁]場
Network nebula	网状星云	網狀星雲
network structure	网状结构	網狀結構
Neugebauer-Martz-Leighton object	NML 天体	NML 天體
neutral filter	中性滤光片	中性濾[光]鏡
neutral hydrogen	中性氢	中性氫
neutral hydrogen zone(=HI region)	中性氢区	HⅠ區, 氫原子區
neutral sheet	中性片	中性片
neutral step weakener	中性阶梯减光片	中和階梯減光板
neutrino astronomy	中微子天文学	微中子天文學
neutrino astrophysics	中微子天体物理学	微中子天文物理學
neutrino telescope	中微子望远镜	微中子望遠鏡
neutron star	中子星	中子星
Newcomb's fundamental constants	纽康基本常数	紐康基本常數
Newcomb theory	纽康理论	紐康理論
new galactic coordinate	新银道坐标	新銀道坐標

英　文　名	大　陆　名	台　湾　名
New General Catalogue of Nebulae and Clusters of Stars(NGC)	星云星团新总表	新總表
New Horizon	新视野号[探测器]	新視野號[探測器]
newly formed star(=new star)	新生星	新見星
new moon	朔，新月	朔，新月
new star	新生星	新見星
New Technology Telescope(NTT)	[欧南台]新技术望远镜	[歐南台]新技術望遠鏡
Newtonian cosmology	牛顿宇宙论	牛頓宇宙論
Newtonian focus	牛顿焦点	牛頓焦點
Newtonian reflector	牛顿反射望远镜	牛頓[式]反射望遠鏡
Newtonian telescope	牛顿型望远镜	牛頓型望遠鏡
Newton-XMM(=Newton X-ray Multi-Mirror Space Telescope)	牛顿多镜面 X 射线空间望远镜	牛頓多鏡面 X 光太空望遠鏡
Newton X-ray Multi-Mirror Space Telescope	牛顿多镜面 X 射线空间望远镜	牛頓多鏡面 X 光太空望遠鏡
next generation telescope(NGT)	下一代望远镜	次世代望遠鏡
Ney-Allen nebula	奈伊–艾伦星云	奈伊–艾倫星雲
N galaxy	N 星系	N 星系
NGC(=New General Catalogue of Nebulae and Clusters of Stars)	星云星团新总表	新總表
NGC 869/884(=double cluster in Perseus)	英仙双星团	英仙[座]雙星團
NGC 2261(=R Monocerotis nebula)	麒麟 R 星云	麒麟[座]R 星雲
NGC 2264(=Cone nebula)	锥状星云	錐狀星雲
NGC 4038/4039(=Antennae)	触须星系	觸鬚星系
NGC 4676(=Mice)	双鼠星系	雙鼠星系
NGC 5139(=ω Centauri)	半人马 ω [球状星团]	半人馬 ω [球狀星團]
NGC 6992-6995(=Network nebula)	网状星云	網狀星雲
NGT(=next generation telescope)	下一代望远镜	次世代望遠鏡
night airglow	夜气辉	夜氣輝
night glow	夜天光	夜[間天]光
night sky light(=night glow)	夜天光	夜[間天]光
nitrogen sequence	氮序	氮分支
nitrogen star	氮星	氮星
NLR(=narrow-line region)	窄线区	窄線區
NLRG(=narrow-line radio galaxy)	窄线射电星系	窄線電波星系
NLTE(=non-local thermodynamic equilibrium)	非局部热动平衡	非局部熱動平衡

英　文　名	大　陆　名	台　湾　名
NML object(=Neugebauer-Martz-Leighton object)	NML 天体	NML 天體
NNTT(=National New Technology Telescope)	美国新技术望远镜	美國新技術望遠鏡
NOAO(=National Optical Astronomy Observatory)	[美国]国家光学天文台	[美國]國家光學天文台
Nobeyama Radio Observatory	野边山射电天文台	野邊山電波天文台
noctilucent cloud	夜光云	夜光雲
nocturnal	夜间定时	夜間定時儀
nocturnal arc	地平下弧	夜間弧
nodal line	交点线	交點線
nodal precession	交点进动	交點進動
nodal regression(=regression of the node)	交点退行	交點退行
node	交点	交點
nodical month	交点月	交點月
nodical year	交点年	交點年
noise power spectrum	噪声功率谱	雜訊功率譜
noise storm	噪暴	雜訊暴
noise temperature	噪声温度	雜訊溫度
nomenclature	①命名 ②命名法	①命名 ②命名法
nominal error	标称误差	標稱誤差
non-central collision	非中心碰撞	非中心碰撞
non-cluster galaxy	非团星系	非[星系]團星系
non-cluster star	非团星	非星團星
non-grey atmosphere	非灰大气	非灰色大氣
non-homogeneous universe	非均匀宇宙	非均匀宇宙
non-interacting binary galaxy	非互扰双重星系	非互擾雙重星系
non-interacting binary star	非互扰双星	非互擾雙星
non-leap year(=common year)	平年	平年
non-linear astronomy	非线性天文学	非線性天文學
nonliving planet	无生命行星	無生命行星
non-local thermodynamic equilibrium (NLTE)	非局部热动平衡	非局部熱動平衡
non-main-sequence star	非主序星	非主序星
non-nucleated dwarf galaxy	无核矮星系	無核矮星系
non-periodic comet(=aperiodic comet)	非周期彗星	非週期[性]彗星
non-periodic variable	非周期变星	非週期[性]變星
non-potentiality	非势[场]性	非勢[場]性

英 文 名	大 陆 名	台 湾 名
non-proton flare	非质子耀斑	非質子閃焰
non-radial oscillation	非径向振荡	非徑向振盪
non-radial pulsation	非径向脉动	非徑向脈動
non-radial pulsator	非径向脉动体	非徑向脈動體
non-recurrent burst	非复现暴	非複現暴
non-relativistic cosmology	非相对论[性]宇宙论	非相對性宇宙論
non-relativistic universe	非相对论[性]宇宙	非相對論[性]宇宙
non-stable star	不稳定星	不穩定星
non-standard cosmological model	非标准宇宙模型	非標準宇宙模型
non-standard solar model	非标准太阳模型	非標準太陽模型
non-static model	非静态模型	非靜止模型
non-static universe	非静态宇宙	非靜態宇宙
non-stationary model	非稳态模型	非穩態[宇宙]模型
non-stationary universe	非稳态宇宙	非穩態宇宙
non-stellar object	非星天体	非星天體
nonthermal electron	非热电子	非熱電子
nonthermal radiation	非热辐射	非熱輻射
non-thermodynamic equilibrium(NTE)	非热动平衡	非熱動平衡
non-velocity redshift	非速度红移	非速度紅移
Nordic Optical Telescope(NOT)	北欧光学望远镜	北歐光學望遠鏡
normal distribution	正态分布	常態分佈
normal galaxy	正常星系	正常星系
normal spectrum	匀排光谱	匀排光譜
normal spiral galaxy	正常旋涡星系	正常螺旋星系
normal star	正常恒星	正常恆星
normal tail	正常彗尾	正常彗尾
normal Zeeman effect	正常塞曼效应	正常則曼效應
north celestial pole	北天极	北天極
north ecliptic pole	北黄极	北黃極
Northern Dipper(=Big Dipper)	北斗[七星]	北斗[七星]
northern hemisphere	北半球	北半球
North Galactic Cap	北银[极]冠	北銀[極]冠
North Galactic Pole	北银极	北銀極
north point	北点	北點
north polar distance(NPD)	北极距	北極距
north polar sequence(NPS)	北极星序	北極星序
north polar spur	北银极支	北銀極電波支
NOT(=Nordic Optical Telescope)	北欧光学望远镜	北歐光學望遠鏡

英　文　名	大　陆　名	台　湾　名
nova	新星	新星
nova-like star	类新星	類新星
nova-like variable	类新星变星	類新星變星
nova outburst	新星爆发	新星爆發
NPD(=north polar distance)	北极距	北極距
NPS(=north polar sequence)	北极星序	北極星序
NRAO(=National Radio Astronomy　　Observatory)	[美国]国家射电天文台	[美國]國家電波天文台
NSO(=National Solar Observatory)	[美国]国家太阳观测台	[美國]國家太陽觀測台
N star	N 型星	N 型星
NTE(=non-thermodynamic equilibrium)	非热动平衡	非熱動平衡
NTT(=New Technology Telescope)	[欧南台]新技术望远镜	[歐南台]新技術望遠鏡
nuclear astrophysics	核天体物理	核天文物理學
nuclear bulge	核球	核球
nuclear fission	核裂变	核分裂, 核裂變
nuclear fusion	核聚变	核融合, 核聚合
nuclear wind	星系核风	星系核風
nucleated dwarf galaxy	有核矮星系	有核矮星系
nucleocosmochronology	核纪年法	核紀年法
nucleogenesis	核起源	[原子]核起源
nucleosynthesis	核合成	[原子]核合成
nucleus of galaxy(=galactic nucleus)	星系核	星系核
number density	数密度	數密度
numbered asteroid	编号小行星	編號小行星
numbered supernova	编号超新星	編號超新星
numerical cosmology	数值宇宙学	數值宇宙學
numerical simulation	数值模拟	數值模擬
nutation	章动	章動
nutation constant	章动常数	章動常數
nutation ellipse	章动椭圆	章動橢圓
nutation in longitude	黄经章动	黃經章動
nutation in obliquity	交角章动	傾角章動
nutation in right ascension	赤经章动	赤經章動
nutation period	章动周期	章動週期

O

英　文　名	大　陆　名	台　湾　名
OAO(=Orbiting Astronomical Observatory)	轨道天文台	軌道天文台
OAO-3(=Copernicus)	哥白尼卫星	哥白尼天文衛星
O association	O 星协, OB 星协	O 星協, OB 星協
OB association(=O association)	O 星协, OB 星协	O 星協, OB 星協
objective	物镜	物鏡
objective grating	物端光栅	物端光栅
objective lens	物端透镜	物端透鏡
objective prism	物端棱镜	物端稜鏡
oblateness	扁率	扁率
oblate spheroid	扁球体	扁球
oblique sphere	斜交天球	傾斜球
obliquity	黄赤交角	黄赤交角
obscuration(=occultation)	掩	掩[星]
observational astronomy	观测天文学	觀測天文學
observational astrophysics	实测天体物理学	觀測天文物理學
observational cosmology	观测宇宙学	觀測宇宙學
observational error	观测误差	觀測誤差
Observatoire de Paris	巴黎天文台	巴黎天文台
observing station	观测站	觀測站
OB star	OB 型星	OB 型星
occultation	掩	掩[星]
occultation band	掩带	掩帶
occultation of star	掩星	掩星
occultation variable	掩食变星	[掩]食變星
octahedrite	八面体陨星	八面體[式]隕鐵
off-axis aberration(=abaxial aberration)	轴外像差	軸外像差
off-axis image	轴外像	偏軸像
off-band observation	偏带观测	偏帶觀測
off-focus image	离焦像	離焦像
offset	偏置	偏置
offset guiding	偏置导星	偏置導星
offset guiding device	偏置导星装置	偏置導星裝置

英 文 名	大 陆 名	台 湾 名
Of star	Of 型星	Of 型星
OH [radical] (=hydroxyl radical)	羟基	羟基
OH source	OH 源	OH 源
Olbers paradox	奥伯斯佯谬	奥伯斯佯謬
older population	老年星族	老年星族
old nova (=postnova)	老新星	老新星
OMC (=Orion molecular cloud)	猎户分子云	獵戶[座]分子雲
omni-directional antenna	全向天线	全向天線
One-Mile Telescope	一英里射电望远镜	一英里電波望遠鏡
Oort cloud	奥尔特云	歐特[彗星]雲
Oort constant	奥尔特常数	歐特常數
Oort formula	奥尔特公式	歐特公式
opacity	不透明度	不透明度
open cluster	疏散星团	疏散星團
open cluster of galaxies	疏散星系团	疏散星系團
open universe	开宇宙	開放宇宙
Ophiuchids	蛇夫流星群	蛇夫流星群
Oppenheimer-Volkoff limit	奥本海默–沃尔科夫极限	歐本海默–沃科夫極限
opposition	冲	衝
optical aperture-synthesis imaging technique	光学综合孔径成像技术	光學孔徑合成成像技術
optical arm	光学臂	光學臂
optical astronomy	光学天文学	光學天文[學]
optical astrophysics	光学天体物理学	光學天文物理學
optical axis	光轴	光軸
optical center	光心	光心
optical counterpart	光学对应体	光學對應體
optical depth	光深	光[學]深[度]
optical double	光学双星	光學雙星
optical fiber	光纤	光纖
optical identification	光学证认	光學識別
optical interferometer	光干涉仪	光干涉儀
optical interferometery	光干涉测量	光干涉測量
optical libration	光学天平动	光學天平動
optically thick medium	光厚介质	光厚介質
optically thin medium	光薄介质	光薄介質
optically violent variable quasar	光剧变类星体	光巨變類星體

英　文　名	大　陆　名	台　湾　名
optical object	光学天体	光學天體
optical observation	光学观测	光學觀測
optical observatory	光学天文台	光學天文台
optical path	光程	光程
optical pulsar	光学脉冲星	光學脈衝星
optical sun	光学太阳	光學太陽
optical telescope	光学望远镜	光學望遠鏡
optical thickness	光学厚度	光學厚度
optical tracking	光学跟踪	光學追蹤
optical variable	光学变星	光學變星
optical window	光学窗口	光窗
orbit	轨道	軌道
orbital angular velocity	轨道角速度	軌道角速度
orbital circularization	轨道圆化	軌道圓化
orbital eccentricity	轨道偏心率	軌道偏心率
orbital element	轨道根数	軌道要素，軌道根數
orbital evolution	轨道演化	軌道演化
orbital inclination	轨道倾角	軌道傾角
orbital instability	轨道不稳定性	軌道不穩定性
orbital motion	轨道运动	軌道運動
orbital node	轨道交点	軌道交點
orbital period	轨道周期	軌道週期
orbital stability	轨道稳定性	軌道穩定性
orbit correction	轨道改正	軌道修正
orbit determination	定轨	軌道測定
orbit dynamics	轨道力学	軌道力學
orbiter	轨道飞行器	軌道衛星，軌道太空船
orbit improvement	轨道改进	軌道改進
Orbiting Astronomical Observatory（OAO）	轨道天文台	軌道天文台
Orbiting Solar Observatory（OSO）	轨道太阳观测台	軌道太陽觀測台
orbit-orbit resonance	轨轨共振	[與]軌共振
orbit plane	轨道面	軌道面
orbit resonance	轨道共振	軌道共振
orbit-rotation resonance	轨旋共振	軌旋共振
orbit transfer	轨道过渡	軌道轉換
ordered orbit	有序轨道	有序軌道
order of perturbation	摄动阶	攝動階
organon parallacticon	星位仪	星位儀

英　文　名	大　陆　名	台　湾　名
orientation star	定向星	定向星
original gas hypothesis	原气说	原氣說
origin of elements	元素起源	元素起源
Orion arm	猎户臂	獵戶臂
Orion molecular cloud(OMC)	猎户分子云	獵戶[座]分子雲
Orion's belt	猎户腰带	獵戶腰帶
Orion spur	猎户支臂	獵戶座分支
Orion-type flare star	猎户型耀星	獵戶[座型閃]焰星
Orion variable	猎户型变星	獵戶型變星
orrery	太阳系仪	太陽系儀
orthochromatic plate	正色底片	正色底片
orthoscopic eyepiece	无畸变目镜	無畸變目鏡
oscillating universe	振荡宇宙	振盪宇宙
oscillator strength	振子强度	振子強度
osculating element	吻切根数	密切軌道要素，密切軌道根數
osculating ellipse	吻切椭圆	密切橢圓
osculating epoch	吻切历元	密切曆元
osculating orbit	吻切轨道	密切軌道
osculating plane	吻切平面	密切平面
OSO(=Orbiting Solar Observatory)	轨道太阳观测台	軌道太陽觀測台
O star	O 型星	O 型星
outer asteroid belt	外小行星带	外小行星帶
outer-belt asteroid	外带小行星	外帶小行星
outer core	外核	外核
outer corona	外冕	外[日]冕
outer halo	外晕	外暈
outer halo cluster	外晕族星团	外暈族星團
outer Lagrangian point	外拉格朗日点	外拉格朗日點
outer planet	带外行星	外行星
outer solar system	外太阳系	外太陽系
outer space	外层空间	外太空
oval nebula	卵形星云	蛋形星雲
over-exposure	曝光过度	曝光過度，露光過度
overluminous object	超大光度天体	光度[特]大天體
overluminous star	超大光度恒星	光度[特]大恆星
overshooting(=convective overshooting)	超射	超射
OVV quasar	OVV 类星体	OVV 類星體

英 文 名	大 陆 名	台 湾 名
Ox	牛宿	牛宿
oxygen burning	氧燃烧	氧燃燒
oxygen-rich star	富氧星	富氧星
oxygen star	氧星	氧星
oxysphere(=lithosphere)	岩石圈	岩石圈
ozonosphere	臭氧层	臭氧層

P

英 文 名	大 陆 名	台 湾 名
PA(=position angle)	位置角	方位角
Pacific standard time(PST)	太平洋标准时	太平洋標準時
pair of galaxies	星系对	星系對
pair of radio sources	射电源对	電波源對
paleoclimate	古气候	古氣候
paleogeology	古地质学	古地質學
Pallas	智神星(小行星 2 号)	智神星(2 號小行星)
pallasite	橄榄陨铁	橄欖隕鐵
Palomar Observatory	帕洛玛天文台	帕洛瑪天文台
Palomar Observatory Sky Survey(POSS)	帕洛玛天图	帕洛瑪星圖
palus	沼	沼
pancake model	薄饼模型	薄餅模型
Pancasiddhatika	五种历数全书	五種曆數全書
pancosmos	泛宇宙	泛宇宙
Panoramic Survey Telescape and Rapid Response System (Pan-STARRS)	泛星计划	泛星計畫
Pan-STARRS(=Panoramic Survey Telescape and Rapid Response System)	泛星计划	泛星計畫
parabolic antenna(=paraboloidal antenna)	抛物面天线	抛物面天線
parabolic comet	抛物线轨道彗星	抛物線[軌道]彗星
parabolic orbit	抛物线轨道	抛物線軌道
parabolic reflector	抛物面反射镜	抛物面反射鏡
parabolic velocity	抛物线速度	抛物線速度
paraboloidal antenna	抛物面天线	抛物面天線
paraboloidal mirror	抛物面镜	抛物面鏡
parallactic angle	星位角	星位角
parallactic displacement	视差位移	視差位移
parallactic ellipse	视差椭圆	視差橢圓

英　文　名	大　陆　名	台　湾　名
parallactic equation(=parallactic inequality)	月角差	月角差
parallactic inequality	月角差	月角差
parallactic libration	视差天平动	視差天平動
parallactic motion	视差动	視差動
parallactic triangle	视差三角形	視差三角形
parallax	视差	視差
parallax second(=parsec)	秒差距	秒差距
parallax star	视差星	視差星
parallel circle(=latitude circle)	纬[度]圈	緯[度]圈
parallel of altitude(=altitude circle)	地平纬圈, 平行圈	地平緯圈, 等高圈
parallel of declination(=declination circle)	赤纬圈	赤緯圈
parallel of latitude(=latitude circle)	黄纬圈	黄緯圈
parasitic star	寄生星	寄生星
parent cloud	母云	母雲
parent comet	母彗星	母彗星
parent galaxy	母星系	母星系
parent object	母天体	母天體
parent planet	母行星	母行星
Parkes Catalogue of Radio Sources(PKS)	帕克斯射电源表	帕克斯電波源表
Parkes Radio Telescope	帕克斯射电望远镜	帕克斯電波望遠鏡
parsec	秒差距	秒差距
partial eclipse	偏食	偏食
partial eclipse end	偏食终	偏食終, 復圓
partial lunar eclipse	月偏食	月偏食
partially eclipsing binary	偏食双星	偏食雙星
partial solar eclipse	日偏食	日偏食
particle astronomy	粒子天文学	[高能]粒子天文學
particle astrophysics	粒子天体物理学	粒子天文物理學
passband	通带	通帶
passband width	带通宽	通帶寬
passive satellite	无源卫星	無源衛星
path delay	路径延迟	路徑延遲
path of annular eclipse (=zone of annularity)	环食带	環食帶
path of eclipse(=zone of eclipse)	食带	食帶
path of total eclipse(=zone of totality)	全食带	全食帶

英　文　名	大　陆　名	台　湾　名
Patroclus	帕特洛克鲁斯(小行星617号)	派特洛克鲁斯(617號小行星)
Patroclus group	帕特洛克鲁斯群	派特洛克鲁斯群
patrol camera	巡天照相机	巡天照相機
patrol survey(=survey)	巡天	巡天
pattern velocity	图案速度	圖案速度
pc(=parsec)	秒差距	秒差距
P Cyg[ni] star	天鹅 P 型星	天鹅[座]P 型星
PDS(=①photo-digitizing system ②photometric data system)	①图像数字仪 ②测光数据系统	①相片數位化系統 ②測光資料系統
p. e. (=probable error)	可几误差	概差
peak aphelion	最大远日点	最大遠日點
peak apogee	最大远地点	最大遠地點
peculiar A star(=Ap star)	Ap 星	Ap 星, A 型特殊星
peculiar B star	B 型特殊星, Bp 星	B 型特殊星, Bp 星
peculiar galaxy	特殊星系	特殊星系
peculiar motion	本动	本動
peculiar star	特殊[恒]星	特殊[恆]星
penetrative convection (=convective overshooting)	贯穿对流	貫穿對流
penumbra	半影	半影
penumbral eclipse	半影食	半影食
penumbral lunar eclipse	半影月食	半影月食
penumbral magnitude of eclipse	半影食分	半影食分
β Per(=Algol)	大陵五(英仙 β)	大陵五, 英仙[座] β [星]
perfect cosmological principle	完全宇宙学原理	完美宇宙論原則
periapsis	近点, 近拱点	近拱點
periastron	近星点	近星點
periastron distance	近星点距	近星點距
pericenter	近心点	近心點
pericynthion(=periselene)	近月点	近月點
perigalacticon	近银心点	近銀心點
perigee	近地点	近地點
perihelic conjunction	近日点合	近日點合
perihelic opposition	近日点冲	近日點衝
perihelion	近日点	近日點
perihelion distance	近日[点]距	近日距

英 文 名	大 陆 名	台 湾 名
perihelion passage	过近日点	過近日點
perijove	近木点	近木點
perilune(=periselene)	近月点	近月點
period-age relation	周期–年龄关系	週期–年齡關係
periodic comet	周期彗星	週期彗星
periodic orbit	周期轨道	週期軌道
periodic perturbation	周期摄动	週期攝動
periodic stream	周期性流星群	週期[性]流星雨
periodic variable	周期变星	週期變星
period-luminosity-color relation	周光色关系	周光色關係
period-luminosity relation	周光关系	周光關係
period-mass relation	周期–质量关系	週期–質量關係
period of light variation	光变周期	光變週期
period-radius relation	周径关系	周徑關係
period-spectrum relation	周谱关系	周譜關係
period variation	周期变化	週期變化
periselene	近月点	近月點
permissible error(=admissible error)	容许误差	容許誤差
permitted line	容许谱线	容許譜線
permitted transition	容许跃迁	容許躍遷
perpetual calendar	万年历	萬年曆
perpetual day	永昼	永晝
perpetual night	长夜	長夜
Perseus arm	英仙臂	英仙臂
Perseus cluster [of galaxies]	英仙星系团	英仙[座]星系團
personal equation	人差	人[為]差, 個人誤差
perturbation	摄动	攝動, 微擾
perturbation theory	摄动理论	攝動說
perturbed body(=disturbed body)	受摄体	受攝體
perturbed coordinate(=disturbed coordi-nate)	受摄坐标	受攝坐標
perturbed element(=disturbed element)	受摄根数	受攝要素, 受攝根數
perturbed orbit(=disturbed orbit)	受摄轨道	受攝軌道
perturbing body(=disturbing body)	摄动体	攝動體
PGC(=Preliminary General Catalogue)	博斯[总]星表初编	博斯星表初編
PHA(=potentially hazardous asteroid)	潜[在威]胁小行星	潛在威脅小行星
phase	相	相
phase angle	相位角	位相角

英 文 名	大 陆 名	台 湾 名
phase of eclipse	食相	食相
phase of planet	行星相	行星相
phase of the moon	月相	月相
phase plane	相平面	相平面
phase space	相空间	相空間
phasing antenna	定相天线	定相天線
Phoenicids	凤凰流星群	鳳凰座流星雨
Phospherus	启明星	啟明星
photo-digitizing system(PDS)	图像数字仪	相片數位化系統
photoelectric absolute magnitude	光电绝对星等	光電絕對星等
photoelectric astrolabe	光电等高仪	光電等高儀
photoelectric astrometry	光电天体测量	光電天體測量
photoelectric guiding	光电导星	光電導星
photoelectric ionization	光致电离	光致電離
photoelectric magnitude	光电星等	光電星等
photoelectric photometer(=electrophotometer)	光电光度计	光電光度計
photoelectric photometry	光电测光	光電測光術
photoelectric spectrophotometer	光电分光光度计	光電分光光度計
photoelectric spectrophotometry	光电分光光度测量	光電分光光度測量
photoelectric transit instrument	光电中星仪	光電中星儀
photoelectronic imaging	光电成像	光電成像
photographic absolute magnitude	照相绝对星等	照相絕對星等
photographic astrometry	照相天体测量学	照相天體測量[術]
photographic astrophotometry	照相天体测光	照相天體測光
photographic astrospectroscopy	照相天体分光	照相天體分光
photographic chart	照相星图	照相星圖
photographic fog	底片雾	底片霧
photographic magnitude	照相星等	照相星等
photographic meridian circle	照相子午环	照相子午環
photographic meteor	照相流星	照相流星
photographic observation	照相观测	照相觀測
photographic photometry	照相测光	照相測光術
photographic plate	照相底片	照相底片
photographic spectrophotometry	照相分光光度测量	照相分光光度測量
photographic spectroscopy	照相分光	照相分光
photographic star catalogue	照相星表	照相星表
photographic zenith tube(PZT)	照相天顶筒	照相天頂筒

英 文 名	大 陆 名	台 湾 名
photometric binary	测光双星	光度雙星
photometric calibration	测光定标	光度校準
photometric catalogue	测光星表	恆星光度表
photometric data system(PDS)	测光数据系统	測光資料系統
photometric diameter	测光直径	光度直徑
photometric distance	测光距离	光度距離
photometric orbit	测光轨道	測光軌道
photometric paradox(=luminosity paradox)	光度佯谬	光度佯謬
photometric parallax	测光视差	光度視差
photometric precision	测光精度	測光精度
photometric redshift	测光红移	測光紅移
photometric sequence	测光序	測光序
photometric solution	测光解	測光解
photometric standard	光度标准星	光度標準,測光標準
photometric standard star	测光标准星	測光標準星
photometric system	测光系统	測光系,光度系
photometry	测光	測光術
photon-counting	光子计数	光子計數
photopolarimetry	偏振测光	偏振測光
photosphere	光球	光球[層]
photospheric activity	光球活动	光球活動
photospheric spectrum	光球光谱	光球光譜
photovisual magnitude	仿视星等	仿視星等
physical double	物理双星	物理雙星
physical libration	物理天平动	物理天平動
physical variable	物理变星	物理變星
physical visual binary	物理目视双星	物理目視雙星
Pic du Midi Observatory	日中峰天文台	日中峰天文台
picosecond	皮秒	塵秒
pillar	基礅	基礅
pincushion distortion	正畸变	正畸變
pin hole imaging	针孔成像	針孔成像
Pioneer	先驱者号[行星际探测器]	先鋒號[太空船]
Pisces-Perseus supercluster	双鱼–英仙超星系团	雙魚–英仙[座]超星系團
Piscis Australids	南鱼流星群	南魚座流星雨
pitch angle	旋臂倾角	旋臂傾角

英　文　名	大　陆　名	台　湾　名
pivot	枢轴	樞軸
pixel	像素	像元
PKS（=Parkes Catalogue of Radio Sources）	帕克斯射电源表	帕克斯電波源表
plage（=flocculus）	谱斑	譜斑
Planck length	普朗克长度	卜朗克長度
Planck time	普朗克时间	卜朗克時間
plane component	扁平子系	扁平子系
plane grating	平面光栅	平面光柵
plane of the sky	天球切面	天球切面
plane subsystem	扁平次系	扁平次系
plane sundial	平面日晷	平面日晷
planet	行星，大行星	行星
planetarium	①天文馆 ②天象仪	①天象館 ②天象儀
planetary aberration	行星光行差	行星光行差
planetary alignment	行星联珠	行星聯珠
planetary astronomy	行星天文学	行星天文學
planetary atmosphere	行星大气	行星大氣
planetary biology	行星生物学	行星生物學
planetary companion	似行星伴星	類行星伴星
planetary configuration	行星动态	行星動態
planetary cosmogony	行星演化学	行星演化學
planetary embryo	行星胎	行星胎
planetary ephemeris	行星历表	行星曆表
planetary evolution	行星演化	行星演化
planetary geology	行星地质学	行星地質學
planetary ionosphere	行星电离层	行星電離層
planetary magnetic field	行星磁场	行星磁場
planetary magnetosphere	行星磁层	行星磁層
planetary meteorology	行星气象学	行星氣象學
planetary nebula	行星状星云	行星狀星雲
planetary nomenclature	行星命名法	行星命名法
planetary occultation	行星掩星	行星掩星
planetary perturbation	行星摄动	行星攝動
planetary physics	行星物理学	行星物理學
planetary plasmasphere	行星等离子层	行星電漿層
planetary precession	行星岁差	行星歲差
planetary ring	行星环	行星環
planetary satellite	行星卫星	行星衛星

英　文　名	大　陆　名	台　湾　名
planetary seismology	行星地震学	行星地震學
planetary space	近行星空间	行星空間
planetary stream	行星流星群	行星流星雨
planetary system	行星系	行星系［統］
planetary table(=planetary ephemeris)	行星历表	行星曆表
planetary theory	行星运动理论	行星運動理論
planetesimal	星子	微行星
planetesimal theory	星子理论	微行星理論
planet-like body	类行星天体	類行星天體
planet migration	行星迁移	行星遷移
planetocentric coordinate	行星心坐标	行星心坐標
planetocentric latitude	行星心纬度	行星心緯度
planetocentric longitude	行星心经度	行星心經度
planetographic coordinate	行星面坐标	行星面坐標
planetographic latitude	行星面纬度	行星面緯度
planetographic longitude	行星面经度	行星面經度
planetography	行星表面学	行星表面學
planetology	行星学	行星學
Planet X	X 行星	X 行星
plasma	等离子体	離子體，電漿
plasma astrophysics	等离子体天体物理学	電漿天文物理學
plasma cloud	等离子体云	電漿雲
plasma jet	等离子体喷流	電漿噴流
plasma loop	等离子体环	電漿環
plasmasphere	等离子层	電漿層
plasma tail	离子彗尾	離子彗尾
plate constant	底片常数	底片常數
plate library	底片库	底片庫
plate measuring machine	底片量度仪	底片量度儀
plate scale	底片比例尺	底片尺度
Pleiades	①昴宿 ②昴星团	①昴宿 ②昴宿星團
plerion	实心超新星遗迹	實心超新星殘骸
P-L relation(=period-luminosity relation)	周光关系	周光關係
plumb line	铅垂线	鉛錘線
plutino	冥族［小］天体	冥族［小］天體
Pluto	冥王星	冥王星
plutoid	类冥天体	類冥天體
Pluto-Kuiper Belt flyby	冥王星–柯伊伯带飞掠	冥王星–古柏帶飛掠

英 文 名	大 陆 名	台 湾 名
Plutonian satellite	冥卫	冥衛
p-mode	p 模	p 模式
Pogson magnitude scale	波格森星等标	波格森星等標
Poincaré invariant	庞加莱不变量	潘卡瑞不變量
Poincaré spheroid	庞加莱椭球体	潘卡瑞橢球體
Poincaré surface of section	庞加莱截面	潘卡瑞截面
Poincaré variable	庞加莱变量	潘卡瑞變數
Pointers	指极星	指極星
pointing accuracy	指向精度	指向精度
pointing error	指向误差	指向誤差
point source	点源	點源
polar	高偏振星	高偏振星
polar axis	极轴	極軸
polar cap	极冠	極冠
polar circle	极圈	極圈
polar distance	极距	極距
polar distance degree	去极度	去極度
polarimeter	偏振计	偏振計
polarimetric standard	偏振标准星	偏振標準星
polarimetry	偏振测量	偏振測量
polarissima	近极星	近極星
polarity reversal	极性反转	極性反轉
polarity reversal line	极性变换线	極性變換線
polarization interference filter	干涉偏振滤光器	偏振干涉濾光器
polarizing prism	起偏振棱镜	起偏振稜鏡
polar motion	极移	極移
polar mounting	极式装置	極式裝置
polar night	极夜	極夜
polar orbit	极轨道	極軌道
polar plume	极羽	極羽
polar radius	极半径	極半徑
polar ray	极辐射线	極射線
polar-ring galaxy	极环星系	極環星系
polar sequence	近极星序	近極星序
polar solar wind	极区太阳风	極區太陽風
polar telescope	北极管	極軸鏡
polar tube(=polar telescope)	北极管	極軸鏡
polar wobble	地极摆动	地極擺動

英　文　名	大　陆　名	台　湾　名
Pole-observing Instrument	候极仪	候極儀
pole of angular momentum	角动量极	角動量極
pole of figure	形状极	形狀極
pole of the equator	赤极	赤極
pole-on object	极向天体	極向天體
pole-on star	极向恒星	極向[恆]星
polytrope	多方球	多方[次]模型
polytropic gas sphere	多方气体球	多方氣體球
polytropic index	多方指数	多方指數
popular astronomy	大众天文学	大眾天文學
population Ⅰ	星族Ⅰ	第一星族
population Ⅱ	星族Ⅱ	第二星族
population Ⅲ	星族Ⅲ	第三星族
population Ⅱ cepheid	星族Ⅱ造父变星	星族Ⅱ造父變星
pore	小黑点，气孔	小黑點
positional astronomy	方位天文学	方位天文學
positional error	定位误差	定位誤差
position angle(PA)	位置角	方位角
positive leap second	正闰秒	正閏秒
POSS(=Palomar Observatory Sky Survey)	帕洛玛天图	帕洛瑪星圖
post-AGB star	AGB 后星	AGB 後星
postburst	暴后	爆後
post-flare loop	耀斑后环	閃焰後環
post-main-sequence evolution	主序后演化	主序後演化
post-main-sequence object	主序后天体	主序後天體
post-main-sequence star	主序后星	主序後星
post-Newtonian celestial mechanics	后牛顿天体力学	後牛頓天體力學
postnova	老新星	老新星
poststarburst galaxy	星暴后星系	星遽增後星系
post-supernova	爆后超新星	爆後超新星
potassium-argon dating	钾氩计年	鉀氬定年
potassium-calcium dating	钾钙计年	鉀鈣定年
potentially hazardous asteroid(PHA)	潜[在威]胁小行星	潛在威脅小行星
Potsdamer Spektral-Durchmusterung(德) (PSD)	波茨坦恒星光谱表	波茨坦恆星光譜表
power-law spectrum	幂律谱	冪律譜
power spectrum	功率谱	功率譜
p-p cycle(=proton-proton cycle)	质子–质子循环	質子–質子循環

英　文　名	大　陆　名	台　湾　名
p-p reaction(=proton-proton reaction)	质子–质子反应	質子–質子反應
practical astronomy	实用天文学	實用天文[學]
practical astrophysics	实用天体物理学	實用天文物理學
Praesepe	鬼星团	蜂巢星團, 鬼宿星團
precataclysmic binary	激变前双星	激變前雙星
precataclysmic variable	激变前变星	激變前變星
preceding sunspot(=leading sunspot)	前导黑子	先導黑子, 前導黑子
precession	岁差	歲差
precessional constant(=precession constant)	岁差常数	歲差常數
precession constant	岁差常数	歲差常數
precession in declination	赤纬岁差	赤緯歲差
precession in latitude	黄纬岁差	黃緯歲差
precession in longitude	黄经岁差	黃經歲差
precession in right ascension	赤经岁差	赤經歲差
precession of the equinox	分点岁差	分點歲差
precision	精度	精[密]度
precision ephemeris	精密星历表	精密星曆表
precursor	先兆	前兆
precursor object(=progenitor)	前身天体	前身
pre-galactic cloud	前星系云	前星系雲
pre-galactic star	星系前恒星	星系前恆星
pregalaxy	前星系	前星系
Preliminary General Catalogue(PGC)	博斯[总]星表初编	博斯星表初編
preliminary orbit	初轨	初[始]軌[道]
pre-main sequence	主序前	主[星]序前
pre-main sequence object	主序前天体	主序前天體
pre-main sequence star	主序前星	主序前星
pre-maximum halt	极大前息	極大前息
prenova	爆前新星	爆前新星
pre-nova object	新星爆前天体	新星爆前天體
preplanetary disk	前行星盘	前行星盤
pressure broadening	压力致宽	壓力致寬
pre-stellar body	星前体	星前體
pre-stellar cloud	星前云	星前雲
pre-stellar matter	星前物质	星前物質
pre-stellar object	星前天体	星前天體
pre-supernova	爆前超新星	爆前超新星

英 文 名	大 陆 名	台 湾 名
pre-supernova object	超新星爆前天体	超新星爆前天體
pre-telescope astronomy	望远镜前天文学	望遠鏡前天文學
pre-white dwarf	白矮前身星	白矮前身星
primary body	主天体	主天體
primary clock	①母钟 ②主钟	①母鐘 ②主鐘
primary component(=primary [star])	主星	主星
primary crater	初级陨击坑	初級隕擊坑
primary eclipse	主食	主食
primary maximum	主极大	主極大
primary minimum	主极小	主極小
primary mirror	主镜	主鏡
primary [star]	主星	主星
prime focus(=principal focus)	主焦	主焦點
prime meridian	本初子午线	本初子午線
prime plane	卯酉面	卯酉面
primeval atom	原初原子	原始原子
primeval fireball	原初火球	原始火球
primeval nebula	原始星云	原雲
prime vertical	卯酉圈	卯酉圈
primitive nebula	原星云	原[星]雲
primordial abundance	原初丰度	太初豐度
primordial black hole	原初黑洞	太初黑洞
primordial galaxy	原初星系	太初星系
primordial helium	原初氦	太初氦
primordial hydrogen	原初氢	太初氫
primordial nebula(=primeval nebula)	原始星云	原雲
primum mobile	宗动天	宗動天
principal axis	主轴	主軸
principal focus	丰焦	主焦點
principal maximum(=primary maximum)	主极大	主極大
principal minimum(=primary minimum)	主极小	主極小
principal vertical circle(=celestial meridian)	天球子午圈	天球子午圈
printing chronograph	打印记时仪	列印記時儀
prism astrolabe	棱镜等高仪	稜鏡等高儀
prismatic astrolabe(=prism astrolabe)	棱镜等高仪	稜鏡等高儀
prismatic transit instrument	棱镜中星仪	折軸中星儀
probable error(p. e.)	可几误差	概差

英 文 名	大 陆 名	台 湾 名
probe	探测器	探测器
progenitor	①前身天体 ②前身星	前身
progenitor star(=progenitor)	前身星	前身
prograde motion(=direct motion)	顺行	順行
prograde orbit(=direct orbit)	顺行轨道	順行軌道
program star	纲要星	綱要星
prominence(=solar prominence)	日珥	日珥
prominence flare	日珥耀斑	日珥閃焰
prominence knot	日珥结	日珥結
prominence streamer	日珥射流	日珥射流
proper direction	本征方向	本徵方向
proper motion	自行	自行
proper motion member	自行成员星	自行成員星
proper motion membership	自行成员	自行成員
proper motion star	大自行星	大自行恆星
proper reference frame	固有参考架	固有參考坐標
proper reference system	固有参考系	固有參考系
proper tetrad	本征基	本徵基
proper time	原时，固有时	原時
proto-binary	原双星	原雙星
proto-cluster	原星团	原星團
proto-cluster of galaxies	原星系团	原星系團
proto-earth	原地球	原地球
protogalactic cloud	原银河云	原銀河雲
protogalactic object	原银河系天体	原銀河系天體
protogalaxy	原星系	原星系
proto-Galaxy	原银河系	原銀河系
proto-nebula (=primitive nebula)	原星云	原[星]雲
proton-proton cycle	质子–质子循环	質子–質子循環
proton-proton reaction	质子–质子反应	質子–質子反應
protoplanet	原行星	原行星
protoplanetary cloud(=protoplanetary nebula)	原行星云	原行星雲
protoplanetary disk	原行星盘	原行星盤
protoplanetary nebula	原行星云	原行星雲
proto-planetary nebula	原行星状星云	原行星狀星雲
protoplanetary system	原行星系	原行星系
protosolar cloud	原太阳云	原太陽雲

英　文　名	大　陆　名	台　湾　名
protosolar nebula	原太阳星云	原太陽星雲
protostar	原恒星	原恆星
protostellar cloud	原恒星云	原恆星雲
protostellar disk	原恒星盘	原恆星盤
protostellar jet	原恒星喷流	原恆星噴流
protosun	原太阳	原太陽
Proxima Centauri	[半人马]比邻星	[半人馬座]比鄰星
PSD(=Potsdamer Spektral-Durchmuster- ung(德))	波茨坦恒星光谱表	波茨坦恆星光譜表
pseudo body-fixed system	准地固坐标系	準地固坐標系
pseudo-cepheid	赝造父变星	假造父變星
pseudo-variable	赝变星	假變星
PST(=Pacific standard time)	太平洋标准时	太平洋標準時
Ptolemaeus	托勒玫环形山	托勒米環形山
Ptolemaic system	托勒玫体系	托勒米[宇宙]體系
Ptolemaism	托勒玫学说	托勒米學說
P-type asteroid	P 型小行星	P 型小行星
pulsar	脉冲星	脈衝星, 波霎
pulsar time scale	脉冲星时标	脈衝星時標
pulsating binary	脉动双星	脈動雙星
pulsating radio source	脉冲射电源	脈衝電波源
pulsating star	脉动星	脈動[變]星
pulsating universe(=oscillating universe)	振荡宇宙	振盪宇宙
pulsating variable	脉动变星	脈動變星
pulsation instability strip	脉动不稳定带	脈動不穩定帶
pulsation phase	脉动相位	脈動相位
pulsation pole	脉动极	脈動極
pulsation theory	脉动理论	脈動說
pulsation variable(=pulsating variable)	脉动变星	脈動變星
pulsator(=pulsating star)	脉动星	脈動[變]星
pulse period	脉冲周期	脈衝週期
pulse width(=duration of pulse)	脉冲宽度	脈衝寬度
pure Trojan group	纯特洛伊群	純特洛伊群
Purple Forbidden Enclosure	紫微垣	紫微垣
Purple Mountain Observatory	紫金山天文台	紫金山天文台
pygmy star	特矮星	特矮星
pyrex	硼硅酸玻璃, 派勒克斯 玻璃	硼矽酸玻璃, 耐熱玻璃

英　文　名	大　陆　名	台　湾　名
PZT（=photographic zenith tube）	照相天顶筒	照相天頂筒

Q

英　文　名	大　陆　名	台　湾　名
QPO（=quasi-periodic oscillation）	准周期振荡	準週期振盪
QSO（=quasi-stellar object）	类星体	類星體
QSS（=quasi-stellar［radio］source）	类星射电源	類星電波源
quadrant	象限仪	象限儀
quadrant altazimuth（=azimuth quadrant）	地平象限仪	地平象限儀
quadrature	方照	方照
quadruple star	四合星	四合星
quantum cosmology	量子宇宙论	量子宇宙論
quantum efficiency	量子效率	量子效率
quantum universe	量子宇宙	量子宇宙
Quaoar	夸奥尔	夸奧爾
quark	夸克	夸克, 夼子
quark star	夸克星	夸克星
quartz clock	石英钟	石英鐘
quasar	类星体	類星體
quasar astronomy	类星体天文学	類星體天文學
quasi-equilibrium state	准平衡态	準平衡態
quasi-periodic orbit	准周期轨道	準週期軌道
quasi-periodic oscillation（QPO）	准周期振荡	準週期振盪
quasi-periodic variable	准周期变星	準週期變星
quasi-stable state	准稳态	準穩態
quasi-stellar object（=quasar）	类星体	類星體
quasi-stellar［radio］source（QSS）	类星射电源	類星電波源
quiescence	宁静态	寧靜態
quiescent galaxy	宁静星系	寧靜星系
quiescent prominence	宁静日珥	寧靜日珥
quiet corona	宁静日冕	寧靜日冕
quiet radio radiation	宁静射电	寧靜電波
quiet radio sun	宁静射电太阳	寧靜電波太陽
quiet solar radio radiation	宁静太阳射电［辐射］	寧靜太陽電波
quiet sun	宁静太阳	寧靜太陽
quiet sun noise	宁静太阳噪声	寧靜太陽雜訊

R

英　文　名	大　陆　名	台　湾　名
RA(=right ascension)	赤经	赤經
radar astronomy	雷达天文学	雷達天文學
radar meteor	雷达流星	雷達流星
radar telescope	雷达望远镜	雷達望遠鏡
radial motion	径向运动	徑向運動
radial pulsation	径向脉动	徑向脈動
radial velocity	①径向速度 ②视向速度	①徑向速度 ②視向速度
radial-velocity curve	视向速度曲线	視向速度曲線
radial-velocity reference star	视向速度参考星	視向速度參考星
radial-velocity spectrometer(RVS)	视向速度仪	視向速度儀
radial-velocity standard	视向速度标准星	視向速度標準星
radial-velocity trace	视向速度描迹	視向速度描跡
radial-velocity variable	视向速度变星	視向速度變星
radiance	面辐射强度	輻射率
radiant	辐射点	輻射點
radiant intensity	辐射强度	輻射強度
radiant of comet	彗星辐射点	彗星輻射點
radiant of moving cluster	移动星团辐射点	移動星團輻射點
radiation	辐射	輻射
radiation belt	辐射带	輻射帶
radiation belt of the Earth	地球辐射带	地球輻射帶
radiation damping	辐射阻尼	輻射阻尼
radiation dominated era	辐射占优期	輻射主導期
radiation dominated universe	辐射占优宇宙	輻射主導宇宙
radiation era	辐射期	輻射時代
radiation flux	辐射流量	輻射通[量]
radiation mechanism	辐射机制	輻射機制
radiation pressure	辐射压	輻射壓[力]
radiation zone	辐射区	輻射層
radiative envelope	辐射包层	輻射殼
radiative equilibrium	辐射平衡	輻射平衡
radiative recombination	辐射复合	輻射復合
radiative transfer	辐射转移	輻射轉移

英 文 名	大 陆 名	台 湾 名
radio	射电	電波
radio active star	射电活跃恒星	電波活躍恆星
radio active sun	射电活动太阳	電波活躍太陽
radio arm	射电臂	電波臂
radio astrometry	射电天体测量学	電波天體測量學
radio［astronomical］observatory	射电天文台	電波天文台
radio astronomy	射电天文学	電波天文［學］
radio astrophysics	射电天体物理学	電波天文物理學
radio background radiation	射电背景辐射	電波背景輻射
radio binary	射电双星	電波雙星
radio bridge	射电桥	電波橋
radio brightness	射电亮度	電波亮度
radio［brightness］temperature	射电温度，射电亮［度］温度	電波［亮度］溫度
radio burst	射电爆发	電波爆發
radiocarbon dating	放射性碳计年	放射性碳定年
radio contour	射电轮廓图	電波輪廓圖
radio corona	射电冕	電波冕
radio counterpart	射电对应体	電波對應體
radio diameter	射电直径	電波直徑
radio dish	射电碟形天线	電波碟形天線
radio echo method	无线电回波法	無線電回波法
radio eclipse	射电食	電波食
radio emission	射电辐射	電波發射
radio flare	射电耀发	電波閃焰
radio flare star	射电耀星	電波［閃］焰星
radio flux	射电流量	電波流量
radio frequency spectrum	射频谱	電波頻譜
radio galaxy	射电星系	電波星系
radiograph	射电图	電波圖
radio halo	射电晕	電波暈
radio heliograph	射电日像仪	電波日象儀
radio image	射电像	電波像
radio index	射电指数	電波指數
radio interferometer	射电干涉仪	電波干涉儀
radio interferometry	射电干涉测量	電波干涉測量
radio isophote	射电等强线	電波等強線
radio jet	射电喷流	電波噴流

英　文　名	大　陆　名	台　湾　名
radiolocational astronomy	无线电定位天文学	電波定位天文[學]
radioloud quasar	射电强类星体	電波強類星體
radioloud star	射电强星	電波強星
radio luminosity	射电光度	電波光度
radio magnitude	射电星等	電波星等
radio meteor	射电流星	電波流星
radiometer	辐射计	輻射計
radiometric magnitude	辐射星等	輻射星等
radiometry	辐射测量	輻射測量
radio nebula	射电星云	電波星雲
radio noise	射电噪声	電波雜訊
radio noise-burst	射电噪暴	電波雜訊暴
radio nova	射电新星	電波新星
radio plage	射电谱斑	電波譜斑
radio pulsar	射电脉冲星	電波脈衝星
radio quasar	射电类星体	電波類星體
radio quiet quasar	射电宁静类星体	電波弱類星體
radio quiet sun	射电宁静太阳	電波寧靜太陽
radio radiation spectrum	射电频谱	電波頻譜
radio recombination line	射电复合谱线	電波復合[譜]線
radio scintillation	射电闪烁	電波閃爍
radio sextant	射电六分仪	電波六分儀
radio sky	射电天空	電波天空
radio sky map	射电天图	電波星圖
radio source	射电源	電波源
radio source catalog	射电源表	電波源表
radio source count	射电源计数	電波源計數
radio source reference system	射电源参考系	電波源參考系
radio spectral index	射电谱指数	電波譜指數
radio spectral line	射电谱线	電波譜線
radio spectrograph	射电频谱仪	電波頻譜儀
radio spectroheliogram	射电太阳单色图	電波太陽單色圖
radio spectroheliograph	射电太阳分色仪	電波太陽單色儀
radio star	射电星	電波星
radio storm	射电暴	電波暴
radio sun	射电太阳	電波太陽
radio supernova	射电超新星	電波超新星
radio survey	射电巡天	電波巡天

英　文　名	大　陆　名	台　湾　名
radio-tail galaxy	带尾射电星系	電波尾星系
radio-tail object	带尾射电天体	電波尾天體
radio telescope	射电望远镜	電波望遠鏡
radio telescope array	射电望远镜阵	電波望遠鏡陣
radio time signal	无线电时号	無線電時間記錄
radio wave	射电波	[無線]電波
radio window	射电窗口	電波窗
radius-mass relation	半径–质量关系	[半]徑質[量]關係
Rahu	罗睺	羅睺
rampart	环壁	環壁
random error	随机误差	隨機誤差
Ranger	徘徊者号[月球探测器]	遊騎兵號[月球探測器]
ranging	测距	測距
rapid burster	快暴源	快暴源
rapidly oscillating Ap star	快速振荡 Ap 星	快速振盪 Ap 星
rapid nova(=fast nova)	快新星	快新星
rapid variable	快变星	迅速變星
RAS(=Royal Astronomical Society)	英国皇家天文学会	英國皇家天文學會
RASC(=Royal Astronomical Society of Canada)	加拿大皇家天文学会	加拿大皇家天文學會
R association	R 星协	R 星協
rational horizon(=geocentric horizon)	地心地平	地心地平
γ-ray astronomy	γ 射线天文学	γ 射線天文學
γ-ray burst	γ 射线暴	γ 射線爆發
γ-ray burster(GRB)	γ 射线暴源	γ 射線爆發源
γ-ray counterpart	γ 射线对应体	γ 射線對應體
Rayleigh criterion	瑞利判据	瑞利判據
Rayleigh limit	瑞利极限	瑞利極限
Rayleigh-Taylor instability	瑞利–泰勒不稳定性	瑞利–泰勒不穩定性
γ-ray line	γ 射线谱线	γ 射線譜線
γ-ray line astronomy	γ 射线谱线天文学	γ [射線]譜線天文學
γ-ray line emission	γ 射线谱线辐射	γ [射線]譜線輻射
γ-ray observatory	γ 射线天文台	γ 射線天文台
γ-ray pulsar	γ 射线脉冲星	γ 射線脈衝星
γ-ray telescope	γ 射线望远镜	γ 射線望遠鏡
R-branch	R 支	R 支
RCBG(=Reference Catalogue of Bright Galaxies)	亮星系表	亮星系表

英 文 名	大 陆 名	台 湾 名
R CMa star	大犬 R 型星	大犬 R 型星
R CrB star	北冕 R 型星	北冕 R 型星
RC system（=Ritchey-Chrétien system）	RC 系统	RC 系統, 里奇-克萊琴系統
RC telescope（=Ritchey-Chrétien telescope）	RC 型望远镜	RC 望遠鏡, 里奇-克萊琴望遠鏡
real sun（=true sun）	真太阳	真太陽
real-time interferometry	实时干涉测量	即時干涉測量
real-time synchronization	实时同步	即時同步
receding galaxy	退行星系	退行星系
recession	退行	退行
recombination epoch	复合期	復合紀元
recurrent burst	复现暴	再發爆發
recurrent flare	再现耀斑	再發閃焰
recurrent nova	再发新星	再發新星
recycled pulsar	再生脉冲星	再生脈衝星
red clump	红团簇	紅團簇
red coronal line	日冕红线	日冕紅線
reddened object	红化天体	紅化天體
reddening	红化	紅化
red dwarf	红矮星	紅矮星
red giant	红巨星	紅巨星
red giant branch	红巨星支	紅巨星支
red giant tip	红巨星支上端	紅巨星支尖
red horizontal branch（RHB）	红水平支	紅水平支
red magnitude	红星等	紅星等
red nebulous object（RNO）	红色云状体	紅色雲狀體
Red Rectangle Nebula	红矩[形]星云	紅矩星雲
redshift	红移	紅移
redshift-angular diameter relation	红移-角径关系	紅移-角徑關係
redshift-apparent magnitude diagram	红移-视星等图	紅移-視星等圖
redshift correction	红移改正	紅移修正
redshift-distance relation	红移-距离关系	紅移-距離關係
redshift-magnitude relation	红移-星等关系	紅移-星等關係
redshift survey	红移巡天	紅移巡天
Red Spot	红斑	紅斑
red straggler	红离散星	紅掉隊星
red supergiant	红超巨星	紅超巨星

英　文　名	大　陆　名	台　湾　名
reduced mass	折合质量	折合質量，約化質量
red variable	红变星	紅變星
red white dwarf	红白矮星	紅白矮星
reentry trajectory	再入轨道	再入軌道
reentry velocity	再入速度	重入[大氣]速度
Reference Catalogue of Bright Galaxies（RCBG）	亮星系表	亮星系表
reference ellipsoid	参考椭球	參考橢圓體
reference great circle	参考大圆	參考大圓
reference orbit	参考轨道	參考軌道
reference star	参考星	參考星
reference system	参考系	參考系
reference time scale	参考时标	時間參考尺度
reflecting telescope(=reflector)	反射望远镜	反射望遠鏡
reflection grating	反射光栅	反射光柵
reflection nebula	反射星云	反射星雲
reflection spectrum	反射光谱	反射光譜
reflectivity	反射率	反射本領，反射率
reflector	反射望远镜	反射望遠鏡
reflex motion	反折运动	反折運動
refracting telescope(=refractor)	折射望远镜	折射望遠鏡
refractive index	折射率	折射率
refractor	折射望远镜	折射望遠鏡
regression(=recession)	退行	退行
regression of galaxy	星系退行	星系退行
regression of the node	交点退行	交點退行
regression period	回归周期	回歸週期
regular cluster of galaxies	规则星系团	規則星系團
regular galaxy	规则星系	規則星系
regularization transformation	正规化变换	正規化變換
regular nebula	规则星云	規則星雲
regular observation(=routine observation)	常规观测	常規觀測
regular orbit(=ordered orbit)	有序轨道	有序軌道
regular satellite	规则卫星	規則衛星
regular variable	规则变星	規則變星
relative abundance	相对丰度	相對豐度
relative aperture	①相对孔径 ②相对口径	①相對孔徑 ②相對口徑
relative catalogue	相对星表	相對星表

英 文 名	大 陆 名	台 湾 名
relative determination	相对测定	相對測定
relative parallax	相对视差	相對視差
relative photometry	相对测光	相對光度測量, 相對測光
relative sunspot number	黑子相对数	黑子相對數
relativistic astrophysics	相对论天体物理学	相對論[性]天文物理學
relativistic bremsstrahlung	相对论性轫致辐射	相對論[性]制動輻射
relativistic correction	相对论改正	相對論修正
relativistic cosmology	相对论宇宙论	相對論[性]宇宙論
relativistic gas	相对论性气体	相對論性氣體
relativistic jet	相对论性喷流	相對論性噴流
relativistic periastron advance	相对论性近星点进动	相對論性近星點進動
relativistic perihelion advance	相对论性近日点进动	相對論性近日點進動
relativistic star	相对论性星	相對論性星
relativity shift	相对论移动	相對論位移
relaxation effect	弛豫效应	鬆弛效應
relaxation time	弛豫时间	鬆弛時間
reliability	置信度	可信度, 可靠度
remnant of nova	新星遗迹	新星殘骸
rendezvous	会合	會合
residual error	残差	殘差
residual intensity	剩余强度	殘[餘]強度
residual radial velocity	剩余视向速度	殘[餘]視向速度
resolution	分辨率	鑑別率, 解像力
resolution limit	分辨极限	分辨極限
resolving power	分辨本领	鑑別本領
resonance capture	共振俘获	共振捕獲
resonance line	共振谱线	共振[譜]線
resonance orbit	共振轨道	共振軌道
resonance satellite	共振卫星	共振衛星
response curve	响应曲线	反應曲線
response time	响应时间	反應時間
rest frame	静止坐标系	靜止坐標系
restricted cosmological principle	限制性宇宙学原理	狹義宇宙論原則
restricted problem	限制性问题	設限問題
restricted three-body problem	限制性三体问题	設限三體問題
retrograde motion	逆行	逆行
retrograde orbit	逆行轨道	逆行軌道

英　文　名	大　陆　名	台　湾　名
retrograde stationary	逆留	逆留
Reuven Ramaty High Energy Solar Spectroscopic Imager(RHESSI)	太阳高能光谱成像探测器	太陽高能光譜成像探測器
reversible pendulum	可倒摆	可倒擺
reversible transit circle	回转子午环	回轉子午環
reversing layer	反变层	反變層
Revised Harvard Photometry(RHP)	哈佛恒星测光表修订版	哈佛恆星測光表修訂版
Revised New General Catalogue of Non-stellar Astronomical Objects(RNGC)	非星天体新总表修订版	非星天體新總表修訂版
revolution	公转	公轉
R galaxy	R 星系	R 星系
RGO(=Royal Greenwich Observatory)	格林尼治皇家天文台	格林[威治]皇家天文台
RHB(=red horizontal branch)	红水平支	紅水平支
RHESSI(=Reuven Ramaty High Energy Solar Spectroscopic Imager)	太阳高能光谱成像探测器	太陽高能光譜成像探測器
rhombic antenna(=diamond antenna)	菱形天线	菱形天線
RHP(=Revised Harvard Photometry)	哈佛恒星测光表修订版	哈佛恆星測光表修訂版
rhythmic time signal	科学式时号	節奏時號
rich cluster(=① rich galaxy cluster ②rich star cluster)	①富星系团 ②富星团	①富星系團 ②富星團
rich galaxy cluster	富星系团	富星系團
richness	富度	富度
richness class	富度级	富度級
richness index	富度指数	富度指數
richness parameter	富度参数	富度參數
rich star cluster	富星团	富星團
right-ascension circle(=circle of right ascension)	赤经圈	赤經圈
right ascension(RA)	赤经	赤經
right sphere	正交天球	垂直球
rigid earth	刚性地球	剛性地球
rill	沟纹	細溝
rille crater	沟纹环形山	細溝環形山
rim	环形山边	環[形山]緣
rima	[月]溪	裂縫
Rima Hyginus	海金努斯月溪	海金努斯月溪
Rima Planck	普朗克月溪	卜朗克月溪
Rima Schroedinger	薛定谔月溪	薛丁格月溪

英　文　名	大　陆　名	台　湾　名
Rima Sirsalis	希萨利斯月溪	希薩利斯月溪
ringed barred［spiral］galaxy	有环棒旋星系	有環棒旋星系
ringed planet	有环行星	有環行星
ring galaxy	环状星系	環狀星系
ring of Neptune(= Neptune's ring)	海王星环	海王星環
ring system	光环系统	光環系統
rise phase	上升阶段	上升階段
rise time	上升时间	上升時間
rising limit	出限	出限
Ritchey-Chrétien system	RC 系统	RC 系统，里奇–克萊琴系统
Ritchey-Chrétien telescope	RC 型望远镜	RC 望遠鏡，里奇–克萊琴望遠鏡
Ritz combination principle	里茨组合原则	瑞茲加成原則
R magnitude	R 星等	R 星等
R Monocerotis nebula	麒麟 R 星云	麒麟［座］R 星雲
rms error(= root-mean-square error)	均方差	均方根差
RNGC(= Revised New General Catalogue of Nonstellar Astronomical Objects)	非星天体新总表修订版	非星天體新總表修訂版
RNO(= red nebulous object)	红色云状体	紅色雲狀體
Robertson-Walker metric	罗伯逊–沃克度规	勞勃遜–厄克規度
robotic telescope	程控望远镜	自動望遠鏡
Roche limit	洛希极限	洛希極限
Roche lobe	洛希瓣	洛希瓣
Roche radius	洛希半径	洛希半徑
Roche surface	洛希面	洛希面
rocking mirror	摆动反光镜	擺動面鏡
rod indicator	漏箭	漏箭
Röntgenstrahlen Satellit(德)(ROSAT)	伦琴 X 射线天文台	倫琴 X 光天文台
Roof	危宿	危宿
Room	房宿	房宿
Root	氐宿	氐宿
root-mean-square error	均方差	均方根差
ROSAT(=Röntgenstrahlen Satellit(德))	伦琴 X 射线天文台	倫琴 X 光天文台
rosette	玫瑰花结	玫瑰花結
Rossiter effect	罗西特效应	洛西特效應
Rossi X-ray Timing Explorer(RXTE)	罗西 X 射线时变探测器	羅西 X 光時變探測器
Ross telescope	罗斯望远镜	羅斯望遠鏡

英　文　名	大　陆　名	台　湾　名
rotating variable	自转变星	自轉變星
rotation	自转	自轉
rotational axis precession	自转轴进动	自轉軸進動
rotational broadening	自转致宽	自轉致寬
rotational instability	自转不稳定性	自轉不穩定性
rotational line	转动谱线	轉動譜線
rotational parallax	自转视差	自轉視差
rotational period	自转周期	自轉週期
rotational variable(=rotating variable)	自转变星	自轉變星
rotational velocity	自转速度	自轉速度
rotational velocity-spectral type relation	自转速度–光谱型关系	自轉速度–光譜型關係
rotation axis	自转轴	自轉軸
rotation curve	自转曲线	自轉曲線
rotation period(=rotational period)	自转周期	自轉週期
rotation pole	自转极	自轉極
rotation synthesis	自转综合	自轉合成
rounded value	舍入值	約整值
roundoff error	舍入误差	約整誤差
routine observation	常规观测	常規觀測
Rowland grating	罗兰光栅	羅蘭光柵
Royal Astronomical Society of Canada (RASC)	加拿大皇家天文学会	加拿大皇家天文學會
Royal Astronomical Society(RAS)	英国皇家天文学会	英國皇家天文學會
Royal Greenwich Observatory(RGO)	格林尼治皇家天文台	格林[威治]皇家天文台
Royal Observatory	爱丁堡皇家天文台	愛丁堡皇家天文台
r-process(=fast process)	快过程, r 过程	中子快捕獲過程, r 過程
RRab Lyr star	天琴 RRab 型星	天琴[座]RRab 型星
RRa Lyr star	天琴 RRa 型星	天琴[座]RRa 型星
RRb Lyr star	天琴 RRb 型星	天琴[座]RRb 型星
RRc Lyr star	天琴 RRc 型星	天琴[座]RRc 型星
R region	R 区	R 區
RR Lyr [variable] star	天琴 RR 型[变]星	天琴[座] RR 型[變]星
RRs Lyr star	天琴 RRs 型星	天琴[座]RRs 型星
RR Tel star	望远镜[座]RR 型星	望遠鏡[座] RR 型星
RS CVn binary	猎犬 RS 型双星	獵犬[座] RS 型雙星
RS CVn star	猎犬 RS 型星	獵犬[座] RS 型星
R star	R 型星	R 型星

英　文　名	大　陆　名	台　湾　名
RT Ser star	巨蛇 RT 型星	巨蛇[座] RT 型星
rubber second(=negative leap second)	负闰秒	負閏秒
rubidium clock	铷钟	銣鐘
rubidium maser	铷微波激射器	銣邁射
rubidium-strontium dating	铷–锶纪年	銣–鍶紀年
Rudolphine table	鲁道夫星表	魯道夫星表
runaway star	速逃星	速逃星
rupe	峭壁	峭壁
Rupes Altai	阿尔泰峭壁	阿勒泰峭壁
Rupes Philolaus	菲洛劳峭壁	菲洛勞峭壁
Rupes Recta	竖直峭壁	豎直峭壁
Russell-Vogt theorem	罗素–佛格定理	羅素–沃克定理
RVS(=radial-velocity spectrometer)	视向速度仪	視向速度儀
RV Tau[ri] star	金牛 RV 型星	金牛[座] RV 型[變]星
RW Aur star	御夫 RW 型星	御夫[座]RW 型星
RXTE(=Rossi X-ray Timing Explorer)	罗西 X 射线时变探测器	羅西 X 光時變探測器
Rydberg constant	里德伯常数	芮得柏常數
R zone(=R region)	R 区	R 區

S

英　文　名	大　陆　名	台　湾　名
SA(=①Selected Area ②spherical aberration)	①选区 ②球差	①選區 ②球[面像]差
SAF(=Societe Astronomique de France)	法国天文学会	法國天文學會
SAAO(=South African Astronomical Observatory)	南非天文台	南非天文台
SAFIR(=Single Aperture Far-Infrared Observatory)	单孔径远红外天文台	單孔徑遠紅外天文台
Sa galaxy	Sa 型星系	Sa 型星系
υ Sagittarii star	人马 υ 型星	人馬[座] υ 型星
Sagittarius arm	人马臂	人馬臂
Sagittarius dwarf	人马矮星系	人馬[座]矮星系
Saha equation	萨哈方程	沙哈方程
sailing star	蓬星	蓬星
SALT(=Southern African Large Telescope)	南非大望远镜	南非大望遠鏡
sampling	取样	抽樣

英　文　名	大　陆　名	台　湾　名
sand clock	沙漏	沙漏［鐘］
sand glass（=sand clock）	沙漏	沙漏［鐘］
S Andromedae	仙女 S 超新星	仙女［座］S 超新星
SAO（=①Smithsonian Astrophysical Observatory ②Special Astrophysical Observatory）	①史密松天体物理台　②特设天体物理台	①史密松天文物理台　②特設天體物理台
SAR（=synthetic-aperture radar）	综合孔径雷达	合成孔徑雷達
Saros［cycle］	沙罗周期	沙羅週期
SAS-A（=Uhuru）	自由号卫星	自由號衛星
SAT（=stepped atomic time）	跳跃原子时	步進原子時
satellite	卫星	衛星
satellite altimetry	卫星测高	衛星測高
satellite astronomy	卫星天文学	衛星天文學
satellite Doppler tracking	卫星多普勒测量	衛星都卜勒測量
satellite eclipse	卫星食	衛星食
satellite galaxy（=companion galaxy）	伴星系	伴星系
satellite laser ranging（SLR）	卫星激光测距	衛星雷射測距
satellite line	伴线	伴線
satellite system	卫星系统	衛星系［統］
satellite tracking	人卫跟踪	衛星追蹤
satellite transit	卫星凌行星	衛星凌行星
Saturn	①土星 ②镇星	①土星 ②鎮星
Saturn-crossing asteroid	越土小行星	越土小行星
Saturnian ring（=Saturn's ring）	土星环	土星［光］環
Saturnian satellite	土卫	土衛
saturnicentric coordinate	土心坐标	土心坐標
saturnigraphy	土面学	土面學
Saturn's ring	土星环	土星［光］環
Saturn's satellite（=Saturnian satellite）	土卫	土衛
saucer crater	碟形环形山	碟形環形山
SB（=spectroscopic binary）	分光双星	分光雙星
SBa galaxy	SBa 型星系	SBa 型星系
SBb galaxy	SBb 型星系	SBb 型星系
SBc galaxy	SBc 型星系	SBc 型星系
Sb galaxy	Sb 型星系	Sb 型星系
SB galaxy（=barred spiral galaxy）	棒旋星系	棒旋星系
scalar field	标量场	純量場
scalar-tensor theory	标量–张量理论	純量–張量理論

英 文 名	大 陆 名	台 湾 名
scale height	标高	尺度高
scale length	标长	標長
scanning great circle	扫描大圆	掃描大圓
scattering	散射	散射
Sc galaxy	Sc 型星系	Sc 型星系
Schatzman mechanism	沙兹曼机制	沙兹曼機制
Schmidt camera	施密特照相机	施密特[式]照相機
Schmidt-Cassegrain telescope	施密特-卡塞格林望远镜	施密特-卡塞格林[式]望遠鏡
Schmidt corrector	施密特改正板	施密特改正板
Schmidt optics	施密特光学系统	施密特光學系統
Schmidt telescope	施密特望远镜	施密特[式]望遠鏡
Schwarzschild black hole	施瓦西黑洞	史瓦西黑洞
Schwarzschild radius	施瓦西半径	史瓦西半徑
Schwarzschild sphere	施瓦西球	史瓦西球
sciagraphy	星影计时法	星影計時法
sciametry	日月食理论	日月食理論
scintillation	闪烁	閃爍
SCNA(=sudden cosmic noise absorption)	宇宙噪声突然吸收	宇宙雜訊突然吸收, 宇宙雜訊突減
scotopic vision	晨昏视觉	暗黑視覺, 桿體視覺
δ Sct star	盾牌 δ 型星	盾牌 δ 型星
Sculptor group	玉夫星系群	玉夫[座]星系群
Sculptor void	玉夫巨洞	玉夫[座]巨洞
SDC(=Stellar Data Center)	恒星资料中心	恆星資料中心
Sd galaxy	Sd 型星系	Sd 型星系
SDM(=Solar Diameter Monitor)	太阳直径监测器	太陽直徑監測器
S Dor star	剑鱼 S 型星	劍魚 S 型星
SDO(=Solar Dynamics Observatory)	太阳动力学观测台	太陽動力學觀測台
SDSS(=Sloan Digital Sky Survey)	斯隆数字[化]巡天	史隆數位巡天
s. e. (=standard error)	标准误差	標準誤差
SEA(=sudden enhancement of atmospherics)	天电突增	天電突增
search for extraterrestrial intelligence (SETI)	地外智慧生物搜寻	地[球]外智慧生物搜寻
search for extraterrestrial life	地外生命搜寻	地[球]外生命搜寻
secondary clock	子钟	子鐘
secondary component(=secondary star)	次星	伴星

英　文　名	大　陆　名	台　湾　名
secondary crater	次级陨击坑	次級隕擊坑
secondary eclipse	次食	次食
secondary maximum	次极大	次極大
secondary minimum	次极小	次極小
secondary mirror	副镜	副鏡
secondary period	副周期	次週期
secondary resonance	次级共振	次級共振
secondary star	次星	伴星
second contact	食既, 全食始	食既, 第二切
second cosmic velocity	第二宇宙速度	第二宇宙速度
second of arc	角秒	角秒
second of time	时秒	時秒
sector boundary	扇形边界	扇形邊界
sector structure	扇形结构	扇形結構
secular aberration	长期光行差	長期光行差
secular acceleration	长期加速度	長期加速
secular evolution	长期演化	長期演化
secular instability	长期不稳定性	長期不穩定性
secular parallax	长期视差	長期視差
secular perturbation	长期摄动	長期攝動
secular polar motion	长期极移	長年極移
secular resonance	长期共振	長期共振
secular term	长期项	長期項
secular variable	长期变星	長期變星
SED(=spectral energy distribution)	光谱能量分布	光譜能量分佈
Sedna	赛德娜	賽德娜
seeing	视宁度	視相, 大氣寧靜度
seeing disk	视宁圆面	視影盤面
seeing image	视宁像	視影
Seeliger paradox	西利格佯谬	西利格佯謬
segmented mirror telescope(SMT)	拼接镜面望远镜	拼接鏡面望遠鏡
Selected Area(SA)	选区	選區
selection effect	选择效应	選擇效應
selective absorption	选择吸收	選擇[性]吸收
selective scattering	选择散射	選擇[性]散射
selenocentric coordinate	月心坐标	月心坐標
selenodesy	月面测量学	月面測量學
selenogony	月球起源说	月球起源說

英　文　名	大　陆　名	台　湾　名
selenograph	月面图	月面圖
selenographic coordinate	月面坐标	月面坐標
selenography	月面学	月面學
selenology	月球学	月面學
selenomorphology	月面形态学	月面形態學
selenophysics	月球物理学	月球物理學
self-absorption	自吸收	自吸收
self-gravitation	自引力	自吸引，自身重力
self-luminous train	自发光余迹	自發光[流星]餘跡
semi-detached binary	半接双星	半分離雙星
semi-diurnal arc	半日弧	半日周弧
semi-major axis	半长径	半長軸
semi-regular variable	半规则变星	半規則變星
sense of revolution	公转方向	公轉方向
sense of rotation	自转方向	自轉方向
sensitization	敏化	增感，敏化
SEP(=solar energetic particle)	太阳高能粒子	太陽高能粒子
serendipitous X-ray source	偶遇 X 射线源	偶遇 X 光源
Serrurier truss	赛路里桁架	賽路里桁架
servo-system	伺服系统	伺服系統
Se star	Se 星, S 型发射线星	Se 星, S 型發射線星
SETI(=search for extraterrestrial intelligence)	地外智慧生物搜寻	地[球]外智慧生物搜寻
setting	①对准 ②落，没	①對準 ②落，没
seven luminaries	①七曜 ②七政	①七曜 ②七政
Seven Sisters	七姊妹星	七姊妹星
Seven Stars	星宿	星宿
sexagesimal cycle	六十干支周	六十干支周
sextant	①纪限仪 ②六分仪	①紀限儀 ②六分儀
sextuple star	六合星	六合星
Seyfert galaxy	赛弗特星系	西佛星系
SFA(=sudden field anomaly)	场强突异	場強突異
SFD(=sudden frequency drift)	频率突漂	頻率突漂
SFR(=star formation rate)	恒星形成率	恆星形成率
SFTS(=standard frequency and time signal)	标准时频	標準時號
SFU(=solar flux unit)	太阳流量单位	太陽通量單位
S galaxy(=spiral galaxy)	旋涡星系	螺旋[狀]星系

英 文 名	大 陆 名	台 湾 名
S0 galaxy(=lenticular galaxy)	透镜状星系, S0 型星系	透鏡壯星系, S0 星系
SGMC(=supergiant molecular cloud)	超巨分子云	超巨分子雲
SGR(=soft γ-ray repeater)	软 γ 射线复现源	軟 γ[射線]重複爆發源
SGT(=soft γ-ray transient)	软 γ 射线暂现源	軟 γ 射線瞬變源
shadow belt	影带	影帶
shadow cone	影锥	影錐
shadow definer	景符	景符
shadow eclipse	影食	影食
shadow transit	卫影凌行星	衛影凌行星
Shanghai Astronomical Observatory	上海天文台	上海天文台
Shapley-Ames catalogue	沙普利–艾姆斯星系表	沙普利–艾姆斯星系表
shell galaxy	壳状星系	殼狀星系
shell remnant	壳状遗迹	殼狀遺跡
shell star	气壳星	氣殼星
shepherd satellite	牧羊犬卫星	牧羊犬衛星
SHG(=spectroheliography)	太阳单色光照相术	太陽單色光照相術
shooting star(=meteor)	流星	流星
Shorrtt clock(=Shortt clock)	雪特钟	雪特鐘
short-arc method	短弧法	短弧法
short period cepheid	短周期造父变星	短週期造父[型]變星
short period comet	短周期彗星	短週期彗星
short period perturbation	短周期摄动	短週期攝動
short period variable	短周期变星	短週期變星
Shortt clock	雪特钟	雪特鐘
shower radiant	流星雨辐射点	流星雨輻射點
SI(=international system of units)	国际单位制	國際單位制
SID(=sudden ionospheric disturbance)	电离层突扰	游離層突發性擾動
sidelobe	旁瓣	旁瓣
sidereal clock	恒星钟	恆星鐘
sidereal day	恒星日	恆星日
sidereal month	恒星月	恆星月
sidereal period	恒星周期	恆星週期
sidereal revolution	恒星周	恆星周
sidereal time(ST)	恒星时	恆星時
sidereal year	恒星年	恆星年
siderite (=aerosiderite)	铁陨星, 陨铁, 铁陨石	隕鐵, 鐵[質]隕石
siderolite(=lithosiderite)	石铁陨星, 石铁陨石	石隕鐵
siderostat	定星镜	定星鏡

英 文 名	大 陆 名	台 湾 名
sighting tube	窥管，望筒	窺管，望筒
sign	宫	宮
signal to noise ratio	信噪比	信[號]噪比
signs of zodiac(=zodiacal signs)	黄道十二宫	黃道十二宮
silicon burning	硅燃烧	矽燃燒
silicon star	硅星	矽星
silvering	镀银	鍍銀
SIM(=Space Interferometry Mission)	空间干涉仪	太空干涉儀
simultaneous observation	同时观测	同步觀測
Single Aperture Far-Infrared Observatory (SAFIR)	单孔径远红外天文台	單孔徑遠紅外天文台
single-arc method	单弧法	單弧法
single-line spectroscopic binary	单谱分光双星	單線[分光]雙星
single-spectrum binary(=single-line spectroscopic binary)	单谱分光双星	單線[分光]雙星
single-station method	单站法	單站法
singularity	奇点	奇異點
singularity of the universe	宇宙奇点	宇宙奇點
SIRTF(=Space Infrared Telescope Facilities)	空间红外望远镜	太空紅外望遠鏡
site selection(=site testing)	选址	選址
site telescope	选址望远镜	選址望遠鏡
site testing	选址	選址
six-color photometry	六色测光	六色測光
SKA(=Square Kilometer Array)	平方千米[射电望远镜]阵	平方公里[電波望遠鏡]陣
Skalnate Pleso Atlas of the Heavens	捷克天图	捷克天圖
Sky and Telescope	天空与望远镜	天空與望遠鏡
sky atlas	天图	天圖
sky background	天空背景	天空背景
sky background noise	天空背景噪声	天空背景雜訊
sky background radiation	天空背景辐射	天空背景輻射
sky brightness	天空亮度	天空亮度
Skylab	天空实验室	天空實驗室
sky measuring scale	量天尺	量天尺
sky phenomena	天象	天象
sky survey	巡天观测	巡天觀測
S-L9(=comet Shoemaker-Levy 9)	休梅克-利维 9 号彗星	舒梅克-李維 9 號彗星

英　文　名	大　陆　名	台　湾　名
slave clock (= secondary clock)	子钟	子鐘
slit	狭缝, 光缝	狹縫
slit image	狭缝像	狹縫像
slitless spectrograph	无缝摄谱仪	無縫攝譜儀
slitless spectrum	无缝光谱	無縫光譜
slit spectrum	有缝光谱	有縫光譜
Sloan Digital Sky Survey (SDSS)	斯隆数字[化]巡天	史隆數位巡天
slowly varying component (SVC)	缓变分量	緩變分量
slow motion	慢动	慢動
slow nova	慢新星	慢新星
slow process	慢过程, s 过程	中子慢捕獲過程, s 過程
SLR (= satellite laser ranging)	卫星激光测距	衛星雷射測距
SMA (= Sub-Millimeter Array)	亚毫米波[射电望远镜]阵	次毫米波陣列
small circle	小圆	小圓
small cycle	小纪	小紀
Smithsonian Astrophysical Observatory (SAO)	史密松天体物理台	史密松天文物理台
SMM (= Solar Maximum Mission)	太阳极大[年]使者	太陽極大期任務衛星
smoothing	平滑	修勻
SMT (= segmented mirror telescope)	拼接镜面望远镜	拼接鏡面望遠鏡
SMY (= solar maximum year)	太阳峰年	太陽峰年
SN (= supernova)	超新星	超新星
SN Cas 1572 (= Tycho supernova)	第谷超新星	第谷超新星
SN Oph 1604 (= Kepler's supernova)	开普勒超新星	克卜勒超新星
SNR (= supernova remnant)	超新星遗迹	超新星殘骸
SNU (= solar neutrino unit)	太阳中微子单位	太陽微中子單位
Societe Astronomique de France (SAF)	法国天文学会	法國天文學會
SOFIA (= Stratospheric Observatory for Infrared Astronomy)	索菲雅[平流层红外天文台]	索菲雅[平流層紅外天文台]文台]
soft binary	软双星	軟雙星
soft gamma burst repeater	软 γ 暴复现源	軟 γ [射線]重複爆發源
soft phase	缓变阶段	緩變相
soft γ-ray repeater (SGR)	软 γ 射线复现源	軟 γ [射線]重複爆發源
soft γ-ray source	软 γ 射线源	軟 γ 射線源
soft γ-ray transient (SGT)	软 γ 射线暂现源	軟 γ 射線瞬變源
soft X-ray repeater (SXR)	软 X 射线复现暴	軟 X 光重複爆發源

英 文 名	大 陆 名	台 湾 名
soft X-ray source	软 X 射线源	軟 X 光源
soft X-ray transient(SXT)	软 X 射线暂现源	軟 X 光瞬變源
SOHO(=Solar and Heliospheric Obser- vatory)	索贺[太阳和日球层探 测器]	太陽與太陽圈觀測衛 星,SOHO 太陽觀測 衛星
solar active region	太阳活动区	太陽活動區
solar activity	太阳活动	太陽活動
solar activity prediction	太阳活动预报	太陽活動預報
Solar and Heliospheric Observatory (SOHO)	索贺[太阳和日球层探 测器]	太陽與太陽圈觀測衛 星,SOHO 太陽觀測 衛星
solar antapex	太阳背点	太陽背點
solar apex	太阳向点	太陽向點
solar atmosphere	太阳大气	太陽大氣
solar burst	太阳爆发	太陽爆發
solar calendar	阳历	陽曆
solar chromosphere	太阳色球[层]	太陽色球[層]
solar constant	太阳常数	太陽常數
solar corona	日冕	日冕
solar cosmic ray	太阳宇宙线	太陽宇宙線
solar cycle	太阳活动周	太陽[活動]週期
solar day	太阳日	太陽日
Solar Diameter Monitor(SDM)	太阳直径监测器	太陽直徑監測器
solar disk	日面	太陽圓面,日面,日輪
Solar Dynamics Observatory(SDO)	太阳动力学观测台	太陽動力學觀測台
solar dynamo	太阳发电机	太陽發電機
solar eclipse	日食	日食
solar eclipse limit	日食限	日食限
solar energetic particle(SEP)	太阳高能粒子	太陽高能粒子
solar equation	日缠,太阳差	太陽差,日纏
solar filtergram(=spectroheliogram)	太阳单色像	太陽單色光照片
solar flare	太阳耀斑	太陽閃焰
solar flux	太阳流量	太陽通量
solar flux unit(SFU)	太阳流量单位	太陽通量單位
solar granulation	太阳米粒组织	太陽米粒組織
solar interior	太阳内部	太陽內部
solar irradiance	太阳辐照度	太陽輻照度
solar limb	日面边缘	日面邊緣

英 文 名	大 陆 名	台 湾 名
solar luminosity	太阳光度	太陽光度
solar magnetic cycle	太阳磁周	太陽磁周
solar magnetic field	太阳磁场	太陽磁場
solar mass	太阳质量	太陽質量
solar-mass star	太阳质量恒星	太陽質量恆星
Solar Maximum Mission(SMM)	太阳极大[年]使者	太陽極大期任務衛星
solar maximum year(SMY)	太阳峰年	太陽峰年
solar microwave burst	太阳微波爆发	太陽微波爆發
solar motion	太阳运动	太陽運動
solar nebula	太阳星云	太陽[星]雲
solar neutrino	太阳中微子	太陽微中子
solar neutrino deficit	太阳中微子亏缺	太陽微中子虧缺
solar neutrino unit(SNU)	太阳中微子单位	太陽微中子單位
solar oblateness	太阳扁率	太陽扁率,太陽扁度
solar oscillation	太阳振荡	太陽振盪
solar parallax	太阳视差	太陽視差
solar patrol	太阳巡视	太陽巡視
solar phase angle	日地张角	太陽相角
solar photosphere	太阳光球[层]	太陽光球[層]
solar physics	太阳物理学	太陽物理[學]
solar prominence	日珥	日珥
[solar] proton event	[太阳]质子事件	[太陽]質子事件
[solar] proton flare	[太阳]质子耀斑	[太陽]質子閃焰
solar radiation	太阳辐射	太陽輻射
Solar Radiation and Thermospheric Satellite(Srats)	斯拉茨天文卫星	斯拉茨天文衛星
Solar Radiation Monitoring Satellite (SOLRAD)	太阳辐射监测卫星	太陽輻射監測衛星
solar radio astronomy	太阳射电天文学	太陽電波天文學
solar radio burst	太阳射电爆发	太陽電波爆發
solar radius	太阳半径	太陽半徑
solar γ-ray radiation	太阳γ射线辐射	太陽γ射線輻射
solar rotation	太阳自转	太陽自轉
solar service	太阳服务	太陽聯合觀測,太陽服務
solar system	太阳系	太陽系
solar telescope	太阳望远镜	太陽望遠鏡
solar term	节气	節氣

英 文 名	大 陆 名	台 湾 名
solar-terrestrial environment	日地环境	日地環境
solar-terrestrial physics	日地物理学	日地物理學
solar-terrestrial relationship	日地关系	日地關係
Solar Terrestrial Relations Observatory (STEREO)	日地关系观测台	日地關係觀測台
solar-terrestrial space	日地空间	日地空間
solar tide	日潮	日潮
solar time	太阳时	太陽時
solar tower	太阳塔	太陽觀測塔
solar transition region	太阳过渡区	太陽過渡區
solar-type star	太阳型星	太陽型星
solar wind	太阳风	太陽風
solar X-ray radiation	太阳 X 射线辐射	太陽 X 光輻射
solid earth	固体地球	固體地球
soliton star	孤子星	孤子星
SOLRAD(=Solar Radiation Monitoring Satellite)	太阳辐射监测卫星	太陽輻射監測衛星
solstices	二至点	二至點
solstitial colure	二至圈	二至圈
Sothic year	天狼年	天狼年
sounding balloon	探空气球	探空氣球
sounding rocket	探空火箭	探空火箭
source counting	源计数	源計數
source function	源函数	源函數
South African Astronomical Observatory (SAAO)	南非天文台	南非天文台
south celestial pole	南天极	南天極
south ecliptic pole	南黄极	南黄極
Southern African Large Telescope(SALT)	南非大望远镜	南非大望遠鏡
southern hemisphere	南半球	南半球
southern reference star catalogue	南天参考星表	南天參考星表
Southern Sky Survey	南天天图	南天天圖
South Galactic Cap	南银[极]冠	南銀[極]冠
South Galactic Pole	南银极	南銀極
south point	南点	南點
Soyuz	联盟号[空间飞船]	聯合號[太空船]
SPA(=sudden phase anomaly)	相位突异	相位突異
space	①空间 ②太空	①空間 ②太空

英　文　名	大　陆　名	台　湾　名
space astrometry	空间天体测量学	太空天體測量學
space astronomy	空间天文学	太空天文學
space astrophysics	空间天体物理学	太空天文物理學
spacecraft	①航天器 ②宇宙飞船	①太空船 ②宇宙飛船
space distribution（＝spatial distribution）	空间分布	空間分佈
space exploration	空间探测	太空探測
space-fixed coordinate system	空固坐标系	空固坐標系
space flight	航天	太空飛行
space geodesy	空间大地测量	太空大地測量
Space Infrared Telescope Facilities（SIRTF）	空间红外望远镜	太空紅外望遠鏡
Space Interferometry Mission（SIM）	空间干涉仪	太空干涉儀
Spacelab	空间实验室	太空實驗室
space observatory	空间天文台	太空天文台
space probe	空间探测器	太空[探測]船
space radio astrometry	空间射电天体测量	太空電波天體測量
space radio astronomy	空间射电天文学	太空電波天文學
space reddening	空间红化	空間紅化
space science	空间科学	太空科學
[space] shuttle	航天飞机	[太空]梭
space station	空间站	太空站, 宇宙站
space telescope（ST）	空间望远镜	太空望遠鏡
Space Telescope Science Institute（STScI）	空间望远镜[科学]研究所	太空望遠鏡[科學]研究所
space-time	时空	時空
space velocity	空间速度	空間速度
space weather	太空气候	太空氣候
spar	组合太阳望远镜	多路望遠鏡裝置
spatial distribution	空间分布	空間分佈
spatial motion	空间运动	空間運動
spatial resolution	空间分辨率	空間分辨率
Special Astrophysical Observatory（SAO）	特设天体物理台	特設天體物理台
special perturbation	特殊摄动	特殊攝動
speckle interferometer	斑点干涉仪	散斑干涉儀
speckle interferometry	斑点干涉测量	散斑干涉法
speckle photometry	斑点测光	斑點測光
speckle spectroscopy	斑点分光	斑點分光
spectral class（＝spectral type）	光谱型	光譜型

英　文　名	大　陆　名	台　湾　名
spectral classification	光谱分类	光譜分類
spectral energy distribution(SED)	光谱能量分布	光譜能量分佈
spectral index	谱指数	光譜指數
spectral line	谱线	譜線
［spectral］line shift(=line displacement)	谱线位移	譜線位移
spectral line width	谱线宽度	譜線寬度
spectral region	光谱区	光譜區
spectral resolution	谱分辨率	譜分辨率
spectral sequence	光谱序	光譜序
spectral type	光谱型	光譜型
spectrogram	①光谱图 ②频谱图	①光譜圖 ②頻譜圖
spectrograph	①频谱仪 ②摄谱仪	①頻譜儀 ②攝譜儀
spectrographic orbit	摄谱轨道	攝譜軌道, 分光軌道
spectrography	摄谱	攝譜
spectroheliogram	太阳单色像	太陽單色光照片
spectroheliograph	太阳单色光照相仪	太陽單色光照相儀
spectroheliography(SHG)	太阳单色光照相术	太陽單色光照相術
spectrometer(②=spectrograph)	①分光仪 ②频谱仪	①分光計, 光譜儀 ②頻譜儀
spectrometry	分光测量	分光測量
spectrophotometric standard	分光光度标准星	分光光度標準星
spectrophotometry	分光光度测量	分光光度測量
spectropolarimetry	分光偏振测量	分光偏振測量
spectroscopic binary(SB)	分光双星	分光雙星
spectroscopic distance	分光距离	分光距離
spectroscopic element	分光根数	測譜要素, 分光要素
spectroscopic orbit	①分光轨道 ②分光解	①測譜軌道, 分光軌道 ②分光解
spectroscopic parallax	分光视差	分光視差
spectroscopic period	分光周期	分光週期
spectroscopic redshift	光谱红移	光譜紅移
spectroscopy	①光谱学 ②频谱学	①光譜學, 分光學 ②頻譜學
spectrum	①光谱 ②频谱 ③谱	①光譜 ②頻譜 ③譜
spectrum binary	光谱双星	光譜雙星
spectrum-luminosity diagram	光谱光度图	光譜光度圖
spectrum variable	光谱变星	光譜變星
sphere of action	作用范围	作用範圍

英　文　名	大　陆　名	台　湾　名
spherical aberration(SA)	球差	球[面像]差
spherical astronomy	球面天文学	球天文[學]
spherical component	球状子系	球狀子系
spherical coordinates	球坐标	球[面]坐標
spherical galaxy	球状星系	球狀星系
spherical meniscus	球面弯月镜	球面彎月[形透]鏡
spherical mirror	球面镜	球面鏡
spherical subsystem	球状次系	球狀次系
spheroidal coordinates	椭球坐标	橢球坐標
spheroidal galaxy	椭球星系	橢球星系
spicule	针状物	針狀體
spike burst	尖峰爆发	尖峰爆發
spin	自旋	自旋
spindle galaxy	纺锤状星系	紡錘狀星系
spindle nebula	纺锤状星云	紡錘狀星雲
spiral arm	旋臂	旋臂
spiral arm tracer	示臂天体	示臂天體
spiral galaxy	旋涡星系	螺旋[狀]星系
spiral nebula	旋涡星云	螺旋星雲
spiral structure	旋涡结构	螺旋狀結構
Spitzer Space Telescope	斯皮策[红外]空间望远镜	史匹哲[紅外]太空望遠鏡
splendid star(=great star)	景星	景星
spontaneous transition	自发跃迁	自發躍遷
sporadic meteor	偶现流星	偶現流星
sporadic radio burst	偶现射电暴	偶現電波爆發
sporadic radio source	偶现射电源	偶現電波源
sporadic γ-ray source	偶现 γ 射线源	偶現 γ 射線源
sporadic X-ray source	偶现 X 射线源	偶現 X 光源
Spörer minimum	斯波勒极小	斯波勒極小期
Spörer's law	斯波勒定律	斯波勒定律
spot number(=sunspot number)	黑子数	黑子數
spray	日喷	日噴
spray prominence	喷射日珥	噴散日珥
spring equinox(=vernal equinox)	春分点	春分點
spring tide(=high water)	大潮	大潮
s-process(=slow pross)	慢过程，s 过程	中子慢捕獲過程，s 過程

英　文　名	大　陆　名	台　湾　名
Square Kilometer Array(SKA)	平方千米[射电望远镜]阵	平方公里[電波望遠鏡]陣
Srats(=Solar Radiation and Thermospheric Satellite)	斯拉茨天文卫星	斯拉茨天文衛星
SRS catalogue(=southern reference star catalogue)	南天参考星表	南天參考星表
SR variable(=semi-regular variable)	半规则变星	半規則變星
SS Cygni star	天鹅 SS 型星	天鵝[座]SS 型星
SSM(=standard solar model)	标准太阳模型	標準太陽模型
S star	S 型星	S 型星
SSWF(=sudden short wave fade-out)	短波突衰, 莫格尔–戴林格效应	短波突衰
ST(=①sidereal time ②space telescope)	①恒星时 ②空间望远镜	①恆星時 ②太空望遠鏡
standard candle	标准烛光	標準燭光
standard coordinate	标准坐标	標準坐標
standard cosmological model	标准宇宙模型	標準宇宙模型
standard epoch	标准历元	標準曆元
standard error(s. e.)	标准误差	標準誤差
standard frequency	标准频率	標準頻率
standard frequency and time signal(SFTS)	标准时频	標準時號
standard meridian	标准子午线	標準子午線
standard solar model(SSM)	标准太阳模型	標準太陽模型
standard star	标准星	標準星
standard time	标准时	標準時
star	恒星	恆星
star atlas	星图集	星圖
starburst	星暴	星遽增
starburst galaxy	星暴星系	星遽增星系
star catalogue	星表	星表
star cloud	恒星云	恆星雲
star cluster	星团	星團
star counting	恒星计数	恆星計數
star-dial	星晷	星晷
stardial time-determining instrument	星晷定时仪	星晷定時儀
star drift	星流	星流
star formation	恒星形成	恆星形成
star formation rate(SFR)	恒星形成率	恆星形成率
star-forming region	恒星形成区	恆星形成區

英　文　名	大　陆　名	台　湾　名
star identification	恒星证认	恆星識別
[star] image	星像	星像
Stark broadening	斯塔克展宽	史塔克致寬
star-like object	星状天体	星狀天體
star map	星图	星圖
star navigation	①恒星导航 ②牵星术	①恆星導航 ②牽星術
star nomenclature	恒星命名	恆星命名
star-pair method	星对法	星對法
star portent	星象	星象
starquake	星震	星震
starspot	星斑	星斑
star streaming(=star drift)	星流	星流
static universe	静态宇宙	靜態宇宙
stationary	留	留
stationary meteor	驻留流星	駐留流星
stationary orbit(=synchronous orbit)	同步轨道	同步軌道
stationary point	留点	留點
stationary satellite	同步卫星	同步[靜止]衛星
station coordinates	测站坐标	測站坐標
statistical astronomy	统计天文学	統計天文學
statistical broadening	统计展宽	統計致寬
statistical error	统计误差	統計誤差
statistical fluctuation	统计起伏	統計起伏
statistical parallax	统计均视差	統計視差
steady-state cosmology	稳恒态宇宙论	穩態宇宙論
steady-state model	稳恒态模型	穩態模型
steelyard clepsydra	秤漏	秤漏
steep spectrum	陡谱	陡譜
steep-spectrum source	陡谱源	陡譜源
stellar aberration	恒星光行差	恆星光行差
stellar activity	恒星活动	恆星活動
[stellar] aggregation	星集	星集
stellar association	星协	星協
stellar astronomy	恒星天文学	恆星天文學
stellar astrophysics	恒星天体物理学	恆星天文物理學
stellar atmosphere	恒星大气	恆星大氣
stellar cannibalism	恒星吞食	恆星吞食
stellar cataclysm	恒星激变	恆星激變

英　文　名	大　陆　名	台　湾　名
stellar catastrophe	恒星灾变	恆星災變
stellar chain	星链	星鏈
stellar chromosphere	恒星色球	恆星色球
stellar classification	恒星分类	恆星分類
stellar cluster(=star cluster)	星团	星團
stellar collapse	恒星坍缩	恆星塌縮
stellar complex	恒星复合体	恆星複合體
stellar corona	星冕	星冕
stellar cosmogony	恒星演化学	恆星演化學
Stellar Data Center(SDC)	恒星资料中心	恆星資料中心
stellar disk	恒星圆面	恆星圓面
stellar dynamics	恒星动力学	恆星動力學
stellar eclipse	星食	星食
stellar embryo	恒星胎	恆星胎
stellar encounter	恒星交会	恆星相遇
stellar envelope	恒星包层	恆星包層
stellar evolution	恒星演化	恆星演化
stellar field	星场	星場
stellar flare	恒星耀斑	恆星閃焰
stellar group	恒星群	恆星群
stellar interferometer	恒星干涉仪	恆星干涉儀
stellar interior	恒星内部	恆星內部
stellar jet	恒星喷流	恆星噴流
stellar kinematics	恒星运动学	恆星運動學
stellar luminosity	恒星光度	恆星光度
stellar magnetic field	恒星磁场	恆星磁場
stellar magnitude(=magnitude)	星等	星等
stellar model	恒星模型	恆星模型
stellar occultation	星掩源	星掩源
stellar oscillation	恒星振荡	恆星振盪
stellar parallax	恒星视差	恆星視差
stellar photosphere	恒星光球	恆星光球
stellar physics	恒星物理学	恆星物理學
[stellar] population	星族	星族
stellar reference system	恒星参考系	恆星參考系
stellar rotation	恒星自转	恆星自轉
stellar seismology(=asteroseismology)	星震学	星震學
stellar spectrograph	恒星摄谱仪	恆星攝譜儀

英 文 名	大 陆 名	台 湾 名
stellar spectroscopy	恒星光谱学	恆星光譜學
stellar spectrum	恒星光谱	恆星光譜
stellar speedometer	恒星视向速度仪	恆星視向速度儀
stellar structure	恒星结构	恆星結構
stellar system	恒星系统	恆星系統
stellar temperature	恒星温度	恆星溫度
stellar universe	恒星宇宙	恆星宇宙
stellar wind	星风	恆星風
step method（＝Argelander method）	阿格兰德法，光阶法	阿格蘭德法，光階法
stepped atomic time（SAT）	跳跃原子时	步進原子時
stepped slit	阶梯狭缝	階梯狹縫
steradian	球面度	球面度
STEREO（＝Solar Terrestrial Relations Observatory）	日地关系观测台	日地關係觀測台
stimulated emission	受激发射	受激發射
stimulated radiation	受激辐射	受激輻射
stochastic process	随机过程	隨機過程
Stokes polarimetry	斯托克斯偏振测量	斯托克斯偏振測量
Stomach	胃宿	胃宿
Stonehenge	巨石阵	巨石陣
stony-iron meteorite（＝lithosiderite）	石铁陨星，石铁陨石	石隕鐵
stony meteorite（＝aerolite）	石陨星，石陨石	石質隕石
storm burst	噪暴	噪暴
straight tail	直彗尾	直彗尾
strange star	奇异星	奇異星
stratification	层化	層化
stratosphere	平流层	平流層
Stratospheric Observatory for Infrared Astronomy（SOFIA）	索菲雅[平流层红外天文台]	索菲雅[平流層紅外天文台]
stray	天电	天電
stray light	杂散光	雜散光
Stride（＝Legs）	奎宿	奎宿
string theory	弦论	弦論
stripped nucleus	裸核	裸核
Strömgren radius	斯特龙根半径	史壯格倫半徑
Strömgren sphere	斯特龙根球	史壯格倫球
strontium star	锶星	鍶星
STScI（＝Space Telescope Science Institu-	空间望远镜[科学]研究	太空望遠鏡[科學]研究

英　文　名	大　陆　名	台　湾　名
te）	所	所
S-type asteroid	S 型小行星	S 型小行星
Subaru Telescope	昴［星团］望远镜	昴望遠鏡
subastral point（=substellar point）	星下点	星下點
subclass	次型	次型
subcluster	次团	次團
subdwarf	亚矮星	次矮星
subflare	亚耀斑	次閃焰
subgiant	亚巨星	次巨星
subgiant branch	亚巨星支	次巨星序
subluminous star	亚光度恒星	次光度恆星
sublunar point	月下点	月下點
Submillimeter Array（SMA）	亚毫米波［射电望远镜］阵	次毫米波陣列
submillimeter astronomy（=submillimeter-wave astronomy）	亚毫米波天文学	次毫米波天文學
submillimeter-wave astronomy	亚毫米波天文学	次毫米波天文學
Submillimeter-Wave Astronomy Satellite（SWAS）	亚毫米波天文卫星	次毫米波天文衛星
subpoint	下点	下點
subsatellite point	卫星下点	衛星下點
subsolar point	日下点	日下點
substellar object	亚恒星天体	次恆星天體
substellar point	星下点	星下點
substorm	亚暴	次爆
subsystem	次系	次［星］系
subtype	次［光谱］型	次［光譜］型
sudden cosmic noise absorption（SCNA）	宇宙噪声突然吸收	宇宙雜訊突然吸收，宇宙雜訊突減
sudden enhancement of atmospherics（SEA）	天电突增	天電突增
sudden field anomaly（SFA）	场强突异	場強突異
sudden frequency drift（SFD）	频率突漂	頻率突漂
sudden ionospheric disturbance（SID）	电离层突扰	游離層突發性擾動
sudden phase anomaly（SPA）	相位突异	相位突異
sudden short wave fade-out（SSWF）	短波突衰，莫格尔-戴林格效应	短波突衰
summer solstice	夏至点	夏至點

英　文　名	大　陆　名	台　湾　名
summer time	夏令时	夏令時，日光節約時間
sun	太阳	太陽
sundial	日晷	日晷，日規
sungrazing comet	掠日彗星	掠日彗星
sun-like activity	类太阳活动	類太陽活動
sun-like star	类太阳恒星	類太陽恆星
sunrise	日出	日出
sunset	日没	日沒
sunspot	[太阳]黑子	[太陽]黑子
sunspot cycle	黑子周	黑子週期
sunspot flare	黑子耀斑	黑子閃焰
sunspot group	[太阳]黑子群	[太陽]黑子群
sunspot maximum	黑子极大期	黑子極大期
sunspot minimum	黑子极小期	黑子極小期
sunspot number	黑子数	黑子數
sunspot penumbra	黑子半影	黑子半影
sunspot polarity	黑子极性	黑子極性
sunspot prominence	黑子日珥	黑子日珥
sunspot spectrum	黑子光谱	黑子光譜
sunspot umbra	黑子本影	黑子本影
sunspot zone	[太阳]黑子带	[太陽]黑子帶
sunward tail	向日彗尾	向日彗尾
Sunyaev-Zel'dovich effect(S-Z effect)	苏尼阿耶夫–泽尔多维奇效应	蘇尼阿耶夫–澤爾多維奇效應
supercluster	超星系团	超星系團
supercorona	超冕	超日冕
superdense star	超密星	超密[恆]星
supergalactic coordinate	超星系坐标	超星系坐標
supergalaxy	超星系	超星系
supergiant	超巨星	超巨星
supergiant elliptical galaxy	超巨椭圆星系	超巨橢圓星系
supergiant galaxy	超巨星系	超巨星系
supergiant molecular cloud(SGMC)	超巨分子云	超巨分子雲
supergranulation	超米粒组织	超米粒組織
supergranule	超米粒	超米粒組織
superior conjunction	上合	上合
superior epoch	上元	上元
superior planet	外行星，地外行星	地外行星

英　文　名	大　陆　名	台　湾　名
superluminal motion	超光速运动	超光速運動
superluminal source	超光速源	超光速源
superluminous star	超高光度星	高光度恆星
supermassive black hole	超大质量黑洞	超大質量黑洞
supermassive object	超大质量天体	超大質量天體
supermassive star	超大质量恒星	超大質量恆星
supermaximum	超极大	超極大
super-metal-poor star	特贫金属星	特貧金屬星
super-metal-rich star	超富金属星	超量金屬星
supernova(SN)	超新星	超新星
supernova of 1054	1054 超新星	1054 超新星
supernova remnant(SNR)	超新星遗迹	超新星殘骸
superplanet	超大行星	超大行星
super-Schmidt telescope	超施密特望远镜	超施密特望遠鏡
supersoft X-ray source	超软 X 射线源	超軟 X 光源
supersonic accretion	超声速吸积	超聲速吸積
super-star cluster	超星团	超星團
superstring theory	超弦理论	超弦理論
supreme epoch	太极上元	太極上元
Supreme Subtlety Enclosure	太微垣	太微垣
surface brightness	面亮度	表面亮度
surface brightness fluctuation	面亮度起伏	面亮度起伏
surface of zero velocity(=zero velocity surface)	零速度面	零速度面
surface photometry	面源测光	面源測光
surface temperature	表面温度	表面溫度
surge	日浪	湧浪日珥
surge prominence	冲浪日珥	湧浪日珥
survey	巡天	巡天
survey catalogue	巡天星表	巡天星表
suspected nova	疑似新星	疑似新星
suspected supernova	疑似超新星	疑似超新星
suspected variable	疑似变星	疑似變星
suspended standard instrument	悬正仪	懸正儀
SU UMa star	大熊 SU 型星	大熊 SU 型星
SVC(=slowly varying component)	缓变分量	緩變分量
Swan band	斯旺谱带	史萬譜帶
SWAS(=Submillimeter-Wave Astronomy	亚毫米波天文卫星	次毫米波天文衛星

英　文　名	大　陆　名	台　湾　名
Satellite)		
sweeping star	扫帚星	掃帚星
SW Sex star	六分仪 SW 型星	六分儀[座] SW 型星
SX Phe star	凤凰 SX 型星	鳳凰[座] SX 型星
SXR(=soft X-ray repeater)	软 X 射线复现暴	軟 X 光重複爆發源
SXT(=soft X-ray transient)	软 X 射线暂现源	軟 X 光瞬變源
symbiotic binary	共生双星	共生雙星
symbiotic nova	共生新星	共生新星
symbiotic star	共生星	共生星
symbiotic variable	共生变星	共生變星
sympathetic flare	相应耀斑	和應閃焰
sympathetic radio burst	相应射电暴	和應電波爆發
synchronism	同步	同步
synchronous observation	同步观测	同步觀測
synchronous orbit	同步轨道	同步軌道
synchronous satellite(=stationary satellite)	同步卫星	同步[靜止]衛星
synchrotron radiation	同步加速辐射	同步加速輻射, 磁阻尼辐射
sync pulse	同步脉冲	同步脈衝
synodic month	朔望月, 太阴月	朔望月, 太陰月
synodic period	会合周期	會合週期
synodic revolution	会合周	會合周
synodic year	会合年	會合年
synthesis telescope	综合孔径望远镜	孔徑合成望遠鏡
synthetic-aperture radar(SAR)	综合孔径雷达	合成孔徑雷達
systematic error	系统[误]差	系統[誤]差
system[at]ic velocity	质心速度	質心速度
system of astronomical constants	天文常数系统	天文常數系統
syzygy	朔望	朔望
S-Z effect(=Sunyaev-Zel′dovich effect)	苏尼阿耶夫–泽尔多维奇效应	蘇尼阿耶夫–澤爾多維奇效應

T

英　文　名	大　陆　名	台　湾　名
TAI(=International Atomic Time)	国际原子时	國際原子時
Tail	尾宿	尾宿
tail axis	彗尾轴	彗尾軸

英　文　名	大　陆　名	台　湾　名
tail-disconnection event	断尾事件	斷尾事件
tail of the earth	地尾	地尾
tail radio galaxy（=radio-tail galaxy）	带尾射电星系	電波尾星系
tail ray	彗尾射线	彗尾射線
tail streamer	彗尾流束	彗尾流束
Talcott method	太尔各特法	泰爾各特法
TAMS（=terminal-age main sequence）	终龄主序	終齡主序
tangential motion	切向运动	切向運動
tangential velocity	切向速度	切向速度
T association	T 星协	T 星協
Tayler instability	泰勒不稳定性	泰勒不穩定性
TCB（=barycentric coordinate time）	质心坐标时	質心坐標時
TCG（=geocentric coordinate time）	地心坐标时	地心坐標時
TDB（=barycentric dynamical time）	质心力学时	質心力學時
tektite	玻璃陨体	似曜石
telemetry	遥测	遙測術
telescope	望远镜	望遠鏡
telescope array	望远镜阵	望遠鏡陣
telescope dome	望远镜圆顶	望遠鏡圓頂
telescope driving system	望远镜驱动装置	望遠鏡驅動裝置
telescopic astronomy	望远镜天文学	望遠鏡天文學
telescopic resolution	望远镜分辨率	望遠鏡分辨率
Television and Infrared Observation Satellite（Tiros）	泰罗斯号［科学卫星］	泰羅斯號［科學衛星］
telluric band	大气谱带	［地球］大氣譜帶
telluric line	大气谱线	［地球］大氣譜線
Tempel's 1 comet	坦普尔 1 号彗星	譚普 1 號彗星
temperature-spectrum relation	温度–光谱关系	溫度–光譜關係
template	土圭	十圭
temporary star	暂星	新星
ten-day star（=decans）	旬星	旬星
Tenma	天马［X 射线天文卫星］	天馬［X 光天文衛星］
terminal-age main sequence（TAMS）	终龄主序	終齡主序
terminator	明暗界线	明暗［界］線，晝夜［界］線
terminator line（=terminator）	明暗界线	明暗［界］線，晝夜［界］線
terraforming	地球化	地球化

英　文　名	大　陆　名	台　湾　名
terrestrial branch	地支	地支
terrestrial coordinate system	地球坐标系	地球坐標系
terrestrial ellipsoid	地球椭球体	地球橢球體
terrestrial eyepiece	正像目镜	正像目鏡
terrestrial globe(=Earth)	地球	地球
terrestrial latitude	地面纬度	地面緯度
terrestrial longitude	地面经度	地面經度
terrestrial magnetism	地磁	地磁
terrestrial meridian	地面子午线	地面子午線
terrestrial parallel	地面纬圈, 等高圈	地面緯度圈
terrestrial planet	类地行星	類地行星
Terrestrial Planet Finder(TPF)	类地行星发现者	類地行星發現者
terrestrial pole(=earth pole)	地极	地極
terrestrial reference system	地球参考系	地球參考系
terrestrial refraction	地球大气折射	地面[大氣]折射
terrestrial space	近地空间	地球空間
terrestrial time(TT)	地球时	地球時
test telescope(=site telescope)	选址望远镜	選址望遠鏡
TFD(=time and frequency dissemination)	时频发播	時頻發播
The Bright Star Catalogue	亮星星表	亮星星表
theodolite	经纬仪	經緯儀
theoretical astronomy	理论天文学	理論天文學
theoretical astrophysics	理论天体物理学	理論天文物理學
Theoretical Institute for Advanced Research in Astrophysics(TIARA)	高等理论天体物理研究中心	高等理論天文物理研究中心
theory of bright heavens	昕天论	昕天論
theory of canopy-heavens	盖天说	蓋天說
theory of continental drift	大陆漂移说	大陸漂移說
theory of infinite heavens	宣夜说	宣夜說
theory of isostasy	均衡说	均衡說
theory of nucleosynthesis	核合成理论	核合成理論
theory of spherical heavens	浑天说	渾天說
theory of stable heavens	安天论	安天論
theory of stellar evolution	恒星演化理论	恆星演化理論
theory of vaulting heavens	穹天论	穹天論
thermal background	热背景	熱背景
thermal bremsstrahlung	热轫致辐射	熱制動輻射
thermal broadening	热致宽	熱致寬

英 文 名	大 陆 名	台 湾 名
thermal diffusion	热扩散	熱擴散
thermal equilibrium	热平衡	熱平衡
thermal evolution	热演化	熱演化
thermal gradient	温度梯度	溫度梯度
thermal history	热史	熱史
thermal ionization	热致电离	熱致游離
thermal noise	热噪声	熱雜訊
thermal radiation	热辐射	熱[致]輻射
thermal stability	热稳定性	熱穩定性
thermodynamic equilibrium	热动平衡	熱力平衡
thermonuclear explosion	热核爆发	熱核爆發
thermonuclear reaction	热核反应	熱核反應
thermonuclear runaway	热核剧涨	熱核劇漲
thermosphere	热层	熱力層
thick disk	厚盘	厚盤
thick disk population	厚盘族	厚盤族
thick-target model	厚靶模型	厚靶模型
thin disk	薄盘	薄盤
thin disk population	薄盘族	薄盤族
thin-target model	薄靶模型	薄靶模型
third contact	生光，全食终	生光
third cosmic velocity	第三宇宙速度	第三宇宙速度
third integral	第三积分	第三積分
third quarter(=last quarter)	下弦	下弦
Thirty Meter Telescope(TMT)	三十米望远镜	三十米望遠鏡
Thomson scattering	汤姆孙散射	湯姆遜散射
three-body collision(=triple collision)	三体碰撞	三體碰撞
three-body problem	三体问题	三體問題
three-color photometry	三色测光	三色光度測量，三色測光
Three Concordance Calendar	三统历	三統曆
three-dimension spectral classification	三维光谱分类	三維[光譜]分類法
Three Enclosures	三垣	三垣
three-kiloparsec arm	三千秒差距臂	三千秒差距臂
three luminary set	三辰仪	三辰儀
Tian-guan guest star	天关客星	天關客星
TIARA(=Theoretical Institute for Advanced Research in Astrophysics)	高等理论天体物理研究中心	高等理論天文物理研究中心

英 文 名	大 陆 名	台 湾 名
tidal bulge	潮汐隆起	潮汐隆起
tidal capture	潮汐俘获	潮汐俘獲
tidal deformation	潮汐形变	潮汐變形
tidal disturbance	潮汐扰动	潮汐擾動
tidal evolution	潮汐演化	潮汐演化
tidal force	引潮力	潮汐力
tidal friction	潮汐摩擦	潮汐摩擦
tidal hypothesis	潮汐假说	潮汐假說
tidal instability	潮汐不稳定性	潮汐不穩定性
tide	潮汐	潮汐
tightly wound arm	紧卷旋臂	緊卷旋臂
tilt angle	倾角	交角, 傾角
time	①时间 ②时刻	①時間 ②時刻
time and frequency dissemination(TFD)	时频发播	時頻發播
time comparison	时间比对	時間比對
time constant	时间常数	時間常數
time delay	时延	時間延遲
time determination	测时	測時
time dilatation	时间变慢	時間變慢
time keeper(=chronograph)	记时仪	記時儀
time-keeping	守时	守時
time marker	时号器	時間記號
time of periastron passage	过近星点时刻	過近星點時刻
time of perihelion passage	过近日点时刻	過近日點時刻
time receiving	收时	收時
time reference station	时间基准站	時間基準站
time resolution	时间分辨率	時間分辨率
time reversal	时间反演	時間反演
time scale	时标	時標
time service	时间服务	授時, 時間工作, 時間服務
time signal	时号	時號
time signal station	时号站	時號站
time standard	时间标准	時間標準
time step	时间跳跃	時階
time synchronism	时间同步	時間同步
time tick	报时信号	報時信號
time zone	时区	時區

英　文　名	大　陆　名	台　湾　名
timing	计时	定時
timing system	计时系统	定時系統
Tiros(=Television and Infrared Observation Satellite)	泰罗斯号[科学卫星]	泰羅斯號[科學衛星]
Tisserand criterion	蒂塞朗判据	蒂塞朗判據
Titius-Bode's law	提丢斯–波得定则	波提定律
TLP(=transient lunar phenomenon)	月球暂现现象	月球瞬變現象
TMT(=Thirty Meter Telescope)	三十米望远镜	三十米望遠鏡
TNO(=trans-Neptunian object)	海外天体	海外天體
tomograph	三维结构图	三維結構圖
topocentric coordinate	站心坐标	地面點坐標
topocentric zenith distance	站心天顶距	站心天頂距
tornado prominence	龙卷日珥	龍捲日珥
toroidal current	环流	環流
toroidal magnetic field	环形磁场	環形磁場
torquetum	赤基黄道仪	赤基黃道儀
total-annular eclipse	全环食	全環食
total eclipse	全食	全食
total half-width	全半宽	全半寬
totality(=total eclipse)	全食	全食
total lunar eclipse	月全食	月全食
total magnitude	总星等	總星等
total solar eclipse	日全食	日全食
tower telescope	塔式望远镜	塔式望遠鏡
TPF(=Terrestrial Planet Finder)	类地行星发现者	類地行星發現者
TRACE(=Transition Region and Coronal Explorer)	太阳过渡区和日冕探测器	太陽過渡區和日冕探測器
tracking	跟踪	追蹤
tracking error	跟踪误差	追蹤誤差
trailer sunspot(=following sunspot)	后随黑子	尾隨黑子
trailing arm(=following arm)	曳臂	尾隨旋臂
transfer orbit	转移轨道, 过渡轨道	轉換軌道
transient event	暂现事件	瞬變事件
transient lunar phenomenon(TLP)	月球暂现现象	月球瞬變現象
transient γ-ray burst	暂现 γ 射线暴	瞬變 γ 射線爆發
transient γ-ray source	暂现 γ 射线源	瞬變 γ 射線源
transient X-ray burst	暂现 X 射线暴	瞬變 X 光爆發
transient X-ray source	暂现 X 射线源	瞬變 X 光源

英 文 名	大 陆 名	台 湾 名
transit	凌	凌
transit circle(=meridian circle)	子午环	子午環
transit instrument	中星仪	中星儀
transition coefficient	跃迁系数	躍遷係數
transition probability	跃迁概率	躍遷機率
transition region	过渡区	過渡區
Transition Region and Coronal Explorer (TRACE)	太阳过渡区和日冕探测器	太陽過渡區和日冕探測器
transit of jovian satellite	木卫凌木	木衛凌木
transit of Mercury	水星凌日	水星凌日
transit of shadow(=shadow transit)	卫影凌行星	衛影凌行星
transit of Venus	金星凌日	金星凌日
transit telescope	中天望远镜	中天望遠鏡
transit time	中天时刻	中天時刻
translunar space	月外空间	月[軌道]外空間
transmission grating	透射光栅	透射光柵
trans-Neptunian object(TNO)	海外天体	海外天體
trans-Neptunian planet	海外行星	海外行星
transparency	透明度	透明度
transplanetary space	行星外空间	行星外空間
trans-Plutonian planet	冥外行星	冥外行星
transverse [magnetic] field	横[向磁]场	横[向磁]場
transverse velocity	横向速度	横向速度
Trapezium of Orion	猎户四边形	獵戶座四邊形
Triad	参宿	參宿
triaxial mounting	三轴装置	三軸裝置
trigonometric parallax	三角视差	三角視差
Triones(=Big Dipper)	北斗[七星]	北斗[七星]
triple collision	三体碰撞	三體碰撞
triple galaxy	三重星系	三重星系
triple star	三合星	三合星
triplet	①三合透镜 ②三重线	①三合[透]鏡 ②三重線
triquetum	三角仪	三角儀
troilite	陨硫铁	隕硫鐵
Trojan group	特洛伊群	特洛伊群
tropical month	分至月, 回归月	分至月, 回歸月
tropical year	①回归年 ②太阳年	①回歸年 ②太陽年

英　文　名	大　陆　名	台　湾　名
Tropic of Cancer	北回归线	北回歸線
Tropic of Capricorn	南回归线	南回歸線
troposphere	对流层	對流層
true anomaly	真近点角	真近點角
true declination	真赤纬	真赤緯
true equator	真赤道	真赤道
true equinox	真春分点	真春分點
true horizon	真地平	真地平
true libration	真天平动	真天平動
true place(=true position)	真位置	真位置
true pole	真天极	真極
true position	真位置	真位置
true right ascension	真赤经	真赤經
true sidereal day	真恒星日	真恆星日
true solar day	真太阳日	真太陽日
true sun	真太阳	真太陽
T-shaped array	T 形[望远镜]阵	T 形[望遠鏡]陣
TT(=terrestrial time)	地球时	地球時
T Tau[ri] star	金牛 T 型星	金牛[座]T[型]變星
T-type asteroid	T 型小行星	T 型小行星
Tunguska-class NEA	通古斯型近地小行星	通古斯型近地小行星
Tunguska event	通古斯事件	通古斯事件
Tunguska meteorite crater	通古斯陨星坑	通古斯隕石坑
turbulence	湍流	湍流
Turner method	特纳法	特納法
turn-off age	拐点年龄	轉離年齡
turn-off mass	拐点质量	轉離質量
turn-off point [from main-sequence]	主序拐点	主序轉折點
TV guider	电视导星镜	電視導星鏡
twelve counter-Jupiter stations	十二次	十二次
twenty-eight lunar lodges(=twenty-eight lunar mansions)	二十八宿	二十八宿
twenty-eight lunar mansions	二十八宿	二十八宿
twenty-four solar terms	二十四节气	二十四節氣
twilight	晨昏蒙影, 曙暮光	曙暮光
twinkling(=scintillation)	闪烁	閃爍
twin quasar	双类星体	雙類星體
twisted magnetic field	扭绞磁场	扭絞磁場

英　文　名	大　陆　名	台　湾　名
two-body problem	二体问题	二體問題
two-color diagram	两色图	兩色圖, 色[指數]-色[指數]圖
two-color photometry	两色测光	兩色測光
two-dimensional photometry	二维测光	二維測光
two-dimensional spectral classification	二维[光谱]分类	二維[光譜]分類法
two-dimensional spectrum	二维光谱	二維光譜
Two Micron All Sky Survey(2MASS)	2 微米全天巡视	2 微米全天巡視
two-point correlation function	两点相关函数	兩點相關函數
two-ribbon flare	双带耀斑	雙帶閃焰
two-spectrum binary(=double-line spectroscopic binary)	双谱分光双星	複綫[分光]雙星
two stream hypothesis	二星流假说	二星流假說
Tycho Catalogue	第谷星表	第谷星表
Tychonic system	第谷体系	第谷[宇宙]體系
Tycho supernova	第谷超新星	第谷超新星
type I supernova	I 型超新星	I 型超新星
type II supernova	II 型超新星	II 型超新星
type I X-ray burster	I 型 X 射线暴源	I 型 X 光暴源
type II X-ray burster	II 型 X 射线暴源	II 型 X 光暴源
typical nova	典型新星	典型新星

U

英　文　名	大　陆　名	台　湾　名
UAI(=International Astronomical Union)	国际天文学联合会	國際天文聯合會
U-B color index	U–B 色指数	U–B 色指数
UBV photometry	UBV 测光	UBV 測光
UBV system	UBV 系统	UBV 系統
UFO(=unidentified flying object)	不明飞行物	未鑑定飛行體, 不明飛行物, 幽浮
UGC(=Uppsala General Catalogue of Galaxies)	乌普萨拉星系总表	烏普薩拉星系總表
U Gem binary	双子 U 型双星	雙子[座]U 型雙星
U Gem star	双子 U 型星	雙子[座]U 型星
uhuru	乌呼鲁	烏呼魯
Uhuru	① 乌呼鲁号[X 射线天文卫星] ②自由号卫	① 自由號[X 光天文衛星] ②自由號衛星

英　文　名	大　陆　名	台　湾　名
	星	
Uhuru Catalogue of X-ray Sources	乌呼鲁[号]X 射线源表	自由號 X 光源表
UK Infrared Telescope Facility(UKIRT)	英国红外望远镜	英國紅外望遠鏡
UKIRT(=UK Infrared Telescope Facility)	英国红外望远镜	英國紅外望遠鏡
UK Schmidt Telescope(UKST)	英国施密特望远镜	英國施密特望遠鏡
UKST(=UK Schmidt Telescope)	英国施密特望远镜	英國施密特望遠鏡
ultraluminous galaxy	极高光度星系	特亮星系
ultraluminous infrared galaxy	极高光度红外星系	超亮紅外星系
ultraluminous X-ray source	极高光度 X 射线源	超亮 X 光源
ultrametal-poor star(=super-metal-poor star)	特贫金属星	特貧金屬星
ultra-relativistic electron	极端相对论性电子	極端相對論性電子
ultra-short-period binary	超短周期双星	超短週期雙星
ultra-short-period variable	超短周期变星	超短週期變星
ultraviolet astronomy	紫外天文学	紫外[線]天文學
ultraviolet excess	紫外超	紫外[輻射]超量
ultraviolet-excess object	紫外超天体	紫外[輻射]超量天體
ultraviolet magnitude	紫外星等	紫外星等
ultraviolet source	紫外源	紫外源
ultraviolet star(UV star)	紫外星	紫外星
ultraviolet telescope(UV telescope)	紫外望远镜	紫外望遠鏡
Ulysses	尤利西斯号[太阳探测器]	尤利西斯號[太陽探測器]
UMa cluster	大熊星团	大熊星團
U magnitude	U 星等	U 星等
UMa group(②=Ursa Major group)	① 大熊星系群 ②大熊星群	①大熊星系群 ②大熊星群
umbra	本影	本影, 暗影
umbral eclipse	本影食	本影食
umbral flash	本影闪耀	本影閃爍
unclosed orbit	开放轨道	開放軌道
underluminous star(=low luminosity star)	低光度星	低光度星
underlying galaxy	基底星系	基底星系
undermassive star	质量过小星	質量過小星
undisturbed orbit	无摄轨道	無攝軌道
unfilled aperture	分立孔径	分立孔徑
unidentified flying object(UFO)	不明飞行物	未鑑定飛行體, 不明飛行物, 幽浮

英　文　名	大　陆　名	台　湾　名
unidentified source	未证认源	未識別源
unipolar group	单极群	單極[黑子]群
unipolar magnetic region	单极磁区	單極磁區
unipolar sunspot	单极黑子	單極黑子
unique variable	独特变星	獨特變星
United States Naval Observatory(USNO)	美国海军天文台	美國海軍天文台
universal gravitation	万有引力	萬有引力
universal time(UT)	世界时	世界時
universe	宇宙	宇宙
unnumbered asteroid	未编号小行星	未編號小行星
unperturbed orbit(=undisturbed orbit)	无摄轨道	無攝軌道
unrestricted orbit	无限制轨道	無限制軌道
unrising body	恒隐天体	恆隱天體
unseen companion	①未见伴星 ②未见伴星系	①未見伴星 ②未見伴星系
unseen component	未见子星	未見子星
unseen matter	未见物质	未見物質
unsetting body	恒显天体	恆顯天體
upper circle	恒显圈	恆顯圈
upper culmination	上中天	上中天
upper main sequence	上主星序	上主星序
upper transit(=upper culmination)	上中天	上中天
Uppsala General Catalogue of Galaxies (UGC)	乌普萨拉星系总表	烏普薩拉星系總表
upward-looking bowl sundial	仰仪, 仰釜日晷	仰儀, 仰釜日晷
Uranian ring	天王星环	天王星環
Uranian ringlet	天王星窄环	天王星窄環
Uranian satellite	天卫	天[王]衛
uranography	星图学	星圖學
Uranus	天王星	天王星
Uranus' ring(=Uranian ring)	天王星环	天王星環
Ursa Major group	大熊星群	大熊星群
URSI(=International Union of Radio Science)	国际无线电科学联合会	國際無線電科學聯合會
USNO(=United States Naval Observatory)	美国海军天文台	美國海軍天文台
UT(=universal time)	世界时	世界時
UTC(=coordinated universal time)	协调世界时	協調世界時
UU Her star	武仙 UU 型星	武仙[座]UU 型星

英　文　名	大　陆　名	台　湾　名
UV astronomy(=ultraviolet astronomy)	紫外天文学	紫外[線]天文學
uvby photometry	uvby 测光	uvby 測光
uvby system	uvby 系统	uvby 系統
UV Cet star	鲸鱼 UV 型星	鯨魚[座]UV 型星
UV excess(=ultraviolet excess)	紫外超	紫外[輻射]超量
UV Per star	英仙 UV 型星	英仙[座]UV 型星
U-V plane	U-V 平面	U-V 平面
UV star(=ultraviolet star)	紫外星	紫外星
UV telescope(=ultraviolet telescope)	紫外望远镜	紫外望遠鏡
UX UMa star	大熊 UX 型星	大熊 UX 型星

V

英　文　名	大　陆　名	台　湾　名
valley	谷	谷
vallis(=valley)	谷	谷
Van Allen belt	范艾伦[辐射]带，地球辐射带	范艾倫[輻射]帶
van den Bergh classification	范登伯分类法	范登伯分類法
van Vleck relation	范佛莱克关系	范扶累克關係
variable nebula	变光星云	變光星雲
variable radio source	射电变源	變電波源
variable γ-ray source	γ 射线变源	γ 射線變源
variable source	变源	變源
variable-spacing interferometer	变距干涉仪	變距干涉儀
variable star	变星	變星
variable X-ray source	X 射线变源	X 光變源
variation	二均差	二均差
variation of the moon(=variation)	二均差	二均差
Varuna	伐楼那	伐樓那
V645 Cen (=Proxima Centauri)	[半人马]比邻星	[半人馬座]比鄰星
vectorial astrometry	矢量天体测量学	向量天文測量學
velocity curve	速度曲线	速度曲線
velocity dispersion	速度弥散[度]	速度彌散[度]
velocity-distance relation	速度–距离关系	速距關係
velocity ellipsoid	速度椭球	速度橢球
velocity field	速度场	速度場
velocity-of-light cylinder	光速柱面	光速柱面

英 文 名	大 陆 名	台 湾 名
velocity of recession	退行速度	退行速度
Venera	金星号[行星际探测器]	金星號[行星際探測器]
Venus	①金星 ②太白	①金星 ②太白
Vermilion Bird	朱鸟	朱鳥
vernal equinox	春分点	春分點
vertex	奔赴点	奔赴點
vertical circle	地平经圈, 垂直圈	地平經圈
vertical revolving instrument	立运仪	立運儀
very early universe	极早期宇宙	極早期宇宙
very high frequency(VHF)	甚高频	特高頻
Very Large Array(VLA)	甚大阵	特大天線陣
Very Large Telescope(VLT)	甚大望远镜	特大望遠鏡
Very Long Baseline Array(VLBA)	甚长基线[射电望远镜]阵	特長基線[電波望遠鏡]陣
very long baseline interferometer(VLBI)	甚长基线干涉仪	特長基線干涉儀
very long baseline interferometry(VLBI)	甚长基线干涉测量	特長基線干涉測量
very low frequency(VLF)	甚低频	特低頻
very massive object(VMO)	甚大质量天体	特大質量天體
Vesta	灶神星(小行星4号)	灶神星(4號小行星)
VHF(=very high frequency)	甚高频	特高頻
vibrational transition	振动跃迁	振動躍遷
V-I color index	V–I 色指数	V–I 色指數
video astronomy	视频天文学	視頻天文學
Vierter Fundamental Katalog(德)	第四基本星表, FK4 星表	第四基本星表, FK4 星表
viewfinder(=finder)	寻星镜	尋星鏡
vignetting	渐晕	漸暈
Viking	海盗号[火星探测器]	維京號[火星探測器]
violent galaxy	激变星系	激變星系
Virgo Gravity Wave Telescope	室女[座]引力波望远镜	室女[座]重力波望遠鏡
virial equilibrium	位力平衡	均功平衡
virial mass	位力质量	均功質量
virial radius	位力半径	均功半徑
virial theorem	位力定理	均功定理
virtual focus	虚焦点	虛焦點
virtual image	虚像	虛像
virtual observatory(VO)	虚拟天文台	虛擬天文台
virtual particle	虚粒子	虛粒子

英　文　名	大　陆　名	台　湾　名
visibility	能见度	能見度, 可見度
visibility of planet	行星可见期	行星可見期
visibility of satellite	卫星可见期	衛星可見期
visible light	可见光	可見光
visible radiation	可见辐射	可見輻射
visual binary	目视双星	目視雙星
visual diameter(=apparent diameter)	视直径	視徑
visual double star(=visual binary)	目视双星	目視雙星
visual line(=line of sight)	视线	視線
visual magnitude	目视星等	目視星等
visual meteor	目视流星	目視流星
visual observation	目视观测	目視觀測
visual photometry	目视测光	目視光度測量, 目視測光
visual telescope	目视望远镜	目視望遠鏡
visual zenith telescope(VZT)	目视天顶仪	目視天頂筒
vis viva equation	活力方程	活力方程
vis viva integral	活力积分	活力積分
VLA(=Very Large Array)	甚大阵	特大天線陣
VLBA(=Very Long Baseline Array)	甚长基线[射电望远镜]阵	特長基線[電波望遠鏡]陣
VLBI(=①very long baseline interferometer ②very long baseline interferometry)	①甚长基线干涉仪 ②甚长基线干涉测量	①特長基線干涉儀 ②特長基線干涉測量
VLBI Space Observatory Programme (VSOP)	空间甚长基线干涉测量天文台计划	太空特長基線干涉測量天文台計畫
VLF(=very low frequency)	甚低频	特低頻
VLT(=Very Large Telescope)	甚大望远镜	特大望遠鏡
V magnitude	V 星等	V 星等
VMO(=very massive object)	甚大质量天体	特大質量天體
VO(=virtual observatory)	虚拟天文台	虛擬天文台
Void	虚宿	虛宿
void	巨洞	巨洞
Voigt profile	沃伊特轮廓	佛克特線廓
vortex structure	涡旋结构	渦流結構
Vostok	东方号[飞船]	東方號[太空船]
Voyager	旅行者号[行星际探测器]	航海家號[太空船]
V-R color index	V–R 色指数	V–R 色指數

英　文　名	大　陆　名	台　湾　名
VSOP(=VLBI Space Observatory Pro-gramme)	空间甚长基线干涉测量天文台计划	太空特長基線干涉測量天文台計畫
Vulcan	祝融星	祝融星
Vulcan-like asteroid	祝融型小行星	祝融型小行星
vulcanoid	祝融型小天体	祝融型小天體
VV Cep star	仙王 VV 型星	仙王[座]VV 型星
VZT(=visual zenith telescope)	目视天顶仪	目視天頂筒

W

英　文　名	大　陆　名	台　湾　名
wake	瞬现余迹	流星尾
Wall	壁宿	壁宿
walled plain [of the Moon]	[月面]环壁平原	[月面]圆谷
wandering star	游星	遊星
waning crescent	残月	殘月
waning gibbous	亏凸月	虧凸月
waning moon(=decrescent)	亏月	虧月
warp	翘曲	翹曲
water-clock	水钟	水鐘
water ice	水冰	水冰
water maser	水微波激射, 水脉泽	水邁射
waterspout prominence(=tornado pro-minence)	龙卷日珥	龍捲日珥
wave guide	波导	波導
waveguide(=wave guide)	波导	波導
waxing crescent	蛾眉月	蛾眉月
waxing gibbous	盈凸月	盈凸月
waxing moon	盈月	盈月
WCN star	CN 型 WR 星	CN 型 WR 星
WC star	C 型 WR 星	C 型 WR 星
WDC(=World Data Center)	世界数据中心	世界資料中心
weight	权	權
weighted average (=weighted mean)	加权平均值	加權平均值, 加權平均數
weighted averaging	加权平均	加權平均
weighted mean	加权平均值	加權平均值, 加權平均數

英　文　名	大　陆　名	台　湾　名
weight function	权函数	權函數
Well	井宿	井宿
Wesselink radius	韦塞林克半径	韋塞林克半徑
west	西	西
Westerbork Synthesis Radio Telescope (WSRT)	韦斯特博克综合孔径射电望远镜	韋斯特博克孔徑合成電波望遠鏡
Westerhout catalogue	韦斯特豪特射电源表	韋斯特豪特電波源表
western elongation(②=greatest western elongation)	①西距角 ②西大距	①西距角 ②西大距
western quadrature	西方照	西方照
west point	西点	西點
WET(=Whole Earth Telescope)	全球望远镜	全球望遠鏡
Whipple's comet	惠普彗星	惠普彗星
white-blue dwarf	蓝白矮星	藍白矮星
white dwarf	白矮星	白矮星
white giant	白巨星	白巨星
white hole	白洞	白洞
white-light flare	白光耀斑	白光閃焰
white night	白夜	白夜
white noise	白噪声	白雜訊
white star	白星	白星
White Tiger	白虎	白虎
Whole Earth Telescope(WET)	全球望远镜	全球望遠鏡
WHT(=William Herschel Telescope)	赫歇尔望远镜	赫歇耳望遠鏡
wide-angle camera	广角照相机	廣角相機
wide-angle plate	大视场底片	廣角底片
wide-angle telescope	广角望远镜	廣角望遠鏡
wide band filter	宽波段滤光片	寬波段濾光片
wide band photometry	宽波段测光	寬波段測光
wide binary	远距双星	遠距雙星
wide binary galaxy	远距双重星系	遠距雙重星系
wide-field imaging	大视场成像	大視場成像
wide-field telescope	大视场望远镜	大視場望遠鏡
Wilkinson Microwave Anisotropy Probe (WMAP)	威尔金森微波各向异性探测器	威爾金森微波各向異性探測器
William Herschel Telescope(WHT)	赫歇尔望远镜	赫歇耳望遠鏡
Willow	柳宿	柳宿
Wilson-Bappu effect	威尔逊-巴普效应	威爾遜-巴普效應

英　文　名	大　陆　名	台　湾　名
Wilson depression	威尔逊凹陷	威爾遜凹陷
winding dilemma	缠卷疑难	纏卷疑難
Wings	翼宿	翼宿
Winnowing-basket	箕宿	箕宿
winter solstice	冬至点	冬至點
Wisconsin, Indiana, Yale and NOAO Observatory (WIYN Observatory)	WIYN 天文台	WIYN 天文台
Wisconsin, Indiana, Yale and NOAO Telescope (WIYN Telescope)	WIYN 望远镜	WIYN 望遠鏡
WIYN Observatory(=Wisconsin, Indiana, Yale and NOAO Observatory)	WIYN 天文台	WIYN 天文台
WIYN Telescope(=Wisconsin, Indiana, Yale and NOAO Telescope)	WIYN 望远镜	WIYN 望遠鏡
WMAP(=Wilkinson Microwave Anisotropy Probe)	威尔金森微波各向异性探测器	威爾金森微波各向異性探測器
WN star	WN 型星	WN 型星
wobble	摆动	擺動
Wolf diagram	沃尔夫图	沃夫圖
Wolf number	沃尔夫数	沃夫數
Wolf-Rayet galaxy(WR galaxy)	沃尔夫–拉叶星系, WR 星系	沃夫–瑞葉星系, WR 星系
Wolf-Rayet nebula(WR nebula)	沃尔夫–拉叶星云, WR 星云	沃夫–瑞葉星雲, WR 星雲
Wolf-Rayet star(WR star)	沃尔夫–拉叶星, WR 星	沃夫–瑞葉星, WR 星
World Calendar	世界历	世界曆
World Data Center(WDC)	世界数据中心	世界資料中心
world day	世界日	世界日
world line	世界线	世界線
world model	宇宙模型	宇宙模型
world point	世界点	世界點
World Space Observatory-Ultraviolet (WSO-UV)	世界空间紫外天文台	世界太空紫外天文台
wormhole	虫洞	蟲洞
WO star	WO 型星	WO 型星
WR galaxy(=Wolf-Rayet galaxy)	沃尔夫–拉叶星系, WR 星系	沃夫–瑞葉星系, WR 星系
WR nebula(=Wolf-Rayet nebula)	沃尔夫–拉叶星云, WR 星云	沃夫–瑞葉星雲, WR 星雲

英　文　名	大　陆　名	台　湾　名
WR star(=Wolf-Rayet star)	沃尔夫–拉叶星, WR 星	沃夫–瑞葉星, WR 星
W Ser star	巨蛇 W 型星	巨蛇[座]W 型星
WSO-UV(=World Space Observatory-Ultraviolet)	世界空间紫外天文台	世界太空紫外天文台
WSRT(=Westerbork Synthesis Radio Telescope)	韦斯特博克综合孔径射电望远镜	韋斯特博克孔徑合成電波望遠鏡
W UMa binary	大熊 W 型双星	大熊 W 型雙星
W UMa star	大熊 W 型星	大熊 W 型星
W Vir variable	室女 W 型变星	室女[座]W 型變星
WZ Sge star	天箭 WZ 型星	天箭[座]WZ 型星

X

英　文　名	大　陆　名	台　湾　名
xenobiology	外空生物学	外空生物學
XMM(=X-ray Multi-Mirror satellite)	多镜面 X 射线卫星	多鏡面 X 光衛星
X-ray astronomy	X 射线天文学	X 光天文學
X-ray background radiation	X 射线背景辐射	X 光背景輻射
X-ray binary(=binary X-ray source)	X 射线双星	X 光雙星
X-ray burst	X 射线暴	X 光爆發
X-ray burster	X 射线暴源	X 光爆發源
X-ray corona	X 射线冕	X 光冕
X-ray counterpart	X 射线对应体	X 光對應體
X-ray eclipse	X 射线食	X 光食
X-ray flare	X 射线耀斑	X 光閃焰
X-ray galaxy	X 射线星系	X 光星系
X-ray halo	X 射线晕	X 光暈
X-ray Multi-Mirror satellite(XMM)	多镜面 X 射线卫星	多鏡面 X 光衛星
X-ray nova	X 射线新星	X 光新星
X-ray observatory	X 射线天文台	X 光天文台
X-ray pulsar	X 射线脉冲星	X 光脈衝星
X-ray quasar	X 射线类星体	X 光類星體
X-ray source	X 射线源	X 光源
X-ray star	X 射线星	X 光星
X-ray sun	X 射线太阳	X 光太陽
X-ray survey	X 射线巡天	X 光巡天
X-ray telescope	X 射线望远镜	X 光望遠鏡
X-ray transient	X 射线暂现源	X 光瞬變源

英 文 名	大 陆 名	台 湾 名
XUV(=extreme ultraviolet)	极紫外	極紫外
XUV astronomy(=EUV astronomy)	极紫外天文学	極紫外天文學
X wind	未名类太阳风	未名類太陽風, X 風

Y

英 文 名	大 陆 名	台 湾 名
year	年	年
year book(=almanac)	年历	[天文]年曆, 曆書
year cycle	岁周	歲周
year numerator	岁实	歲實
year remainder	斗分	斗分
year surplus	岁余	歲餘
yellow dwarf	黄矮星	黃矮星
yellow giant	黄巨星	黃巨星
Yerkes classification	叶凯士分类	葉凱士分類
Yerkes Observatory	叶凯士天文台	葉凱士天文台
Yohkoh	阳光号[太阳观测卫星]	陽光號[太陽觀測衛星]
yoke mounting	轭式装置	軛式裝置
young stellar object(YSO)	初期恒星体	初期恆星體
YSO(=young stellar object)	初期恒星体	初期恆星體
Yuan Tseh Lee Array for Microwave Background Anisotropy(AMiBA)	李远哲宇宙背景辐射阵列	李遠哲宇宙背景輻射陣列
Yunnan Astronomical Observatory	云南天文台	雲南天文台
YY Ori star	猎户 YY 型星	獵戶[座]YY 型星

Z

英 文 名	大 陆 名	台 湾 名
ZAHB(=zero-age horizontal branch)	零龄水平支	零齡水平支
ZAMS(=zero-age main sequence)	零龄主序	零齡主星序
Z And star	仙女 Z 型星	仙女[座]Z 型星
Zanstra temperature	赞斯特拉温度	贊斯特拉溫度
Z Cam star	鹿豹 Z 型星	鹿豹[座]Z 型星
Zeeman effect	塞曼效应	則曼效應
Zelentchouk Telescope	俄罗斯 6 米望远镜	俄羅斯 6 米望遠鏡
zenith	天顶	天頂
zenith distance	天顶距	天頂距

英　文　名	大　陆　名	台　湾　名
zenith telescope	天顶仪	天頂儀
zenith tube	天顶筒	天頂筒
zenocentric coordinate(＝jovicentric coordinate)	木心坐标	木星[中心]坐標
zenographic coordinate(＝jovigraphic coordinate)	木面坐标	木[星表]面坐標
zero-age horizontal branch(ZAHB)	零龄水平支	零齡水平支
zero-age main sequence(ZAMS)	零龄主序	零齡主星序
zero date	起算日	起算日
zerodur(＝cervit)	微晶玻璃	微晶玻璃
zero velocity curve	零速度线	零速度線
zero velocity surface	零速度面	零速度面
zero zone	零时区	零時區
zirconium star	锆星	鋯星
zodiac	黄道带	黄道帶
zodiacal dust	黄道尘	黄道塵
zodiacal light	黄道光	黄道光
zodiacal signs	黄道十二宫	黄道十二宫
zodiac constellation	黄道星座	黄道星座
zone of annularity	环食带	環食帶
zone of avoidance	隐带	隱帶
zone of eclipse	食带	食帶
zone of totality	全食带	全食帶
zone time	区时	區時
z-term(＝Kimura term)	木村项	Z 項,木村項
Zürich number	苏黎世数	蘇黎世黑子相對數
Zwicky blue object	兹威基蓝天体	茲威基藍天體
Zwicky catalogue	兹威基星系表	茲威基星系表
Zwicky compact galaxy	兹威基致密星系	茲威基緻密星系
ZZ Cet star	鲸鱼 ZZ 型星	鯨魚[座]ZZ 型星

附 表

表1 星 座

大 陆 名	台 湾 名	国际通用名	所 有 格	简 号
白羊座	白羊座	Aries	Arietis	Ari
半人马座	半人馬座	Centaurus	Centauri	Cen
宝瓶座	寶瓶座	Aquarius	Aquarii	Aqr
北冕座	北冕座	Corona Borealis	Coronae Borealis	CrB
波江座	波江座	Eridanus	Eridani	Eri
苍蝇座	蒼蠅座	Musca	Muscae	Mus
豺狼座	豺狼座	Lupus	Lupi	Lup
长蛇座	長蛇座	Hydra	Hydrae	Hya
船底座	船底座	Carina	Carinae	Car
船帆座	船帆座	Vela	Velorum	Vel
船尾座	船尾座	Puppis	Puppis	Pup
大犬座	大犬座	Canis Major	Canis Majoris	CMa
大熊座	大熊座	Ursa Major	Ursae Majoris	UMa
雕具座	雕具座	Caelum	Caeli	Cae
杜鹃座	杜鵑座	Tucana	Tucanae	Tuc
盾牌座	盾牌座	Scutum	Scuti	Sct
飞马座	飛馬座	Pegasus	Pegasi	Peg
飞鱼座	飛魚座	Volans	Volantis	Vol
凤凰座	鳳凰座	Phoenix	Phoenicis	Phe
海豚座	海豚座	Delphinus	Delphini	Del
后发座	后髮座	Coma Berenices	Comae Berenices	Com
狐狸座	狐狸座	Vulpecula	Vulpeculae	Vul
绘架座	繪架座	Pictor	Pictoris	Pic
唧筒座	唧筒座	Antlia	Antliae	Ant
剑鱼座	劍魚座	Dorado	Doradus	Dor
金牛座	金牛座	Taurus	Tauri	Tau
鲸鱼座	鯨魚座	Cetus	Ceti	Cet
矩尺座	矩尺座	Norma	Normae	Nor
巨爵座	巨爵座	Crater	Crateris	Crt
巨蛇座	巨蛇座	Serpens	Serpentis	Ser

巨蟹座	巨蟹座	Cancer	Cancri	Cnc
孔雀座	孔雀座	Pavo	Pavonis	Pav
猎户座	獵戶座	Orion	Orionis	Ori
猎犬座	獵犬座	Canes Venatici	Canum Venaticorum	CVn
六分仪座	六分儀座	Sextans	Sextantis	Sex
鹿豹座	鹿豹座	Camelopardalis	Camelopardalis	Cam
罗盘座	羅盤座	Pyxis	Pyxidis	Pyx
摩羯座	摩羯座	Capricornus	Capricorni	Cap
牧夫座	牧夫座	Bootes	Bootis	Boo
南极座	南極座	Octans	Octantis	Oct
南冕座	南冕座	Corona Australis	Coronae Australis	CrA
南三角座	南三角座	Triangulum Australe	Trianguli Australis	TrA
南十字座	南十字座	Crux	Crucis	Cru
南鱼座	南魚座	Piscis Austrinus	Piscis Austrini	PsA
麒麟座	麒麟座	Monoceros	Monocerotis	Mon
人马座	人馬座	Sagittarius	Sagittarii	Sgr
三角座	三角座	Triangulum	Trianguli	Tri
山案座	山案座	Mensa	Mensae	Men
蛇夫座	蛇夫座	Ophiuchus	Ophiuchi	Oph
狮子座	獅子座	Leo	Leonis	Leo
时钟座	時鐘座	Horologium	Horologii	Hor
室女座	室女座	Virgo	Virginis	Vir
双鱼座	雙魚座	Pisces	Piscium	Psc
双子座	雙子座	Gemini	Geminorum	Gem
水蛇座	水蛇座	Hydrus	Hydri	Hyi
天秤座	天秤座	Libra	Librae	Lib
天鹅座	天鵝座	Cygnus	Cygni	Cyg
天鸽座	天鴿座	Columba	Columbae	Col
天鹤座	天鶴座	Grus	Gruis	Gru
天箭座	天箭座	Sagitta	Sagittae	Sge
天龙座	天龍座	Draco	Draconis	Dra
天炉座	天爐座	Fornax	Fornacis	For
天猫座	天貓座	Lynx	Lyncis	Lyn
天琴座	天琴座	Lyra	Lyrae	Lyr
天坛座	天壇座	Ara	Arae	Ara
天兔座	天兔座	Lepus	Leporis	Lep
天蝎座	天蝎座	Scorpius	Scorpii	Sco
天燕座	天燕座	Apus	Apodis	Aps
天鹰座	天鷹座	Aquila	Aquilae	Aql

网罟座	網罟座	Reticulum	Reticuli	Ret
望远镜座	望遠鏡座	Telescopium	Telescopii	Tel
乌鸦座	烏鴉座	Corvus	Corvi	Crv
武仙座	武仙座	Hercules	Herculis	Her
仙后座	仙后座	Cassiopeia	Cassiopeiae	Cas
仙女座	仙女座	Andromeda	Andromedae	And
仙王座	仙王座	Cepheus	Cephei	Cep
显微镜座	顯微鏡座	Microscopium	Microscopii	Mic
小马座	小馬座	Equuleus	Equulei	Equ
小犬座	小犬座	Canis Minor	Canis Minoris	CMi
小狮座	小獅座	Leo Minor	Leonis Minoris	LMi
小熊座	小熊座	Ursa Minor	Ursae Minoris	UMi
蝎虎座	蝎虎座	Lacerta	Lacertae	Lac
蝘蜓座	蝘蜓座	Chamaeleon	Chamaeleontis	Cha
印第安座	印第安座	Indus	Indi	Ind
英仙座	英仙座	Perseus	Persei	Per
玉夫座	玉夫座	Sculptor	Sculptoris	Scl
御夫座	御夫座	Auriga	Aurigae	Aur
圆规座	圓規座	Circinus	Circini	Cir

表2　黄道十二宫

大　陆　名	台　湾　名	国际通用名
白羊宫	白羊宫	Aries
金牛宫	金牛宫	Taurus
双子宫	雙子宫	Gemini
巨蟹宫	巨蟹宫	Cancer
狮子宫	獅子宫	Leo
室女宫	室女宫	Virgo
天秤宫	天秤宫	Libra
天蝎宫	天蝎宫	Scorpius
人马宫	人馬宫	Sagittarius
摩羯宫	摩羯宫	Capricornus
宝瓶宫	寶瓶宫	Aquarius
双鱼宫	雙魚宫	Pisces

表3 二十四节气

大 陆 名	台 湾 名	英 文 名
立春	立春	Beginning of Spring
雨水	雨水	Rain Water
惊蛰	驚蟄	Awakening from Hibernation
春分	春分	Vernal Equinox, Spring Equinox
清明	清明	Fresh Green
谷雨	穀雨	Grain Rain
立夏	立夏	Beginning of Summer
小满	小滿	Lesser Fullness
芒种	芒種	Grain in Ear
夏至	夏至	Summer Solstice
小暑	小暑	Lesser Heat
大暑	大暑	Greater Heat
立秋	立秋	Beginning of Autumn
处暑	處暑	End of Heat
白露	白露	White Dew
秋分	秋分	Autumnal Equinox
寒露	寒露	Cold Dew
霜降	霜降	First Frost
立冬	立冬	Beginning of Winter
小雪	小雪	Light Snow
大雪	大雪	Heavy Snow
冬至	冬至	Winter Solstice
小寒	小寒	Lesser Cold
大寒	大寒	Greater Cold

表4 星 系

大 陆 名	台 湾 名	英 文 名
巴纳德星系	巴納德星系	Barnard's Galaxy, NGC 6822
北冕星系团	北冕[座]星系團	Corona Borealis Cluster
草帽星系	草帽星系	Sombrero Galaxy, M104, NGC 4594
车轮星系	車輪星系	Cartwheel Galaxy, AO035-335
大麦[哲伦]云	大麥[哲倫]雲	Large Magellanic Cloud, LMC

纺锤星系	紡錘星系	Spindle Galaxy, NGC 3115
黑眼星系	黑眼星系	Black-eye Galaxy, M64
后发星系团	后髮[座]星系團	Coma Cluster
积分号星系	積分號星系	Integral Sign Galaxy, UGC 3697
科普兰七重星系	科普蘭七重星系	Copeland's Septet
葵花星系	向日葵星系	Sunflower Galaxy, M63
螺旋星系	螺旋星系	Helix Galaxy, NGC 2685
马费伊 1	馬伐 1	Maffei 1
马费伊 2	馬伐 2	Maffei 2
麦哲伦云	麥哲倫雲	Magellanic Cloud
牧夫巨洞	牧夫[座]巨洞	Bootes void
人马星系	人馬[座]星系	Sagittarius Galaxy
赛弗特六重星系	西佛六重星系	Seyfert's Sextet
三角星系	三角[座]星系	Triangulum Galaxy, M33, NGC 598
狮子三重星系	獅子[座]三重星系	Leo Triplet
狮子双重星系	獅子[座]雙重星系	Leo System
室女超星系团	室女[座]超星系團	Virgo Supercluster
室女星系团	室女[座]星系團	Virgo Cluster
斯蒂芬五重星系	史蒂芬五重星系	Stephan's Quintet
天鹤四重星系	天鶴[座]四重星系	Grus Quartet
天龙星系	天龍[座]星系	Draco System
天炉星系	天爐[座]星系	Fornax System
微麦[哲伦]云	迷你麥[哲倫]雲	Mini Magellanic Cloud, MMC
涡状星系	渦狀星系	Whirlpool Galaxy, M51, NGC 5194
武仙星系团	武仙[座]星系團	Hercules Cluster
仙女次星系群	仙女[座]次星系群	Andromeda Subgroup
仙女星系	仙女[座]星系	Andromeda Galaxy, M31, NGC 224
小麦[哲伦]云	小麥[哲倫]雲	Small Magellanic Cloud, SMC
小熊星系	小熊[座]星系	Ursa Minor Galaxy
玉夫星系	玉夫[座]星系	Sculptor System

表5 星 团

大 陆 名	台 湾 名	英 文 名
奥斯特霍夫星群	奧斯特霍夫星群	Oosterhoff Group
宝盒星团	寶盒星團	Jewel Box, NGC 4755
毕星群	畢宿星群	Hyades Group
毕星团	畢宿星團	Hyades

大角星群	大角星群	Arcturus Group
大熊星群	大熊[座]星群	Ursa Major Group
大熊星团	大熊[座]星團	Ursa Major Cluster
鬼星团	鬼宿星團	Praesepe
金牛星团	金牛[座]星團	Taurus Cluster
猎户四边形星团	獵戶[座]四邊形星團	Trapezium Cluster
猎户星集	獵戶[座]星集	Orion Aggregate
猎户星协	獵戶[座]星協	Orion Association
昴星团	昴宿星團	Pleiades
圣诞树星团	聖誕樹星團	Christmas Tree Cluster, NGC 2264
天蝎-半人马星协	天蝎[座]-半人馬[座]星協	Sco-Cen Association
武仙大星团	武仙[座]大星團	Great Cluster of Hercules
野鸭星团	野鴨星團	Wild Duck Cluster, M11
夜枭星团	夜鴞星團	Owl Cluster, NGC 457
英仙 h 星团	英仙[座] h 星團	h Per Cluster
英仙 α 星团	英仙[座]α 星團	α Per Cluster
英仙 χ 星团	英仙[座]χ 星團	χ Per Cluster

表 6 星 云

大 陆 名	台 湾 名	英 文 名
爱斯基摩星云	愛斯基摩星雲	Eskimo Nebula, NGC 2392
巴纳德圈	巴納德圈	Barnard's Loop
北煤袋	北煤袋	North Coalsack
北美洲星云	北美洲星雲	North America Nebula, NGC 7000
豺狼圈	豺狼[座]圈	Lupus Loop
船底星云	船底[座]星雲	Carina Nebula, NGC 3372
大圈星云	大圈星雲	Great Looped Nebula, NGC 2070
蛋状星云	蛋狀星雲	Egg Nebula, AFGL 2688
蛾眉月星云	[蛾]眉月星雲	Crescent Nebula, NGC 6888
古姆星云	甘姆星雲	Gum Nebula
哈勃星云	哈柏星雲	Hubble's Nebula, NGC 2261
环状星云	環狀星雲	Ring Nebula, M57
加利福尼亚星云	加州星雲	California Nebula, IC 1499
礁湖星云	礁湖星雲	Lagoon Nebula, M8
金牛分子云	金牛[座]分子雲	Taurus Molecular Cloud, TMC
巨蛇分子云	巨蛇[座]分子雲	Serpens Molecular Cloud, SMC

猎户星云	獵戶[座]星雲	Orion Nebula, M42
螺旋星云	螺旋星雲	Helix Nebula, NGC 7293
马蹄星云	馬蹄星雲	Horseshoe Nebula, ω Nebula, Swan Nebula, M17, NGC6618
马头星云	馬頭星雲	Horsehead Nebula, Barnard 33
猫眼星云	貓眼星雲	Cat's Eye Nebula, NGC 6543
玫瑰分子云	玫瑰分子雲	Rosette Molecular Cloud, RMC
玫瑰星云	薔薇星雲, 玫瑰星雲	Rosette Nebula, NGC 2237-2244
煤袋	煤袋	Coalsack
南煤袋	南煤袋	South Coalsack
麒麟圈	麒麟[座]圈	Monoceros Loop
人马恒星云	人馬[座]恒星雲	Sagittarius Star Cloud
三叶星云	三裂星雲	Trifid Nebula, M20
沙漏星云	沙漏星雲	Hourglass Nebula
双子γ射线源	雙子[座]γ射線源	Geminga, 2CG 195+04
鹈鹕星云	鵜鶘星雲	Pelican Nebula, IC 5067/68/70
天鹅圈	天鵝[座]圈	Cygnus Loop, NGC 6960/95
土星状星云	土星狀星雲	Saturn Nebula, NGC 7009
帷幕星云	面紗星雲	Veil Nebula, NGC 6992
蟹状星云	蟹狀星雲	Crab Nebula, M1
欣德星云	欣德星雲	Hind's Nebula, NGC 1554/55
哑铃星云	啞鈴星雲	Dumbbell Nebula, M27
钥匙孔星云	鑰匙孔星雲	Keyhole Nebula
夜枭星云	夜梟星雲	Owl Nebula, M97
银河大暗隙	[銀河]大暗縫	Great Rift
鹰状星云	[老]鷹星雲	Eagle Nebula, M16
蜘蛛星云	蜘蛛星雲	Tarantula Nebula, NGC 2070

表7 恒 星

大 陆 名	台 湾 名	国际通用名
巴纳德星	巴納德星	Barnard's star
北斗二(天璇), 大熊β	北斗二(天璇), 大熊[座]β[星]	Merak, βUMa
北斗六(开阳), 大熊ζ	北斗六(開陽), 大熊[座]ζ[星]	Mizar, ζUMa
北斗七(摇光), 大熊η	北斗七(搖光), 大熊[座]η[星]	Alkaid, ηUMa
北斗三(天玑), 大熊γ	北斗三(天璣), 大熊[座]γ[星]	Phad, γUMa
北斗四(天权), 大熊δ	北斗四(天權), 大熊[座]δ[星]	Megrez, δUMa
北斗五(玉衡), 大熊ε	北斗五(玉衡), 大熊[座]ε[星]	Alioth, εUMa

北斗一(天枢)，大熊 α	北斗一(天樞)，大熊[座]α[星]	Dubhe, α UMa
北河二，双子 α	北河二，雙子[座]α[星]	Castor, α Gem
北河三，双子 β	北河三，雙子[座]β[星]	Pollux, βGem
北极星(勾陈一)，小熊 α	北極星(勾陳一)，小熊[座]α[星]	Polaris, α UMi
北落师门，南鱼 α	北落師門，南魚[座]α[星]	Fomalhaut, α PsA
比邻星	比鄰星	Proxima Cen
毕宿五，金牛 α	畢宿五，金牛[座]α[星]	Aldebaran, α Tau
蒭藁增二，鲸鱼 o	蒭藁增二，鯨魚[座]o[星]	Mira, oCet
船帆脉冲星	船帆[座]脈衝星	Vela pulsar, PSR 0833−45
大角，牧夫 α	大角，牧夫[座]α[星]	Arcturus, α Boo
大陵五，英仙 β	大陵五，英仙[座]β[星]	Algol, βPer
范玛宁星	范瑪倫星	van Maanen´s star
辅，大熊 80	輔，大熊[座]80[星]	Alcor, 80 UMa
河鼓二(牛郎星，牵牛星)天鹰 α	河鼓二(牛郎星，牽牛星)，天鷹[座]α[星]	Altair, α Aql
角宿一，室女 α	角宿一，室女[座]α[星]	Spica, α Vir
卡普坦星	卡普坦星	Kapteyn's star
柯伊伯星	柯伊伯星	Kuiper's star
老人，船底 α	老人，船底[座]α[星]	Canopus, α Car
马腹一，半人马 β	馬腹一，半人馬[座]β[星]	Hadar, βCen
昴宿六，金牛 η	昴宿六，金牛[座]η[星]	Alcyone, ηTau
昴宿四，金牛 20	昴宿四，金牛[座]20[星]	Maia, 20 Tau
昴宿增十二，金牛 28	昴宿增十二，金牛[座]28[星]	Pleione, 28 Tau
南河三，小犬 α	南河三，小犬[座]α[星]，	Procyon, α CMi
南门二，半人马 α	南門二，半人馬[座]α[星]	Rigil Kent, α Cen
普拉斯基特星	普拉斯基特星	Plaskett's star, HD 47129
参宿七，猎户 β	參宿七，獵戶[座]β[星]	Rigel, βOri
参宿四，猎户 α	參宿四，獵戶[座]α[星]	Betelgeuse, α Ori
十字架二，南十字 α	十字架二，南十字[座]α[星]	Acrux, α Cru
十字架三，南十字 β	十字架三，南十字[座]β[星]	Mimosa, βCru
水委一，波江 α	水委一，波江[座]α[星]	Achernar, α Eri
特朗普勒星	莊普勒星	Trumpler star
天津四，天鹅 α	天津四，天鵝[座]α[星]	Deneb, α Cyg
天狼，大犬 α	天狼，大犬[座]α[星]	Sirius, α CMa
五车二，御夫 α	五車二，御夫[座]α[星]	Capella, α Aur
蟹云脉冲星	蟹狀星雲脈衝星	Crab pulsar, PSR 0531+21
心宿二(大火)，天蝎 α	心宿二(大火)，天蝎[座]α[星]	Antares, α Sco
轩辕十四，狮子 α	軒轅十四，獅子[座]α[星]	Regulus, α Leo

织女一(织女星),天琴α	織女一(織女星),天琴[座]α[星]	Vega,α Lyr

表8 太阳系行星的天然卫星

大 陆 名	台 湾 名	国际通用名
火卫一	火衛一	Mars I（Phobos）
火卫二	火衛二	Mars II（Deimos）
木卫一	木衛一,埃歐,伊奧	Jupiter I（Io）
木卫二	木衛二,歐羅巴	Jupiter II（Europa）
木卫三	木衛三,甘尼米德	Jupiter III（Ganymede）
木卫四	木衛四,卡利斯多	Jupiter IV（Callisto）
木卫五	木衛五,阿摩迪亞	Jupiter V（Amalthea）
木卫六	木衛六,希默利亞	Jupiter VI（Himalia）
木卫七	木衛七,依来拉	Jupiter VII（Elara）
木卫八	木衛八	Jupiter VIII（Pasiphae）
木卫九	木衛九	Jupiter IX（Sinope）
木卫十	木衛十	Jupiter X（Lysithea）
木卫十一	木衛十一,卡米	Jupiter XI（Carme）
木卫十二	木衛十二,安那喀	Jupiter XII（Ananke）
木卫十三	木衛十三	Jupiter XIII（Leda）
木卫十四	木衛十四	Jupiter XIV（Thebe）
木卫十五	木衛十五	Jupiter XV（Adrastea）
木卫十六	木衛十六	Jupiter XVI（Metis）
木卫十七	木衛十七	Jupiter XVII（Callirrhoe）
木卫十八	木衛十八	Jupiter XVIII（Themisto）
木卫十九	木衛十九	Jupiter XIX（Megaclite）
木卫二十	木衛二十	Jupiter XX（Taygete）
木卫二十一	木衛二十一	Jupiter XXI（Chaldene）
木卫二十二	木衛二十二	Jupiter XXII（Harpalyke）
木卫二十三	木衛二十三	Jupiter XXIII（Kalyke）
木卫二十四	木衛二十四	Jupiter XXIV（Iocaste）
木卫二十五	木衛二十五	Jupiter XXV（Erinome）
木卫二十六	木衛二十六	Jupiter XXVI（Isonoe）
木卫二十七	木衛二十七	Jupiter XVII（Praxidike）
木卫二十八	木衛二十八	Jupiter XXVIII（Autonoe）
木卫二十九	木衛二十九	Jupiter XXIX（Thyone）
木卫三十	木衛三十	Jupiter XXX（Hermippe）

木卫三十一	木衛三十一	Jupiter XXXI（Aitne）
木卫三十二	木衛三十二	Jupiter XXXII（Eurydome）
木卫三十三	木衛三十三	Jupiter XXXIII（Euanthe）
木卫三十四	木衛三十四	Jupiter XXXIV（Euporie）
木卫三十五	木衛三十五	Jupiter XXXV（Orthosie）
木卫三十六	木衛三十六	Jupiter XXXVI（Sponde）
木卫三十七	木衛三十七	Jupiter XXXVII（Kale）
木卫三十八	木衛三十八	Jupiter XXXVIII（Pasithee）
木卫三十九	木衛三十九	Jupiter XXXIX（Hegemone）
木卫四十	木衛四十	Jupiter XL（Mneme）
木卫四十一	木衛四十一	Jupiter XLI（Aoede）
木卫四十二	木衛四十二	Jupiter XLII（Thelxinoe）
木卫四十三	木衛四十三	Jupiter XLIII（Arche）
木卫四十四	木衛四十四	Jupiter XLIV（Kallichore）
木卫四十五	木衛四十五	Jupiter XLV（Helike）
木卫四十六	木衛四十六	Jupiter XLVI（Carpo）
木卫四十七	木衛四十七	Jupiter XLVII（Eukelade）
木卫四十八	木衛四十八	Jupiter XLVIII（Cyllene）
木卫四十九	木衛四十九	Jupiter XLIX（Kore）
土卫一	土衛一	Saturn I（Mimas）
土卫二	土衛二	Saturn II（Enceladus）
土卫三	土衛三	Saturn III（Tethys）
土卫四	土衛四	Saturn IV（Dione）
土卫五	土衛五	Saturn V（Rhea）
土卫六	土衛六,泰坦	Saturn VI（Titan）
土卫七	土衛七	Saturn VII（Hyperion）
土卫八	土衛八	Saturn VIII（Iapetus）
土卫九	土衛九	Saturn IX（Phoebe）
土卫十	土衛十	Saturn X（Janus）
土卫十一	土衛十一	Saturn XI（Epimetheus）
土卫十二	土衛十二	Saturn XII（Helene）
土卫十三	土衛十三	Saturn XIII（Telesto）
土卫十四	土衛十四	Saturn XIV（Calypso）
土卫十五	土衛十五	Saturn XV（Atlas）
土卫十六	土衛十六	Saturn XVI（Prometheus）
土卫十七	土衛十七	Saturn XVII（Pandora）
土卫十八	土衛十八	Saturn XVIII（Pan）
土卫十九	土衛十九	Saturn XIX（Ymir）
土卫二十	土衛二十	Saturn XX（Paaliaq）

土卫二十一	土衛二十一	Saturn XXI（Tarvos）
土卫二十二	土衛二十二	Saturn XXII（Ijiraq）
土卫二十三	土衛二十三	Saturn XXIII（Suttungr）
土卫二十四	土衛二十四	Saturn XXIV（Kiviuq）
土卫二十五	土衛二十五	Saturn XXV（Mundilfari）
土卫二十六	土衛二十六	Saturn XXVI（Albiorix）
土卫二十七	土衛二十七	Saturn XXVII（Skathi）
土卫二十八	土衛二十八	Saturn XXVIII（Erriapo）
土卫二十九	土衛二十九	Saturn XXIX（Siarnaq）
土卫三十	土衛三十	Saturn XXX（Thrymr）
土卫三十一	土衛三十一	Saturn XXXI（Narvi）
土卫三十二	土衛三十二	Saturn XXXII（Methone）
土卫三十三	土衛三十三	Saturn XXXIII（Pallene）
土卫三十四	土衛三十四	Saturn XXXIV（Polydeuces）
土卫三十五	土衛三十五	Saturn XXXV（Daphnis）
土卫三十六	土衛三十六	Saturn XXXVI（Aegir）
土卫三十七	土衛三十七	Saturn XXXVII（Bebhionn）
土卫三十八	土衛三十八	Saturn XXXVIII（Bergelmir）
土卫三十九	土衛三十九	Saturn XXXIX（Bestla）
土卫四十	土衛四十	Saturn XL（Farbauti）
土卫四十一	土衛四十一	Saturn XLI（Fenrir）
土卫四十二	土衛四十二	Saturn XLII（Fornjot）
土卫四十三	土衛四十三	Saturn XLIII（Hati）
土卫四十四	土衛四十四	Saturn XLIV（Hyrrokkin）
土卫四十五	土衛四十五	Saturn XLV（Kari）
土卫四十六	土衛四十六	Saturn XLVI（Loge）
土卫四十七	土衛四十七	Saturn XLVII（Skoll）
土卫四十八	土衛四十八	Saturn XLVIII（Surtur）
土卫四十九	土衛四十九	Saturn XLIX（Anthe）
土卫五十	土衛五十	Saturn L（Jamsaxa）
土卫五十一	土衛五十一	Saturn LI（Greip）
土卫五十二	土衛五十二	Saturn LII（Tarqeq）
土卫五十三	土衛五十三	Saturn LIII（Aegaeon）
天卫一	天[王]衛一	Uranus I（Ariel）
天卫二	天[王]衛二	Uranus II（Umbriel）
天卫三	天[王]衛三	Uranus III（Titania）
天卫四	天[王]衛四，奥伯朗	Uranus IV（Oberon）
天卫五	天[王]衛五	Uranus V（Miranda）
天卫六	天[王]衛六	Uranus VI（Cordelia）

天卫七	天[王]卫七	Uranus VII (Ophelia)
天卫八	天[王]卫八	Uranus VIII (Bianca)
天卫九	天[王]卫九	Uranus IX (Cressida)
天卫十	天[王]卫十	Uranus X (Desdemona)
天卫十一	天[王]卫十一	Uranus XI (Juliet)
天卫十二	天[王]卫十二	Uranus XII (Portia)
天卫十三	天[王]卫十三	Uranus XIII (Rosalind)
天卫十四	天[王]卫十四	Uranus XIV (Belinda)
天卫十五	天[王]卫十五	Uranus XV (Puck)
天卫十六	天[王]卫十六	Uranus XVI (Caliban)
天卫十七	天[王]卫十七	Uranus XVII (Sycorax)
天卫十八	天[王]卫十八	Uranus XVIII (Prospero)
天卫十九	天[王]卫十九	Uranus XIX (Setebos)
天卫二十	天[王]卫二十	Uranus XX (Stephano)
天卫二十一	天[王]卫二十一	Uranus XXI (Trinculo)
天卫二十二	天[王]卫二十二	Uranus XXII (Francisco)
天卫二十三	天[王]卫二十三	Uranus XXIII (Margaret)
天卫二十四	天[王]卫二十四	Uranus XXIV (Ferdinand)
天卫二十五	天[王]卫二十五	Uranus XXV (Perdita)
天卫二十六	天[王]卫二十六	Uranus XXVI (Mab)
天卫二十七	天[王]卫二十七	Uranus XXVII (Cupid)
海卫一	海[王]卫一	Neptune I (Triton)
海卫二	海[王]卫二	Neptune II (Nereid)
海卫三	海[王]卫三	Neptune III (Naiad)
海卫四	海[王]卫四	Neptune IV (Thalassa)
海卫五	海[王]卫五	Neptune V (Despina)
海卫六	海[王]卫六	Neptune VI (Galatea)
海卫七	海[王]卫七	Neptune VII (Larissa)
海卫八	海[王]卫八	Neptune VIII (Proteus)
海卫九	海[王]卫九	Neptune IX (Halimode)
海卫十	海[王]卫十	Neptune X (Psamathe)
海卫十一	海[王]卫十一	Neptune XI (Sao)
海卫十二	海[王]卫十二	Neptune XII (Laomedeia)
海卫十三	海[王]卫十三	Neptune XIII (Neso)

表9 月　　面

大　陆　名	台　湾　名	国际通用名
一、月球正面		
阿尔卑斯山脉	阿爾卑斯山脈	Montes Alps
阿尔泰山脉	阿爾泰山脈	Montes Altai
贝塞尔环形山	白塞耳環形山	Bessel
澄海	澄海	Mare Serenitatis
第谷环形山	第谷環形山	Tycho
凋沼	凋沼	Palus Putredinis
法拉第环形山	法拉第環形山	Faraday
丰富海	豐饒海	Mare Foecunditatis
风暴洋	風暴洋	Oceanus Procellarum
高加索山脉	高加索山脈	Montes Caucasus
高斯环形山	高斯環形山	Gauss
哥白尼环形山	哥白尼環形山	Copernicus
哈雷环形山	哈雷環形山	Halley
赫歇尔环形山	赫歇耳環形山	Herschel
虹湾	虹灣	Sinus Iridum
金牛山脉	托魯斯山脈	Montes Taurus
静海	［寧］静海	Mare Tranquilitatis
酒海	酒海	Mare Nectaris
开普勒环形山	克卜勒環形山	Kepler
拉格朗日环形山	拉格朗日環形山	Lagrange
拉普拉斯岬	拉普拉斯峽	Promontorium Laplace
拉普拉斯角	拉普拉斯角	Cap Laplace
浪海	浪海	Mare Undarum
浪湾	暑灣	Sinus Aestuum
冷海	冷海	Mare Frigoris
露湾	露灣	Sinus Roris
梅西叶环形山	梅西耳環形山	Messier
梦湖	夢湖	Lacus Somniorum
欧拉环形山	歐拉環形山	Euler
汽海	汽海	Mare Vaporum
湿海	濕海	Mare Humorum
危海	危［難］海	Mare Crisium
武仙角	武仙角	Cap Herculis

雾沼	霧沼	Palus Nebularum
亚平宁山脉	亞平寧山脈	Montes Apenninae
依巴谷环形山	依巴谷環形山	Hipparchus
雨海	雨海	Mare Imbrium
云海	雲海	Mare Nubium
中央湾	中央灣	Sinus Medii

二、月 球 背 面

罗蒙诺索夫环形山	羅蒙諾索夫環形山	Lomonosov
梦海	夢海	Sea of Dreams
莫斯科海	莫斯科海	Sea of Moscow
齐奥尔科夫斯基环形山	齊奧爾科夫斯基環形山	Tsiolkovskii
苏维埃山脉	蘇維埃山脈	Soviet Mountains
宇航员湾	太空人灣	Bay of Astronauts
约里奥–居里环形山	約里奧–居里環形山	Joliot-Curie

表 10 流 星 群

大 陆 名	台 湾 名	国际通用名
白羊流星群	白羊[座]流星群	Arietids
宝瓶流星群	寶瓶[座]流星群	Aquarids
比拉流星群	比拉流星群	Bielids
金牛流星群	金牛[座]流星群	Taurids
鲸鱼流星群	鯨魚[座]流星群	Cetids
猎户流星群	獵戶[座]流星群	Orionids
牧夫流星群	牧夫[座]流星群	Bootids
麒麟流星群	麒麟[座]流星群	Monocerids
狮子流星群	獅子[座]流星群	Leonids
双子流星群	雙子[座]流星群	Geminids
天秤流星群	天秤[座]流星群	Librids
天龙流星群	天龍[座]流星群	Draconids
天琴流星群	天琴[座]流星群	Lyrids
仙后流星群	仙后[座]流星群	Cassiopeids
仙女流星群	仙女[座]流星群	Andromedids
象限仪流星群	象限儀[座]流星群	Quadrantids
小熊流星群	小熊[座]流星群	Ursids
英仙流星群	英仙[座]流星群	Perseids
玉夫流星群	玉夫[座]流星群	Sculptorids